U0233770

论水生态文明与
城镇化高质量发展

——来自洞庭湖、太湖和伦讷河的证据

徐志耀 著

人 民 出 版 社

序 一

柳思维[①]

　　水生态文明一直是习近平总书记高度关注的问题,也是习近平生态文明思想的重要内容。近年来,总书记多次深入长江、黄河、洞庭湖、鄱阳河、太湖等大江大湖流域考察调研,对水系生态保护与水污染治理作出了许多重要指示与论述,进一步丰富了绿色发展理念的内容,需要我们在新发展阶段深入学习领会和落实。正是在全国深入学习新发展理念、构建新发展格局的背景下,徐志耀博士的专著《论水生态文明与城镇化高质量发展》在国家权威出版社——人民出版社出版,值得庆贺! 这也标志着徐志耀博士的学术研究进入了新阶段,正展现新作为。作为长期关注洞庭湖农村城镇化发展问题的学者和本书作者的博士生导师,我对此感到由衷的高兴和欣慰。

　　该书是徐志耀博士在其国家社科基金项目《水生态文明视阈下提升洞庭湖区城镇化质量的机制与对策研究(项目批准号:14CJY022)》结项报告的基础上修改、补充和完善而成的。综观全书内容,将水生态文明与城镇化高质量发展结合起来研究是该书的最大特色。著作的主要创新和亮点有以下几个方面:一是基于"经济—社会—生态"复合系统理论,探讨了一个包含"产业动力转型、人水关系协调和水生态环境调控"的水生态文明建设助推湖区城镇化质量提升的"三维机制"模型,为大江大湖水生态文明建设和城镇化质量相关研究提供了一个新的分析框架和研究思路;二是在水生态文明视阈下,尝试构

――――――――――

　　① 柳思维,湖南工商大学一级荣誉教授、校学术委员会主任,中南大学博士生导师,原国家社科基金项目评委,全国高校贸易经济教研会顾问及学术委员会主任,中国商业经济学会专家委员会副理事长,湖南文史馆馆员,1993年起享受国务院特殊津贴专家。

建了一个包含经济与产业、社会与生活以及水资源与水环境的大湖区域城镇化质量多层次综合评价指标体系，为科学评价大湖地区城镇化质量提供了参考；三是使用多重差分的计量方法，对城镇化质量提升的"三维机制"理论假设进行了实证检验，为大江大湖区域制定水生态文明与城镇化高质量协同发展战略提供了理论支撑；四是以水生态文明建设为核心，从产业结构升级、生活方式转变和水生态环境调控三方面提出了洞庭湖区城镇化质量提升的若干对策，为大湖区域水生态文明建设与新型城镇化协同发展提供了政策选项。

城镇化是伴随着人类文明进步而不断发展的一个社会进程，我们已经无法精确地探究城市产生的具体时间起点。考古表明，中国湖南澧县城头山古文化遗址第一期城墙年代距今 6000 年左右，说明中华民族祖先很早就开始垒土筑城居住。中国宋代城镇化居于世界领先水平，城镇化率达到了 22%。北宋首都汴京的人口达到 140 万，南宋首都临安的人口更是达到 200 多万，是当时世界上最大的城市。同时期，欧洲崛起的名城威尼斯、佛罗伦萨、米兰等，人口规模还不到 10 万人。城镇总是承载着我们引以为荣的人类物质文明和精神文明，因此也成为一个国家和民族是否兴旺发达的标志。几千年以来，城镇在人们心目中的地位和印象都是正面的、积极的，但是这一朴素的判断终于在近现代产生了变化。

18 世纪中叶，人类第一次工业革命在欧洲拉开序幕。由蒸汽机驱动的各种大型生产工具逐渐推广应用，大规模的流水线作业生产方式也成为了主流。生产领域的变化，推动着劳动力和人口不断地向城镇集中，城市化加快，规模空前的城市应运而生。到 19 世纪中叶，人类社会人口规模最大的世界性工商业城市——近 300 万人口的伦敦市终于形成。在此后 100 年的快速城市化进程中，现代城市发展中存在的各种严重问题逐渐暴露出来。

马克思在《资本论》中描述到，"伦敦市大约有 20 个大的贫民窟，每个区域住了 1 万人左右"，这里是"排水沟最坏，交通最差，环境最脏，水的供给量最不充分最不清洁的地区，如果是在城市的话，阳光和空气也最缺乏"。贫民窟的蔓延不但影响到居住于其中的贫民，"就连工人阶级中处境较好的那部分人以及小店主和中等阶级其他下层的分子，也越来越陷入这种可诅咒的恶劣的居住环境中"。① 恩格斯在《自然辩证法》中深刻论述和警告人类:"不要过分陶醉于我们人类对自然界的胜利。对于每一次这样的胜利,自然界都对我们进行报复。"② 随着第二次和第三次工业革命以更快的加速度推动着全球工业化与城镇化进程向前深入,环境问题开始朝着恶性化、系统化和全球化的方向发展。1952 年 12 月 5—8 日英国伦敦市全境被浓雾笼罩,四天中死亡人数较常年同期约多 40000 人,45 岁以上的死亡最多,约为平时的 3 倍;1 岁以下死亡的,约为平时的 2 倍。1956 年开始,日本熊本县水俣湾由于工业废水汞污染,出现大量居民痴呆、失明、疯癫致死;同期的富山县也因工业镉污染,出现大量居民骨头疼痛、骨折乃至全身萎缩致死。研究表明,由于人类在近一个世纪以来工业化与城市化进程中大量使用煤、石油等矿物燃料,排放出大量的 CO_2 等多种温室气体,致使 1981—1990 年全球平均气温比 100 年前上升了 0.48℃,北半球春天冰雪解冻日期比 150 年前提前了 9 天,而秋天霜冻开始时间却晚了约 10 天;全球气温上升,使全球降水量重新分配、冰川和冻土消融、海平面上升等,不仅危害自然生态系统的平衡,还导致空气流动减慢,造成很多城市雾霾天气增多,影响人类健康。中国作为发展中大国,经过改革开放以来 40 多年的高速经济增长以后,城镇化率已经超过 60%,也形成了如北京、上海、广州和深圳等超级大城市以及京津冀、长三角、粤港澳、成渝、长江中游等城市群。然而,在城市与城市群高速发展的同时,也带来了如交通拥堵、资源匮乏、环境污染等一系列现代都市病。

洞庭湖,古称"云梦泽",是长江干流冲出山高地险的神农架后在湖南湖北开阔盆地形成的巨大湖泊。经过几千年的不断冲刷和淤积,形成了北面的江汉平原和南面的洞庭湖平原。明朝末年,宰相张居正实施"北堤南疏"治理策略,在荆州北岸主持完成荆州大堤合龙,将荆江北岸各堤坝连成一体,仅留下虎渡、调弦二口分引荆江之水进入洞庭湖。到清朝中后期,朝廷进一步实施了更为偏激的"舍南救北"策略,南岸新增藕池、松滋两大溃堤口,近代荆江"四口南流"局面正式形成。自此以后,长江蓄洪大任完全由南岸的洞庭湖担

---

① 马克思:《资本论》第 1 卷,人民出版社 2004 年版,第 759、759、757—760 页。
② 《马克思恩格斯选集》第 3 卷,人民出版社 2012 年版,第 998 页。

当。一方面，洞庭湖在接收长江洪水的同时也造成了严重的泥沙淤积和快速的湖底抬升；另一方面，连年洪灾的洞庭湖民众为求自保，纷纷修筑堤垸、围湖造田，使洞庭湖的蓄洪防洪能力不断下降，并且逐步形成了南高北低、荆州北岸危险持续增大的局面。直至 2009 年长江三峡水利枢纽工程建成，长江洪水才得到有效控制。但在解决旧问题的同时，新的水生态污染问题却更为突出。近几十年来，由于人类活动强烈、防洪标准落后、基础设施陈旧及自然和人类因素导致的江湖关系变化，加之工业污染、农业面源污染、养殖业污染及生活垃圾污染四大污染泄湖，洞庭湖出现了水系退化、水质下降和水量减少、湿地萎缩、物种减少等问题，并有日益恶化的发展趋势，洞庭湖原有的水生态系统面临着严重威胁。为此，不少学者专家呼吁要从国家战略高度重视洞庭湖区域的生态治理与经济发展。2007 年中央批准湖北武汉城市圈和湖南长株潭城市群为"两型社会"建设综合改革试验区，湘江与洞庭湖水生态治理和绿色可持续发展进入新阶段。2014 年年初，中央又批准建设国家洞庭湖生态经济区，开启了洞庭湖生态文明建设和秀美大湖经济区建设的新历程。

徐志耀博士是我指导的第一位全脱产博士研究生。他是华南理工大学应用数学专业本科毕业和广西大学区域经济学硕士毕业，有较好的学术功底，且学习勤奋刻苦，善于思考分析。进入博士学习阶段后，他积极参与我主持的国家社科基金一般课题、重点课题和多个省社科基金重大项目课题及横向课题的研究。我也带他进行了广泛的实地走访和社会调研，包括陪同国家领导人调研洞庭湖水生态问题，组织博士团队在益阳调研小城镇水环境污染和饮水安全问题、在常德调研生态农业发展问题、在长沙调研城镇体系和城乡协同发展问题、在株洲调研老旧工业区污染治理问题、在湘潭调研长株潭一体化问题、在张家界调研文化旅游和商贸产业发展问题、在湘西调研民族地区发展问题、在怀化调研跨省合作问题、在娄底和邵阳调研绿色生态发展问题。此外，我们还去深圳考察地下商业空间的建设，去广州考察低碳城市建设，去郑州、石家庄、洛阳考察中原城市群建设，去海口、南宁和越南河内考察绿色城市建设，等等。在此期间，我们合作完成了与新型城镇化相关的国家社科基金重点项目、后期资助项目和省社科基金重大委托项目等多项科研课题，撰写的研究报告得到国家领导人和省委省政府主要领导的肯定性批示，有关建议被湖南省《十三五新型城镇化规划》采纳,合作的学术专著《农村城镇化研究》被评为湖南省第十三届优秀社科成果二等奖。博士毕业后志耀去湖南农业大学经济学院执教,科研成效显著,并一直致力于城镇化高质量研究,多次撰文参加洞庭湖发展论坛。

洞庭湖处于湘、资、沅、澧四水下游,广纳四水,吞吐长江。从广义上讲,洞庭湖区域是包含湖南长沙市、岳阳市、常德市、益阳市几十个区县及湖北荆州市部分区县的。我的家乡就在洞庭湖畔,我是伴着洞庭湖的涛声成长的。上中学后每当读到范仲淹《岳阳楼记》中的"衔远山,吞长江,浩浩汤汤,横无际涯,朝晖夕阴,气象万千"这些名句时,对故乡的自豪之情更油然而生。从事学术研究后,我学术生涯的一部分也与洞庭湖息息相关,1996年初,本人曾在湖南省政协大会上发言,首次提出要建设环洞庭湖经济区的建议,并于1996年、1997年先后撰写《发展环湖经济带的探讨》《关于建设湘北环湖经济带的几个问题》两篇论文并公开发表于《学术界》等杂志上。1998年洞庭湖大水灾,1999年我申报立项的第一个国家社科基金课题是"环洞庭湖区域农村小城镇市场结构研究"。此后,我又主持完成了湖南省社科基金重大项目"环洞庭湖区域新型城镇化研究"。作为洞庭湖边长大的我十分欣慰曾与徐志耀博士等一道参与洞庭湖生态经济区发展的研究,更令人高兴的是徐志耀博士调往南京审计大学后仍继续坚持洞庭湖区域生态文明及绿色发展的研究,因此,当徐志耀从南京打来电话邀请我为本书作序时,欣然应允而为之。

宋代著名诗人杨万里曾在一首七言诗中写道:"莫言下岭便无难,赚得行人空喜欢。正入万山圈子里,一山放过一山拦。"2020年农历鼠年是极不平凡和极其难忘的一年,农历2021牛年即将到来,站在"两个一百年"的历史交汇点,征途漫漫,唯有奋斗。期望徐志耀博士把牛年新著的出版当作新的起点,弘扬孺子牛、拓荒牛的奋斗精神,在人生的黄金岁月坚守初心,不负时代,不负韶华,更加奋发有为,更加开拓创新,在学术高地的崇山峻岭中跋涉登攀,不断领略新的大美风光,持续收获新的硕果!

2021年1月18日

于长沙公园里

序 二

庄晋财[1]

徐志耀博士是我在广西大学商学院工作时指导的硕士研究生,当时他的专业是区域经济学,研究方向为"工业化与城镇化",没想到多年以后我们会相聚于江苏,这也是缘分。今天接到志耀博士为其新书写序的邀请,我十分高兴,不由得想起这么多年来我们师生之间的一些交往琐事,在这里给大家说说,一方面是一种美好的回忆,另一方面也有助于读者了解眼前的这本著作。

志耀到广西大学攻读硕士学位是在 2006 年,记得当年的复试环节,看过他的材料后,我得知他本科毕业于华南理工大学应用数学专业,按理说很多数学专业的学生报考研究生会选择计算机专业,将来毕业好找工作,收入也会更高,但他却选择了经济学专业,这引起了我的好奇。当我问他其中的原因,本以为他会说经济学需要数学工具之类的话来应对,毕竟那时开始,经济学研究里的数学工具使用已经非常普遍。但出乎意料的是,他回答说数学是很讲逻辑的学科,逻辑思维对经济学也很重要,他希望自己能够用数学的严谨逻辑去研究经济学问题。说实话,我当时就很满意他的回答,因为在经济学研究中,把数学当工具的很常见,把数学当逻辑方法的却不是很多,但研究经济学如果不讲逻辑,就很难有理论建树。志耀尚未入学就能够关注在经济学研究中逻辑的重要性,给我留下了非常好的第一印象。

广西大学的三年时间,志耀学习十分刻苦,对待每一门功课都极为认真,

① 庄晋财系江苏大学教授、博士生导师,任管理学院副院长、创业与区域发展研究所所长、新农村发展研究院常务副院长,入选"广西新世纪十百千人才工程"第二层次人选,荣获"广西壮族自治区优秀专家"称号。

超出老师们的预期。那几年，中国股市行情不断看涨，差不多到了"全民皆股"的程度，许多学生都参与其中，更不用说经济学专业的研究生了。我上课时做了个调查，当时班上30多位同学，只有2位同学没有进入股市，其中之一就有徐志耀，问及理由，他回答得很坚定：读书时间宝贵，三年时间过了就不会再有机会，而炒股什么时候都可以，用读书的时间去炒股得不偿失。后来的交流中，我得知志耀是工作两年后辞职考研，并且连续考了两次才通过调剂成功的，因此他比别人更加珍惜学习的机会。三年研究生，他的大部分时间都是在图书馆度过的，如今的志耀博士，成为高校的青年骨干教师，在我的印象中，他是一位非常刻苦努力的学生。

做学问有做学问的要求，特别是要沉得住气、静得下心。记得有一次志耀来我办公室，跟我说班上已经有同学发表论文了，他也想写文章投稿，那时他才刚刚研究生一年级的第二学期。我跟他说，不要看见同学发文章自己就着急，别人也许已经沉淀了很久，而你刚刚跨专业进来，基本的研究逻辑和研究方法都还没有学扎实，急着撰写和发表论文，除了浪费纸墨，很难形成有价值的研究成果。志耀心领神会，按照我的要求回去继续读经典著作和文献。后来，我主持的国家自然科学基金项目安排调研，师生9人一起到广西天等县考察朝天椒产业发展，在时任天等县县长的热情帮助下，我们团队的调研比较顺利，由于我中途有事提前返回，后续的入户问卷调查和现场访谈就交由志耀负责。这次调研结束后，志耀同学完成了一篇高水平的调研报告，受到当时在湖南举办的关于"三农"问题的学术论坛邀请并出席了研讨会。这次调研的前前后后，志耀的踏实、沉稳、上进，给我留下了深刻的印象。

在生活中，志耀既友善又活泼，跟同学们相处也非常融洽，喜欢和同学们一起参加各种集体运动项目。他的篮球、足球和羽毛球都玩得很熟练，所以在空闲的时间里，我们师生还常常在一起做一些运动，比如打打羽毛球、篮球，作为学习之余的一种放松。做学术研讨，我们也不局限于团队内部，那时他常邀请我的同事朱仁友教授、覃巍教授、曾艳华教授、张林教授等一起讨论学术问题，有时还能发挥一下他电脑维修的天赋，帮教授们修电脑，得到大家许多的赞赏，开朗、友善是大家对志耀的印象。

他即将毕业的时候，我们曾讨论过将来的发展，对我来说，见到有潜力的学生总希望他们能够在学术道路上继续走下去。于是建议他能够继续念博士,把学问做下去。在我看来,读书是农村孩子成就事业的最佳捷径,因此除非贫困到吃不起馒头,否则把书念下去都是值得的。并且,对于志耀这样的农村孩子来说,既然已经跟我研究农村问题有了一定的基础,我希望他能够继续研究农村问题和欠发达地区的经济社会发展,这不仅是他的兴趣所在,同时也是责任所在。后来,志耀果然成了中南大学的博士生,师从著名经济学家柳思维教授,研究的是农村城镇化问题。博士毕业后,他选择到湖南农业大学经济学院任教,成为一名"三农"研究学者,并很快就在 2014 年获批国家社科基金项目,让我感到莫大的欣慰。2015 年的研究报告获国家领导人肯定性批示,2016 年晋升副教授,2017 年调入南京审计大学政府审计学院后,2018 年获评江苏省"333 高层次人才",2019 年获聘南京审计大学"润泽学者",2020 年获评江苏省"紫金文化优青",这都是志耀秉承厚积薄发、积极努力得到的丰厚回报。

如果大家了解志耀的学术成长历程,对眼前的这本著作就会有更多的理解《论水生态文明与城镇化高质量发展》这本专著,是志耀博士主持完成的国家社科基金项目最终成果,通过人民出版社的严格审核最终得以出版。该著作有不少创新之处:一是基于水这个核心生态要素,构建了一套县域城镇化质量综合评价指标体系,为科学评价大江大湖流域的县域城镇化质量提供了理论参考;二是从经济、社会与环境三个维度,厘清了水生态文明建设与城镇化质量之间的内在联系,阐述了水生态文明建设在城镇化高质量发展中不可或缺的作用;三是给出了加强水生态文明建设、促进流域城镇化高质量发展的具体对策建议。难能可贵的是,这些研究是在扎实的乡村调查基础上得到的,此外,该书还整理提供了大量关于洞庭湖人口与生态环境变迁的历史资料,具有很强的说服力。

如今,我们国家正在致力于美丽中国、乡村振兴和高质量发展事业,前不久的中共十九届五中全会通过的"十四五"规划和二〇三五远景目标的《建议》中,明确提出推进"以县城为重要载体的城镇化",志耀的这本著作可以说是具有非常强的时代感和前沿性,对探索新时代中国特色社会主义新型城镇化道路具有非常好的现实意义。我诚挚地祝贺志耀博士的专著顺利出版,也祝愿他的学术道路能够越走越顺,同时也希望他能够在这个中国农村崛起的时代,继续坚持关注"三农"问题,出更多的成果,为乡村发展贡献自己的智慧!

2021 年 1 月 20 日
于江苏大学"三农庄园"工作室

目　　录

前　言

　　我出生和成长在粤北山区的长塘镇鹅塘村,童年的记忆总是和"水"息息相关。每到春耕时节,家家户户都要先派人去田边"短水"(客家语,意为"抢水")才能把田耙松、整平和插秧。儿时某年,粤北大旱,稻田裂开了一道道缝隙。乡亲们八仙过海,把各种引水灌溉设备都用上了。有现代化的电动抽水机,也有古老的"付水斗"等,后来村里的河流也干涸了,最后连井里喝的水都快没有了,必须凌晨3点动身才能抢到一两桶喝的水。不过,除了那一年的大干旱,我记忆中家乡的那条小河一直都很宽敞、清澈见底。夏天清晨,妈妈、姐姐以及妈妈的妯娌们在河边洗衣服,我就和小伙伴们在那里游泳,白哥乱们(小白条鱼)也闪着银光跟随我们一起上蹿下跳地游着,好不快活。

　　十八岁那年我离开家乡到广州上大学,后来辗转于南宁、长沙和南京,离家乡越来越远,每次回家看父母都来不及仔细观察家乡的变化。直到两个孩子稍微长大,我和妻子带着她们在家里待了一整个暑假。期间沿线探寻小河、走访乡亲,发现十多年来村里不断新建房屋,家乡的小河已经淤积成小沟渠,近十个农产品加工厂的废水废渣,把河水和底泥都染成了粉红色,河里再也不见小白条鱼的身影,更不用提鲤鱼和鲫鱼,田里也因施用化肥农药而不再有泥鳅和青蛙。这并没有出乎我的意料,因为水环境恶化已是全球性问题。在我读博士的所在地湖南洞庭湖地区以及后来工作的地方太湖地区,水资源与水生态环境都经历着类似的变化。

　　水是万物之源,是一切生物赖以生存的物质基础。从过去的"鱼米之乡"到现在的生态危机频发地,洞庭湖与太湖等地的现实困境不得不让我们思考:水生态文明与城镇化建设真是一对不可调和的矛盾吗? 两者能不能实现融合发展? 习近平总书记的"两山论"给了这个问题很好的启发。我们总是先用绿水青山去换金山银山,然后我们发现既要金山银山也要绿水青山,最后我们才会明白原来绿色青山就是金山银山。基于这个认识,本书一方面探讨了大江大湖区域的发展规律,另一方面为大江大湖区域的水生态文明建设与城镇化融合和高质量发展提供部分决策依据。

首先是构建了一套包含经济生产、社会生活以及水生态环境的湖区城镇化质量综合评价指标体系。在水生态文明视阈下,着重凸显了水要素在湖区城镇化高质量发展中的重要性,由此对一般意义上的城镇化质量评价指标体系进行了部分调整,构建了一套包含生产、生活与生态("三生")的湖区城镇化质量多层次综合评价指标体系,为科学评价大江大湖区域城镇化质量提供了理论参考。

其次是提出了一个水生态文明建设提升湖区城镇化质量的"三维机制"概念模型。基于复合系统理论,提出了包含"产业技术进步、人水关系转型和生态环境调控"的湖区城镇化质量提升模型。概念模型以水要素为特色,认为生产亲水、生活节水和生态净水的水生态文明建设能有效提升湖区城镇化质量,为流域城镇化质量以及新型城镇化相关研究提供了一个新的分析框架和研究思路。

最后是实证检验了水生态文明提升城镇化质量的主要机制。使用多重差分的计量方法,选取了近年来各级政府推行的如节能减排、两型社会、排污权交易、流域生态补偿等水生态文明建设抓手作为哑变量,对这些制度创新能否及在何种程度上助推湖区城镇化质量提升做了面板计量回归和效应估计,为洞庭湖、太湖乃至其他大湖区域制定水生态文明建设和新型城镇化发展战略提供了经验支撑。

水生态文明建设与城镇化发展是一项,或者是复杂的系统工程,限于作者知识面的不足,本书所作思考难免是管中窥豹,或者是盲人摸象。不过,随着越来越多的人都来一起摸这头大象,大象的形象终究会越来越清晰。希望我们早日摸索出水生态文明和城镇化融合发展的道路,祝愿祖国早日拥有"天蓝水绿山青"的生态环境。

作者于南京审计大学润泽湖畔

2021 年 4 月

第一章 导　论

第一节　问题的提出

在 2012 年 12 月的中共中央城镇化工作会议公报中,首次明确指出,要"紧紧围绕提升城镇化质量,因势利导、趋利避害,积极引导城镇化健康发展,高度重视生态安全,不断扩大森林、湖泊和湿地等绿色生态空间的比重"。继而在次年同期的中央城镇化工作会议上,习近平同志用更加通俗的语言具体化了"城镇化质量"的内涵:"依托现有山水脉络等独特风光,让城市融入大自然,让居民望得见山、看得见水、记得住乡愁"。习近平同志在 2017 年 10 月的十九大报告中进一步指出,要"树立和践行'绿水青山就是金山银山'的发展新理念,像对待生命一样对待生态环境,实行最严格的生态环境保护制度,坚定走生产发展、生活富裕、生态良好的文明发展道路"。在党中央的号召下,国务院、各部委及各省市自治区行政部门带领全国人民开始了以"提升城镇化质量"为目标的中国特色新型城镇化道路的伟大探索与实践。

作为"长江之肾、中国之肺"所在地的洞庭湖区[①],其生态保护与城镇化发展的冲突始终比一般区域更为尖锐,城镇化给洞庭湖区带来了严重的水生态危机,这在我国几大湖区中具有突出的代表性。2012 年的实地调研表明,环

---

① 在本书,"洞庭湖区"除在第二章因史料口径原因主要指"环洞庭湖区"(岳阳市、常德市、益阳市)以外,其他各处均指包含"环洞庭湖区"以及"湘、资、沅、澧"四水流经的"长株潭片区"(长沙市、株洲市、湘潭市)、"湘南片区"(衡阳市、郴州市、永州市)和"湘西片区"(张家界市、怀化市、湘西州、邵阳市、娄底市)的广义区域。

洞庭湖区不但地表水污染严重,居民反映即使将以前家家直接饮用的水井深挖到 150 米以下,取出来的水也不能像以前那样供日常饮用了。湘江中游的株洲清水塘工业区是国家"一五"和"二五"计划重点发展的老工业基地,几十年来粗放发展产生的大量废水和重金属污染直接排放到湘江,污染了整条湘江下游和环洞庭湖。2013 年 2 月,广州质检部门在来自"鱼米之乡"洞庭湖区的大米中发现了超标的镉元素,引发了"镉大米"事件,导致人们对洞庭湖区的食品都敬而远之。2014 年,国家审计署赴澧水上游的石门县白云乡鹤山村调查癌症死亡 400 余人的"雄黄中毒事件",证实了这一非正常死亡事件与当地长期以来的雄黄矿水源污染有直接的因果关系。除人类健康受到威胁以外,洞庭湖的江豚、白鳍豚、中华鲟、东方白鹳、中华秋沙鸭等国家一级保护动物也出现了重大生存危机。从过去的"浩浩汤汤八百里""鱼米之乡",到现在的生态脆弱与危机频发区,洞庭湖区的现实困境不禁让我们沉思:城镇化与水生态文明到底能不能协调发展? 如果可以,那我们的城镇化发展道路需要作出哪些改变?

在洞庭湖区城镇化发展瓶颈难以突破、国家高层又越来越重视生态安全与城镇化质量的大背景下,本书拟集中研究水生态文明视阈下提升洞庭湖区城镇化质量的机制及对策,为洞庭湖区乃至其他大江大湖区域的城镇化与水生态文明建设协调发展提供理论支持和决策依据。

第二节　相关研究述评

一、关于水生态文明的研究

(一)水生态文明的思想源泉

由于水是所有生命形态的基本组成成分,因此人们普遍认同"地球生命起源于海洋"的假说。水在人类社会发展史中也占有重要地位,这从"女娲补天""大禹治水""诺亚方舟"等国内外重要神话传说几乎都跟水有关的事实中可以得到佐证。2500 多年前,老子在《道德经》中以水为主线,构建了一套完整的"水哲学"思想体系,成为现存史料中最早的水生态文明建设思想的源泉。在老子的道家思想中,"道"是整个哲学体系的核心。老子认为,虽然它是不可见的虚构物体,但它的作用却无穷无尽、无所不在,水"几于道",即水是最接近"道"的,或者是"道"是产生于"水"的,由此确立了水是万物之源的至高地位。今天虽然科学技术高度发达,天文学家仍然以"液态水"作为是否存在外星生命的必要条件,这一认识与老子在《道德经》中对水的地位判断是一致的。老子不但将水视为"万物之源",更是提倡人们向"水"学习,包括国家治理者要学习水的"无为"、普通民众要学习水的"上善""处下"和"不争"(李宗新,2006)。还有学者(谭文华,2017)剖析了老子的"水哲学"思想对当今"水生态文明建设"的重要启示,并在阐述老子关于水的重要论断基础上分析认为,"水生态文明"是人类遵循人水和谐理念,以实现水资源可持续利用、水环境有效保护、水生态良性循环为核心目标的文化伦理形态,是生态文明的重要组成部分和基础内容;此外还进一步以2016年全国大范围洪涝灾害为例,从提升思想认识、顺应水规律、厉行低碳生产和明确主体职责和义务等方面对我国水生态文明建设提出了若干启示。

马克思、恩格斯虽然没有直接对水生态文明进行阐述,但他们对生态问题高度重视,生态文明思想内容非常丰富,这也成为我国生态文明和水生态文明建设的又一个重要思想来源。高琳(2017)总结了马克思关于生态文明的主要思想,认为包括以下几方面:一是明确了人类必须要依赖于自然才能更好地生存和发展。马克思认为自然界先于人类存在,人需要依赖自然界才能生活,自然界若被毁灭人类也终将消失。二是指出人类在改造和利用自然时,要遵循自然的客观规律,"任何不以伟大的自然规律为依据的人类计划,都只会带来灾难"。三是马克思通过对资本主义的生态问题进行分析,指出资产阶级的无限贪婪是生态危机的根源,它们不断从自然界获取使用价值,使用价值消耗完就将它抛弃,从而造成自然生态的破坏,只有从根本上改变资本主义生产方式,才能形成人与自然和谐相处的关系。四是马克思提出共产主义才能使"人与自然、人与人之间的对立矛盾真正解决"这一科学论断。

(二)水生态文明的内涵与外延

中华人民共和国水利部(2013)指出,水是生命之源、生产之要、生态之基,水生态文明是生态文明的重要组成和基础保障。水生态文明建设要把生态文明理念融入水资源开发、利用、治理、配置、节约、保护的各方面和水利规划、建设、管理的各环节。基本原则包括：人水和谐，科学发展；保护为主，防治结合；统筹兼顾，合理安排；因地制宜，以点带面。并指出水生态文明建设的主要工作内容是：落实最严格水资源管理制度、优化水资源配置、严格水资源保护、推进水生态系统保护与修复、加强水利建设中的生态保护、提高保障和支撑能力以及广泛开展宣传教育。

　　左其亭、罗增良、马军霞(2015)分析认为，水生态文明建设是人类以科学发展观为指导，以实现水资源永续利用、支撑经济社会和谐发展、推动生态系统良性循环和满足人们的精神文化需求为目标而采取的一切文明活动，是一个随着人类社会文明进程不断变化的长期动态过程。水生态文明建设是生态文明建设的核心组成部分，需要全国乃至全世界人民的共同努力。他分析认为，水资源、水环境和水生态是水生态文明建设的三大改观对象，意识形态则是文明的集中体现，同时也是水生态文明建设取得突破性进展的重要标志。因此，构建了包含水资源、水环境、水生态、水景观、水安全、水管理、水经济和水文化在内的八项水生态文明建设的重要理论体系，并分类讨论了水生态文明建设的物理修复法、生物修复法等主要技术及其应用范畴。刘芳、苗旺(2016)认为，水生态文明是生态文明的纵向延伸，是人类主动实现生产、生活与水生态的动态均衡，构建人水和谐关系的物质与精神成果的总和。水生态文明建设是一个动态复杂系统，它具有自然属性与社会属性的两面性，包含了水安全、水环境、水生态、水利用、水管理和水文化六方面要素。他们进一步构建了水生态文明建设的系统动力学模型，并以淮河山东段为例，使用问卷调查和实证检验的方法识别出了该区域水生态文明建设的核心要素，它们按重要程度的排序分别是：水利用因素、水环境因素、水生态因素、水管理因素、水安全因素与水文化因素。

　　进一步地，左其亭、罗增良、赵钟楠(2014)给出了我国水生态文明建设的发展思路，主要包括水生态文明理论梳理及判断标准制定、水生态文明等级判别及相应建设工作、水生态文明建设重点任务筛选与路线图制定等等。罗增良、左其亭、赵钟楠、宋梦林(2015)以水利工作为例，制定了判断水生态文明理念符合程度的判别标准，研究了具体水利工作与水生态文明理念的差距程度。孟伟、范俊韬、张远(2015)则以构建"水生态、经济和社会复合生态系统的动态平衡"为核心目标,给出了流域生态文明建设的基本框架,并提出了流域生态文明建设的六大主要任务:构建流域分区管理模式、健全流域水环境质量标准体系、建立污染物总量控制体系、实现水资源生态利用、加强人居环境生态建设以及加强生态制度建设。

(三)水生态文明的综合评价

许多学者对水生态承载力进行了综合评价。相对于较成熟的水资源承载力评价、水环境承载力评价等相关研究,水生态承载力评价则相对较晚。生态足迹是评价生态文明状况的一个常用方法,水生态足迹概念则由 Hoekstra(2003;2009)在一次虚拟水交易国际学术会议上首次提出,这一创新成为许多后续水生态承载力评价研究的起点。如吴志峰、胡永红、李定强等(2006)较早地应用水生态足迹理论与方法,从淡水生态足迹(包括生活用水和生产用水)、水产品生态足迹和水污染生态足迹三个方面定量分析了广州市1949—1998 年的水生态足迹的变动情况,结果表明广州的水生态足迹在 1998年以前一直是超过 GDP 的规模,从 1991—1998 年间则出现了波动式下降的发展趋势,并有低于 GDP 规模的良好发展趋势。刘子刚、郑瑜(2011)从水产品足迹、水资源足迹与水污染足迹三个方面对水生态足迹进行分解,并以此建立了水生态承载力的量化模型。基于这个生态承载力模型,他们对浙江省湖州市 2000—2007 年的水生态承载力进行了实证评价。结果表明,浙江省湖州市 2000—2007 年的水生态承载力超过了水生态足迹。虽然该区域呈现出生态盈余,但其水生态承载力波动较大,水生态足迹也在不断增大,特别是水产品消费量逐年增大,水产品生态足迹在水生态足迹中所占比例不断增大。因此,必须高度重视水生态承载力提升,同时有效限制水生态足迹的过度增加。

还有不少学者对水生态安全度、可持续发展力和水生态文明水平进行了评价。陈广、刘广龙、朱端卫等(2015)基于 DPRIR 分析框架(驱动力、压力、状态、影响、响应),选取了 25 个反映水生态安全状态的指标,使用信息熵修正专家权重,构建了水生态安全评价模型,并以三峡库区重庆段为例,分析了三峡库区重庆段 2007—2012 年的水生态安全状态。结果表明,重庆的水生态安全指数持续升高,从2007年的0.15增长到2012年的0.46。张远、高欣、林佳宁等(2016)基于PSFR框架,构建了一个多层次指标体系,其中方案层包括水生态压力(Press)、水生态状况(State)、水生态功能(Function)和水生态风险(Risk)4个方面,指标层则包括了土地利用、水资源利用、污染物排放、栖息地状态、水生态质量、水产品供给、休闲娱乐、水环境净化、重金属风险等方面的18个评价指标。他们根据生态安全指数得分(ESI),将水生态系统的安全评级分为安全、较安全、一般安全、不安全和很不安全5个等级。张艳会、杨桂山、万荣荣(2014)构建了一个湖泊水生态可持续发展度的评价模型,指标包括浮游植物生物量、浮游动物生物量、生态能质和结构生态能质、生态缓冲能力和富营养化指数等等,并分布讨论了各指标的阈值问题。于冰、徐琳瑜(2014)运用水生态足迹法构建了一个水生态承载力评价模型,以大连市为例对其城市水生态可持续发展能力进行了定量评价。结果发现,大连市在2001—2011年水生态可持续发展能力在0.5左右波动,他们还运用自回归移动平均方法对其发展趋势进行了预测。任俊霖、李浩、伍新木等(2016)构建了一个包含水生态系统、水经济系统和水社会系统共18项二级指标的多层次指标体系,使用主成分分析法提取了5个综合负载指标,并据此对长江经济带2011—2013年11个省会城市的水生态文明建设进行了综合评价。结果显示,长沙、贵阳和成都的水生态文明建设综合指数排在前三位,武汉、上海和南京则排在倒数第三的位置。

(四)水生态文明的机制体制创新

关于水生态文明的机制体制创新,当前文献主要研究了流域水生态补偿机制以及发源于无锡的"河长制"。如虞锡君(2007)较早地从理论层面探讨了流域水生态补偿机制的实现形式,认为主要包括了水生态保护补偿机制和跨界水污染补偿机制,并以太湖为例给出了生态补偿机制的政策框架。框架主要包括:建立"太湖流域水资源水环境管理委员会"、建立交界水质检测制度、实行经济补偿制度以及完善行政考核制度。李晓燕(2008)总结了我国的流域水生态补偿实践,主要包括北京市与河北省境内水源地之间的水资源保护协作试点、广东省对境内东江等流域上游的生态补偿项目、浙江省对境内新安江流域的生态补偿项目等等。主要实施模式包括:(1)政府补偿模式,如福建省在闽江、九龙江、晋江等主要流域的水生态补偿项目,这一模式适用于不涉及跨省问题的纯省内河流水生态补偿。(2)水权交易模式,如发生在浙江省的我国首例水权交易案例,地处金华江上下游的东阳和义乌两市签订了水权转让协议,通过市场机制进行水权交易。(3)异地开发模式,如浙江省金华市特许水源地磐安县在本市下游异地开发建设,设立"金磐扶贫经济开发区"作为该县的生产用地,并在政策与基础设施投入方面予以支持。(4)建立生态补偿基金,浙江省湖州市德清县从财政、水费、河口水库水费、土地出让金、农业发展基金和排放费6个渠道筹措资金,建立了水生态补偿基金,用于对本县西部地区水生态环境保护事业的补偿。他们还进一步总结了包括管理部门职责交叉、缺少法律法规支撑、生态政策缺乏稳定性以及缺乏补偿成效监测与评估指标体系等存在的主要问题。

《环境保护》杂志社编辑部(2009)整理了我国各地推行"河长制"实践的具体来由与经过。"河长制"起源于2007年的太湖"蓝藻事件",无锡市在2007年8月正式发布政府文件,在全市实行由行政首长担任责任人的"河长制"。2008年9月,江苏省政府决定在太湖流域推广实行"河长制",2009年又将推广范围扩大到淮河流域。后来,昆明市、黄冈市、大连市、周口市等地陆续加入了"河长制"的探索实践。王书明、蔡萌萌(2011)运用新制度经济理论分析认为,河长制的主要优点是职责归属明确清晰、铁腕治污效率高、创新扩散机制良好,但河长制也有明显的制度缺陷,如无法根除"委托—代理"问题、缺乏透明的监督机制、容易出现利益合谋、忽视了社会力量以及行政问责很难落实等等,因此"河长制"在本质上还属于一项"应急性"制度。刘芳雄、何婷英、周玉珠(2016)分析认为,"河长制"是我国在河流水生态文明建设过程中的一项重要制度创新,从各地实践来看取得了不错的效果,但从法学角度来看它还存在明显的困境,即"河长制"的"法治化"建设还相对落后,因此要从加强领导干部的"法治"教育、推进"河长制"法律体系建设等方面对其进行改进。熊烨(2017)构建了一个跨境河流治理的"纵横双维度"分析框架,其中纵向治理是自上而下的科层治理,如"激励机制""问责机制"等;横向治理是水平的网络治理,如"参与机制""协作机制"等。作者根据纵横机制的强弱程度,将实际的治理模式分为:纵横皆强的"强治理"、纵强横弱的"权威依赖治理"、横强纵弱的"资源依赖治理"以及纵横皆弱的"弱治理"。作者分析认为，"河长制"将跨界河流治理从"弱治理"模式提升到了"权威依赖治理"模式，这种模式的显著性缺点是：过度依赖权威带来的持续性问题、封闭性排斥社会力量、部门责任困境依然存在、组织逻辑混乱问题等。关于"河长制"的演进，作者提供了向横强纵弱的"资源依赖治理"或者纵横皆强的"强治理"模式演进的两种可能，他根据我国的实际情况提出向后者演进对我国水生态文明建设更为有利。黎元生、胡熠（2017）从整体性治理的视角，分析认为"河长制"存在的主要问题是：纵向分包治理成本分摊不均衡、横向功能整合面临诸多障碍以及政企合作程度低等等。改革的突破口包括：明晰流域分层治理的责权利，推进流域环保机构的整合，拓展流域水生态治理的公私合作领域等等。沈满洪（2018）分析认为，"河长制"的环境绩效是纯粹的正面效应，但其经济绩效和社会绩效则具有双重性。经济绩效的负面效应主要是各地政府在上级压力与舆论压力下的"不惜代价治水"行为带来的高额成本，社会绩效的负面效应是河长制强化了政府功能，弱化了市场主体、社会机制与原治理部门的职能。作者进一步认为，"河长制"是过渡性产物，随着水治理体制机制的完善，"河长制"将可能退出历史舞台。

二、关于城镇化质量的研究

第一次工业革命以后，人类城市化进程得到了前所未有的快速推进①。在人口空间结构转换驱动了政治、经济、社会和文化全面进步的同时，城市规模无节制扩张，城市不可避免地陷入了人口拥挤、资源匮乏、环境失衡和社会矛盾激化等诸多发展困境，"城市病"成为一道摆在人们面前的世界性难题。作为负责任的发展中大国，中国在2013年正式提出以提升"城镇化质量"为核心目标的中国特色新型城镇化发展框架。而事实上，国内外理论界对城镇化质量的科学研究在很早以前就已经开始了。

---

① 理论界对"Urbanization"的翻译与表述有"城市化"与"城镇化"两种方式，我国官方为表述城乡统筹发展是我国"Urbanization"的重要内容之一，采用了"城镇化"的表述。本书为强调这一差异，凡属于国际部分都采用"城市化"来表述，而涉及国内部分都采用"城镇化"来表述。

（一）对传统城镇化相关问题的全面反思

国外学者对传统城镇化的反思比较系统和全面，总的来说可以从以下的经济、社会与生态三个方面来概括。

一是传统城镇化对经济和产业的不良影响。Harris & Todaro（1970）对发展中国家在城市大量失业背景下城乡劳动力转移仍然持续的现象进行了分析，认为引起城乡劳动力转移的决定因素是对城乡收入差异的预期，而不是实际的城乡收入差异，因此在"城市幻想"作用下农村劳动力会向城市发生持续性转移，这种转移即使在城市存在严重失业时也不会停止。Knox & McCarthy（2005）的实证研究表明，1975—1985年美国高速公路高峰时段交通流量从41%上升到56%，1995年美国芝加哥、洛杉矶、旧金山和丹佛等城市中心区附近的高速公路高峰时段平均车速仅为12公里每小时，2001年美国75个大中城市平均每人每年因为交通拥堵耽误26个小时，这个损失与城市人口规模正相关；发展中国家的过度城镇化也导致拥挤效应提前出现，2000年左右仅曼谷一个城市的交通拥堵成本就达到年均2.72亿美元，相当于泰国全国GDP的2%。Broersma & Dijk（2007）研究表明，城市拥挤效应确实制约了城市全要素生产率的提升，这成为区域经济增长难以逾越的"天花板"，荷兰乃至整个欧洲都存在类似问题，而这可能是欧洲经济相比美国经济发展更为缓慢的主要原因。Turok & McGranahan（2013）对欧美、亚洲和非洲的主要国家关于城镇化对经济增长贡献率的实证研究结果进行了汇总和比较，分析表明自20世纪70年代以来发达国家城镇化对经济增长的贡献率从0.20持续下降到0.03甚至更低，城镇化对经济增长的"天花板"效应非常显著。Jorgenson & Timmer（2011）实证研究表明，欧美发达国家在克拉克、库兹涅茨和钱纳里等人相关理论影响下将产业结构升级的空间范围迅速从本地、全国延伸到全世界，推动了传统工业生产向发展中国家的转移，发达经济体迅速攀升到如金融服务、营销网络、品牌塑造等全球价值链的顶端，这一"去工业化"过程催生了虚拟经济的繁荣，同时也带来了城市产业"空心化"的严重问题。事实上，Rothwell（1985）等学者很早就提出过美国城市经济发展要回归实体经济的观点，奥巴马在此基础上形成了"新能源与再工业化"战略，并在2008年总统竞选中脱颖而出。2017年特朗普上台后，更是强化了"再工业化"战略对美国的重要性,硬生生地将苹果工厂拉回美国。Headey,Bezemer & Hazell(2010)对快速城镇化背景下亚洲和非洲的农业就业情况进行了实证分析,结果表明这些地区在产业结构高级化和农村城镇化取得较大成功的同时,农村和农业却面临着劳动力数量减少、质量下降等严重问题,致使农业发展长期停滞甚至倒退,"去农业化"背后隐藏着巨大的粮食安全危机。

二是传统城镇化与社会发展瓶颈。自哈里斯和托达罗用理性预期理论反驳了刘易斯的两部门劳动力转移理论后,人们开始接受城市失业确实是"常态"的观点。Visaria(1981)的数据表明,印度的粗放式城镇化使得大量农村人口涌向有限的城市,导致城市失业人口远远超过了农村失业人口。Carino(1991)指出菲律宾政府吸取了印度的教训,从一开始就非常强调城市部门和工业产业的发展,企图为农村转移人口提供足够的就业岗位,然而其结果与印度的情况几乎一模一样,城市失业问题根本无从治理。Drakakis-Smith(1996)认为,城市失业在包括日本、韩国等新兴工业化国家在内的所有国家都普遍存在,是城市不平等、贫富差距拉大和城市社会秩序混乱等众多社会问题的根源所在,直接影响到城市的可持续发展。Boustan(2010)经实证分析认为,美国战后的传统城镇化在大都市区集聚了种族冲突、贫富矛盾等一系列社会矛盾,因此驱动了美国白人家庭为了寻找"安全社区"而支付更高的生活成本向城市郊区转移。Patel & Burkle(2012)的实证分析表明,截至2005年南非的城市总体失业人数不断上升,其中15—24岁青年人失业率为30%,25—34岁中年人失业率为41%,他还进一步指出南非最大城市约翰内斯堡42%的失业率已经成为该城市充斥贫困、自杀、暴力和犯罪的最重要原因。城乡分割与农村贫困是另一个引致的社会问题。Lipton(1984;1997)对战后亚洲、非洲和拉丁美洲发展中国家政府的城镇化与城乡政策进行了实证分析,认为对人口比重占65%以上的农村仅投入不足20%的资本是一种既没有效率、更不体现公平的"城市偏向"政策,它通过农产品与工业品之间的"价格剪刀差"得以实现,最终引起了城乡分离、农村贫困与城镇化的不可持续发展。Drakakis-Smith(1996)根据世界银行和联合国人居署1995年亚洲、非洲和拉丁美洲主要发展中国家相关数据对农村贫困率、城市贫困率以及农村城市贫困人口比率三项指标进行了核算,结果表明城镇化水平较低国家表现为"三高",城镇化水平较高国家表现为"两高一低",城镇化水平中等国家表现为"两低一高",即城镇化本身并不会自动消除农村贫困和城乡差距,甚至有可能会增加农村贫困和扩大城乡差距。随着城镇化水平推进、产业结构转换和市场经济的发展,"城市偏向"和"价格剪刀差"本该按人们所期望的那样不断减轻,然而Eastwood & Lipton(2000)研究认为,价格剪刀差非但没有完全消失反而从产品领域转移到了服务和要素领域,例如教育、医疗、社保等重要公共服务产品以及土地、资本等要素的价格剪刀差,这导致了新一轮的城乡分割和农村贫困。

三是传统城镇化与生态环境红线。Klein(1979)以美国马里兰州皮埃蒙特省的 27 个小型流域地区为样本,实证结果表明粗放城镇化会导致河水质量持续下降,当总体不透水率达 10% 以上时河水质量开始下降,当达到 15% 以上时河水质量下降为一般,当达到 30% 以上时河水质量下降将呈现不可控的发展趋势。Chalmers,Metre & Callender(2007)对美国新英格兰地区城镇化影响河水质量的案例进行了实证分析,结果表明河水质量与城镇化水平存在稳定的相关关系,当城市用地占区域总面积比重超过 10% 时河水质量明显开始变差,主要表现为重金属超标。Elmore & Kaushal(2008)通过实证分析表明,虽然美国早在 1972 年就制定了法案对大中型河流进行保护,城市化还是致使美国巴尔的摩市 20% 大型河流、70% 小型河流完全消失。Peters(2009)实证分析了城镇化对河水质量的影响,结果表明从总体上看市内河水的各种重金属、大肠杆菌等不良物质含量和浓度均比周边河水要高得多,且这在很大程度是由于城市过多的不渗水层使各种水中不良物质没能得到土壤的有效过滤造成的。Hossain & Rahman(2012)对孟加拉国达卡市的流域水文变化及其原因进行了分析,认为快速工业化与城镇化给环绕达卡市的布里甘加河、巴鲁河等四条河流带来了水体侵占、淤泥填积和河道碎片化等问题,最终导致河水基流减少、水质下降并在雨季引发了多次严重的城市内涝灾害。此外,Pouyat(2008)以纽约、巴尔的摩和布达佩斯三个城市为例,研究了城市周边森林土壤中的重金属含量变化及其影响因素,实证分析表明除了发展模式、土壤本身、污染来源等因素以外,森林土壤中的重金属含量与城市核心区的空间距离存在显著的"距离衰减"效应,即城镇化的强度对土壤重金属浓度有显著的影响。Chung, Choi & Yun(2004)考察了战后韩国的城镇化对其月均气温的影响，实证分析表明韩国的工业化与城镇化对韩国月均气温上升至少贡献了0.5摄氏度之多。Svirejeva-Hopkins & Schellnhuber(2006)构建了一个城市碳循环理论模型，分析了城镇化对碳排放的多方位影响，认为除了建成区的直接排放外还应该重点考虑城市扩张过程中农业土地转化为城镇建设用地对碳排放具有显著的影响。Trusilova & Churkina(2008)研究表明，欧洲在工业化与城镇化初期的二氧化碳浓度是百万分之280，到2000年这一指标就已经超过了370；进一步用结构方程回归的实证方法量化了城镇化引致的土地利用变化、气候偏差、二氧化碳排放、人为氮积累等因素对城市月均温度的影响，研究表明总体贡献是显著正向的，其中二氧化碳排放和人为氮积累的影响最大。

随着我国快速城镇化带来的各方面问题日益突显，国内也有部分学者开始对传统城镇化进行了辩证思考。辜胜阻、李正友(1998)分析认为我国自下而上的农村城镇化模式对生态环境破坏比较严重，尤其是其分散化的、乡土化的工业污染表现为难以集中治理的面源污染，不仅影响居民生活，还严重影响农业生产与农村可持续发展。孔凡文、许世卫(2005)较早地总结了我国在快速城镇化进程中存在的主要问题，其中包括：城镇规划不够科学与合理、城镇内涵建设薄弱、第三产业比重低、土地资源浪费严重、环境污染严重、小城镇生活方式没有真正改变、就业医疗养老教育等社会问题突出等等。孙久文、杨维凤(2008)分析了我国粗放城镇化带来的问题，其中水资源缺乏和水污染严重、能源利用率低和大气污染加快等问题日趋突显，有些区域已经达到资源环境的承载力极限。武寅(2010)认为，中国城镇发展的主要问题有四个方面，其中"增长方式粗放，资源瓶颈约束日益增强"和"污染问题突出，城市环境容量严重超负"是排在前面的两个问题。姚士谋、陆大道等(2012)明确指出，自1996—2009年我国城镇化进程脱离了循序渐进的原则，城市发展以规模作为唯一导向，大量占地毁地、生态环境受到严重的污染和破坏，其中水资源短缺和水生态恶化问题已经成为制约中国城镇化健康、可持续发展的主要因素之一。赵国锋、段禄峰(2012)分析表明，我国西部地区在城镇化发展过程中生产技术落后，产业结构传统、一二产业比重较大，工业企业主要以能源、煤炭、石化、采掘等高能耗、高污染、高排放产业为主，这导致了西部地区城镇化对资源环境的破坏极为严重。仇保兴(2013)指出,世界上绝大多数的能源是被城市消耗的,同时绝大多数污染物也产生于城市,所以要提升城镇化质量,城市自身必须向生态型城市转型发展。并进一步提出传统城市向生态型城市转型的三个基本原则:一是空间紧凑,二是产业多样,三是低碳环保。简新华(2013)总结了我国城镇化质量存在的十个方面问题,他认为不少城市的交通、排水、垃圾处理等基础设施不能满足城镇发展的需求,导致我国近年来接连出现大范围的雾霾天气、城市污水污染了江河湖泊、垃圾围城现象屡见不鲜等严重问题。阚大学、吕连菊(2017)专门研究了我国城镇化对水资源利用的影响,他们利用水足迹方法对东中西部地区的效应进行了实证分析,结果表明城镇化均降低了农业用水水足迹,提高了工业用水水足迹、生活用水水足迹、生态环境补水水足迹以及水污染足迹,西部地区降低作用最小、提高作用最大;技术进步效应、产业结构效应降低了东部地区水足迹,但在中西部地区影响不显著。

(二)城镇化质量的概念与测度

虽然在国外理论界至今也没有正式出现城镇化质量的概念,但他们在几十年前就已经意识到,城镇化质量与城镇化数量是不同概念,城镇化质量在很大程度上是一个复杂的、系统的概念,需要用到多维指标来联合测度。联合国可持续发展委员会(UNCSD,1996)提出了一个包含"经济、社会、环境和机构"四个子系统和"驱动力、状态和响应"三个组成部分的 DSR 模型;其中,社会子系统主要考察了贫困问题和性别平等问题;环境子系统主要考察了淡水、土地、森林和大气的动力、状态和响应。Drakakis-Smith(1995;1996;1997)基于发展中国家主要特征提出了第三世界"可持续发展城市"的概念,将其宏观要义分解为公平与人权、社会和民族自治、环境保护意识、时空联系意识等等,并进一步从微观层面构建了包括经济发展、社会进步、环境保护、人口结构和政治体制五个方面的"钻石型"评价指标体系。Haase & Nuissl(2007)构建了一个 DPSIR 概念模型描述了城镇化与水生态环境之间的互动过程,分别包含驱动力、压力、状态、影响和响应五个组成部分;其中驱动力主要是指对城市扩张的需求,压力主要指土地利用的改变,状态指不透水层的比重,影响包括河流的密封率、径流量、补充率、蒸发率,响应则包括政府的所有应对措施。Roy

(2009)对联合国多哈城市发展规划支持系统(DMDPSS)进行了改进,提出了一个测度城市可持续发展能力的指标体系,包括城市经济发展、基础设施与社会发展、环境质量、城市治理、教育与科学发展等五个子系统,指标方面删除了如"无洪涝保护的建成区"等难以量化的指标。Tveitdal(2004)在对"美国梦"式城市发展进行反思,并从社会关系重构角度探讨了新型城镇化的发展方向,认为新型城镇化的建设应该高度重视良好社会关系的构建与维护,这包括人与人之间的关系、社区与社区之间的关系、社区与郊区之间的关系特别是城市与农村之间的关系等方面。

　　二是关于数据与测度方法。新型城镇化相关数据来源包括统计数据、抽样调查数据和卫星遥感 GIS 数据,测度方法则主要包括统计描述法、指标评价法和计量回归法等等。如 Hasse & Lathrop(2003)提出了一套包括新建城镇的密度、基本农田的损失、天然湿地的损失、核心林地的损失、不透水面的增加等五个方面城镇化活动影响土地资源的 LRI 综合指标评价体系,并从 1986—1995 年美国人口普查数据库中提取了新泽西州的相关数据对其综合评价模型进行了实证检验。Bottero, Mondini & Valle(2007)在"经济、社会与生态"可持续发展理论的基础上,提出了一个网络分析模型,用以定量评价城镇化进程中土地利用转换对环境和可持续发展的影响,并以意大利图灵的尼凯利诺市为案例说明了该模型的具体应用。Ouyang et al.(2005)提出了城市环境熵模型,该熵的评价指标包括河流中的 NH_4^+(氨氮)浓度、COD(化学需氧量)浓度、DO(溶解氧)浓度和 TOC(总有机碳)浓度等,并以珠江三角洲为案例、利用该流域的 30 个观测点数据对该评价模型的有效性进行了实证检验。Clapham(2005)采用篷盖率和不透水率对城镇化进行了度量,利用陆地卫星专题制图仪的定量分级影像数据集,形成了一个描述流域城镇化及其生态环境变化之间关系的动态面板模型,并将其应用到了美国俄亥俄州西北部Tinker 溪流域 1984—1999 年的城镇化进程分析中。Barido & Marshall(2014)采集了全球 80 个国家 1983—2005 年二氧化碳排放量、经济增长、人口就业和环境保护政策的相关面板数据,运用随机和固定效应计量模型实证分析了二氧化碳排放量的影响因素,研究表明了城市环境保护政策的极端重要性。Wu, Jenerette et al.(2011)以凤凰城和洛杉矶这两个美国城市化最快的城市为例,使用卫星遥感技术所得景观格局分析法描述了整个 20 世纪两个城市土地利用的动态演变过程,并使用斑点密度、平均斑点面积、斑点的多样性、斑点复杂度等指标量化测度了这一过程。Vijay et al.(2011)采集了孟加拉普里市内水厂井、手摇井、露天井和露天水源等 36 个饮用水源点的淡水样本,使用 GIS 技术对其空间分布进行了分析,并对雨季前和雨季后的样本进行了横向比较,分析了降雨对地下水污染的缓解作用。

国内学者在城镇化质量概念以及测度方面有较多的成果。如叶裕民(2001)从经济现代化、基础设施现代化和人的现代化来定义城镇化质量,并据此构建了一个城镇化质量的综合评价模型,并难能可贵地包括了建成区绿化覆盖率和二氧化硫排放量等生态指标。陈鸿彬(2003)认为城镇化质量是一个综合性指标,从经济发展、设施环境、人民生活与社会进步四个方面构建了一套多层次综合评价模型,其中纳入了绿化覆盖率、污水处理率、垃圾无害处理率、空气质量达标天数等生态环境指标作为重要内容纳入评价体系。国家城调总队福建分队(2005)提出了一个包含六个方面 31 个指标的城市化质量评价体系,其中首次将生态环境作为一个独立的子系统出现,包含了绿化覆盖率、空气质量指标、噪声达标率、GDP 能耗、工业废水处理率、垃圾无害化处理率、建成区面积比重等 7 个生态环境指标,其数量与经济发展子系统并列第一。孔凡文、许世卫(2006)、朱洪祥等(2011)、王富喜等(2013)、何平、倪苹(2013)等学者对城镇化质量评价指标和方法作了部分改进,提出了相对完善和可操作的城镇化质量评价指标体系,它们的共同特征是将生态效应作为重要内容纳入评价体系;其中,何平、倪苹(2013)构建的 7 子类评价指标体系里,资源环境类指标包括人均耕地保有量、人均水资源数量、城镇化人均公共绿地面积、垃圾无公害处理率、环境质量指数、环境污染治理指数共 6 项指标,在 7 个子类的指标个数中排名第一。魏后凯等(2013)明确指出,城镇化质量是反映城镇化优劣程度的一个综合性概念,包括在城镇化进程中各组成要素的发展质量、推进效率和协调程度,是城镇化各构成要素和所涉及领域质量的集合。并据此构建了一个三层次、共 34 项指标的综合评价模型,其中涉及生态环境方面的指标达到了 7 项之多。他们据此对中国 286 个地级以上城市的城镇化质量进行了综合评价,结果发现城镇化质量呈自东向西递减的空间格局,其主要原因就是东部地区生态质量或生态效率堪忧。罗腾飞、邓宏兵(2018)从经济质量、社会质量、生态环境质量以及创新能力水平四个方面构建了一个城镇化质量的综合评价模型,并据此对长江经济带126个地级城市的城镇化发展质量进行了量化评价,并使用了 Moran's I 指数对空间自相关情况进行了分析,结果表明这些城市出现了较明显的"高高集聚"和"低低集聚"的俱乐部空间分布现象。

(三)提升城镇化质量的产业转型策略

许多学者认为传统产业的转型升级是提升城镇化质量的首要手段。Tregenna(2011)认为,21世纪的"再工业化"不是对之前工业化过程的简单重复,其内容和形式都会与之前有较大差异,特别是其受资源与环境的约束要苛刻得多,要着重发展和依赖"新能源"产业,因此其实施难度要比传统工业化大得多,特别是对发展中国家来说更是如此。Brunner(2011)则具体探讨了城市垃圾进行二次挖掘、利用和资源化的"再工业化"发展战略,认为这在一方面可以促进城市"再工业化"战略的落地,另一方面还可以缓解城市垃圾处理和环境治理的问题,推动和促成新型城市的建设。Hughson & Inglis(2001)研究认为,文化创意产业能带来可观的资本、知识与文化消费市场,能在很大程度上促进城市经济增长以及缓解城市就业问题,"创意冲动"和文化产业已经成为现代城市经济增长的强大动力。Mooney(2004)以苏格兰的格拉斯哥和英格兰的利物浦为例,分析认为对传统的老工业城市而言,以艺术、创意和文化产业为核心的复兴战略是城市转型和新型城镇化建设的可选路径之一。同时,他还对文化产业驱动新型城镇化过程中的产业单一性问题、社会公平性问题进行了提问,认为这是该发展过程中必须面对和解决的难题。Storper & Scott(2009)在消费性选择模型基础上嵌入了生产性选择特别是人力资本、创意阶层等新型生产要素,分析了其对个人迁移目标的重要影响,结果认为创意阶层及其引领的文化创意产业可以作为城市成长和新型城镇化的重要动力,并以美国好莱坞和硅谷等新型城市为案例对其结论进行了论证。Drakakis-Smith(1997)分析了都市农业在一开始是被城市贫民当作食物补给来源的"救命策略"而在发展中国家城市大量出现的,但后来越来越多的中产阶级替代城市贫民来运营这一产业;由此,都市农业朝低碳农业、体验农业和休闲农业的方向转型发展,开始成为拉动城市就业、改善城市环境和促进新型城镇化的一种新型产业。Ackerman(2014)系统总结了都市农业的经济、社会与生态功能:第一,都市农业能有效缓解粮食危机、提供安全食品并创造就业机会;第二,都市农业增加了市民合作、共同劳动和文化融合的可能性;第三,都市农业还是城市"绿色屋顶"工程的重要实现方式之一,对城市生态环境的改善具有重要的作用。因此,他认为都市农业是促进城镇转型发展、提升城镇可持续发展能力的重要动力。

辜胜阻、李正友(1998)提出,淘汰农村小城镇周边规模不经济的企业,提高企业经营集约度是保护农村生态环境以及促进城镇经济可持续发展、提高我国城镇化质量的有效措施。徐合雷、李豫新(2009)分析了生态农业对作为生态脆弱区的新疆绿洲地区生态环境的重要保护作用,认为生态农村从绿洲自然资源的综合利用入手,充分保证各种生物资源形成有机联系、形成良好保护,实现农业生产的经济、社会与生态效益协调发展,从而提高了绿洲农村城镇化的发展质量。曹胜亮、黄学里(2011)从环境库滋涅茨曲线出发,认为传统城镇化是在"富饶的贫困"与"贫困的富饶"中选择,而打破这一悲剧性选择的唯一路径是增强政府调控、严格监管企业的环境搭便车行为,同时激励政府增加环境保护的公共扶持政策。邵俊、周均清(2012)以湖北武汉梧桐湖为例,研究了文化创意产业在缓解环湖地区水生态危机、推进生态城镇可持续发展和提升城镇化质量方面的关键作用,认为在环湖地区发展以创意为核心的产业集群,是实现湖区高质量城镇化的可行路径。赵国锋、段禄峰(2013)针对我国西部地区城镇化进程中的生态环境破坏问题,认为要从加快产业结构升级,努力改造衰退、夕阳和淘汰产业,促进劳动密集向资本密集和技术密集产业转型发展,同时促进零散企业向产业链条完成的产业集群转变。刘诚、叶雨晴(2013)研究了企业家精神与城镇化质量之间的关系,结果表明企业家精神可以促进经济增长、提高公共服务水平,但其对人居环境的效应却显著为负,由此提出在鼓励企业家精神和发展私营企业的同时,要积极调整企业准入门槛并加强环境监管。沈正平(2013)分析认为,我国城镇化质量不高的主要原因是其与产业结构之间的良性互动机制没有建立起来,导致它们出现双粗放、双缺失、双错位和双低效等突出问题,因此他提出以加快产业转型、强化产城融合、优化产业布局和完善产业政策四个方面为着力点,促进形成产业结构与城镇化质量之间的两型互动机制。

(四)提升城镇化质量的管理制度创新

关于资源与生态保护方面的机制创新比较多,主要包括水、土和大气三个方面。Getter & Rowe(2006)回顾了关于城市"绿色屋顶"(或"植物屋顶")的相关研究,将其对城市生态环境可持续发展的作用归纳为如下几个方面:吸纳雨水、储存能量、净化空气、缓解热岛效应、延长屋顶寿命以及提供环境优良的工作和生活空间等等。Trimh(2013)则基于新加坡国家水文局提供的数据,评价了城市"绿色屋顶"和"生物滞留系统"(连通地面雨水和地下土壤的一种小水池)在新加坡城市水文恢复过程中的作用,结果表明"绿色屋顶"使城市河流洪峰延迟 2 小时、峰值下降 50%,"生物滞留系统"则可以提高 30% 的渗水率、洪峰下降 50%。Osakwe(2010)实证分析了哥斯达黎加圣琼斯市以车牌号尾数为依据的汽车限行政策效果,认为该限行政策使该市汽油销售下降了 6.23%—9.23%,因此该政策对减少汽车使用量和尾气排放量是起到了一定作用的,不过他同时也提到该政策导致了穷人和富人之间的不公平(富人可以多买几辆车用以规避限行政策),因此建议政府增加公共交通工具来弥补穷人的福利损失。Viard & Fu(2011)则以北京的汽车限行政策为例,采集了驾车、电视收看等更丰富的数据进行了实证分析,结果表明北京每周一次的汽车限行政策可以减少 9% 的空气污染,而单双号限行政策则可以减少 19% 的空气污染。

孙久文、杨维凤(2008)认为缓解目前出现的一系列城镇化问题的关键,在于积极探索区域协调发展机制,突显主体功能区域的功能定位,统筹集约型的人口、要素和产业布局,才能最终提升城镇化发展质量。仇保兴(2012)则指出,要将水生态治理与水资源有序开发有机结合起来,构建提升城镇化质量的长效机制。张春梅、张小林等(2012)研究了江苏省各地市城市规模与城镇化质量之间的协同情况,结果表明,苏南地区城镇化质量滞后于城市规模,苏北地区城市规模滞后于城镇化质量,苏中地区则两者皆处于落后水平,由此提出要注意保证城市的适度规模,以为城镇化质量的提高提供物质基础。丁生喜、王晓鹏(2013)总结了环青海湖区由于粗放、过度、低效的城镇化导致的生态环境恶化状况,分析认为以生态文明为导向的"生态城市+小城镇"城镇化发展模式可以缓解环青海湖区城镇化发展和水资源保护之间的关键矛盾。张雅琪、张普、陈菊红(2016)从人口变化、产业发展和资源环境三个方面入手构建了水源区城镇化发展质量的系统动力学模型,分析认为城镇化与水土流失是水源区资源环境的主要矛盾,因此提出要从提供治理覆盖面、采用工程与生物等综合治理方案、增加治理投资等多种应对措施来缓解水源区的城镇化与资源环境之间的紧张矛盾。郑千千、张可辉(2016)则从物联网技术应用的视角,探讨了我国新型城镇化中的基础技术支撑问题,认为城镇化质量中涉及了大量的人口、资源与环境等空间数据,而正在蓬勃发展的物联网技术能够对这些复杂的大数据进行处理和应用。因此,应大力提升物联网和大数据技术在城镇化质量管理中的应用水平。辜胜阻、曹冬梅、韩龙艳(2017)认为,我国"十三五"期间城镇化的健康发展需要通过六大转变来实现,"转变经济发展方式和提升城市管理水平,实现从高耗能、高排放、高污染的城镇化转向人口、资源、环境可持续发展的绿色城镇化"是其中的极为重要一环,必须常抓不懈;城市管理水平主要包括:健全碳排放权、水权、排污权等资源环境指标的有偿使用和交易制度,将资源和环境的损失内化为企业的环境成本等多方面的制度创新。

三、关于洞庭湖区城镇化的研究

(一)对洞庭湖区城镇化产业动力的研究

雷国珍、肖万春(2005)分析认为,洞庭湖区原有经济技术水平低、生态产业规模小,大量工农业生产和城镇生活污染物质直排致使洞庭湖区总体水质污染逐年加重;2005年排入洞庭湖的废水总量约8亿吨,加上湖区化肥、农药年施用量达到187.3万吨和1.7万吨;粗放的产业发展格局造成了湖区内生态环境严重破坏。罗放华(2006)认为,环洞庭湖区资源丰富、区位条件好,但由于各自为政的产业发展格局使其发展绩效差,且对洞庭湖水生态环境造成了极大的破坏,因此应对环洞庭湖经济产业一体化发展进行规划,从整体上科学推进湖区产业健康可持续发展。齐恒(2005;2006)对环洞庭湖区农业结构调整、经营模式转换以及县域经济可持续发展等问题进行了研究。欧阳涛、蒋勇(2007)根据生态关联程度将环洞庭湖区划分为核心区、次核心区和外围区三种类型,并据此提出这三类区域对应的经济发展模式分别为生态主导型、生态经济并重型和经济主导型三种类型。周新德、田小勇(2009)则对环洞庭湖现代航运物流业发展的思考;段玉(2009)研究认为环洞庭湖新农村建设要充分发挥本地特色资源、特色产品优势、发展特色产业,打造特色专业市场和提升综合竞争力。李明贤、叶慧敏(2011)对环洞庭湖区农业旅游资源发展现状进行了系统的梳理,从湿地生态旅游资源、自然条件、农业资源、国家政策等方面探讨了环洞庭湖区发展农业旅游产业的可行性;同时,在阐明农业旅游带动现代生态农业发展机理的基础上,认为在环洞庭湖区发展农事体验园、农业高科技示范园和农史馆等农业旅游产业可以促进湖区经济向生态经济转型。刘励敏、刘茂松(2014)分析认为,多功能农业不仅具有提供农产品的传统经济功能,还具有自然环境保护、农村田园景观保全、生物多样性等生态环境和社会功能,洞庭湖生态经济区应该优先发展以生态环保农业、旅游休闲农业、文化景观农业、再生能源农业和现代创意农业为主的多功能农业。黄渊基(2016)在生态文明建设的背景下探讨了洞庭湖区产业发展的基本战略,认为湖区产业发展战略可以概括为四句话:一是突出生态示范发展现代农业,二是构建低碳产业体系提振绿色工业,三是利用"一带一部一港"打造两型物流业,四是融合人文自然资源推进文化旅游业。

(二)对洞庭湖区城镇化水平与社会发展的研究

覃永晖、吴晓(2008)等对德国农村建设经验进行介绍,得出其对环洞庭湖农村建设"循序渐进、有法可依、财政保障、科技支撑、农民参与以及可持续发展"的启示;王志远(2008)等对环洞庭湖区新农村整治规划进行了探索,提出提高农村土地资源集约利用效益,实施村庄合并等整治措施及相应的保障对策。柳思维、徐志耀、唐红涛(2012)在科布道格拉斯生产函数基础上构建了城镇化动力模型,并使用空间计量方法对2000—2009年环洞庭湖区城镇化动力进行了实证研究,结果表明:一是环洞庭湖区经济发展水平对城镇化有显著的正向促进作用,但呈逐年下降趋势;二是固定资产投资及流通产业发展对环洞庭湖区城镇化的推动作用较大,但仍不稳定;三是人力资本投资对环洞庭湖区城镇化的推动作用尚不显著。王亚力、彭保发、熊建新等(2013;2014)和王亚力、吴云超、赵迪等(2014)跟踪式研究了环洞庭湖区人口城镇化的空间格局、影响因素及其与经济城镇化的互动关系,结果表明:环洞庭湖人口城镇化从核心区、边缘区到外围区呈现出"低水平-高水平-低水平"的发展格局,分析认为这可能与洞庭湖区"中心积水"的地理与水文条件有很大的关系;同时,他们从人口流动的角度分析表明岳阳市云溪区和常德市鼎城区为吸纳外来人口较多的主动型城镇化,岳阳市大部分区县和益阳市部分区县为人口内移为主的被动型城镇化,而核心区县市常德益阳的外围区县市是以人口外移为主的被动型城镇化,岳阳市君山区属于衰退型城镇化;进一步地,经济城镇化对人口城镇化的推动作用明显低于湖南和全国的平均水平,人口城镇化滞后程度在 2007 年后更是出现明显加剧的发展势头;据此,他们认为加快边缘地区岳阳市、常德市和益阳市的经济与人口城镇化进程,加快核心区的南县、沅江、华容与安乡的人口城镇化进程,是提升环洞庭区生态安全与城镇化质量的关键路径。

(三)对洞庭湖区水资源与生态及其与城镇化关系的研究

董明辉、朱有志、庄大昌(2001)较早研究了洞庭湖湿地生态旅游资源保护与开发问题,他们认为洞庭湖生态资源具有不可复制的特殊性,几乎涵盖了亚热带内陆所有湿地资源类型,湿地生态旅游资源具有多样性;多年来湖区围湖造田人工围垦、工业废水污染、农药化肥面源污染等导致了该湿地生态旅游资源系统的脆弱性。李景保、常疆、李杨等(2007)运用生态经济学方法,对洞庭湖流域水生态系统服务功能的经济价值进行实证评估,结果表明洞庭湖流域水生态系统服务功能总价值量约为 1106.19 亿元,约占全省 GDP 的 19.7%;其中,生产与生活供水、水力发电和内陆航运等直接利用价值为 415.698 亿元,调洪、输沙等间接利用价值为 690.492 亿元;由此,水生态系统服务功能对湖南洞庭湖流域的生产生活起到了不可替代的支撑和保障作用。孙占东、黄群、姜加虎(2011)分析了三峡工程建设对洞庭湖生态环境的影响,结果显示 2006—2009 年秋季三峡蓄水使洞庭湖水位下降 2 米左右,低水位运行直接导致洞庭湖水质从Ⅳ类水下降为Ⅴ类水,由此也导致了一系列物种多样性下降等生态问题。李静芝、朱翔、李景保等(2013)构建了一个环洞庭湖区城镇化综合发展水平和水资源开发利用综合潜力的多层次评价指标体系,以及两者之间响应关系模型；他们的实证结果表明：2001—2010年环洞庭湖区处于城镇化快速扩张阶段，经济城镇化和社会城镇化水平滞后于人口城镇化和空间城镇化水平（这一结论与王亚力的研究结果有差异），城镇化发展质量和效益有待提升；同时，城镇化进程中环洞庭湖区水资源利用效率和管理水平有所提升，但由于水负荷逐年不断增大，水资源存量及其开发利用程度对湖区水文条件的反应日益敏感。熊建新、陈端吕、谢雪梅（2012）、熊建新、彭保发、陈端吕等（2013）和熊建新、陈端吕、彭保发等（2016）从生态弹性力、资源环境承载力和社会经济协调力三个方面共选取了18项指标，利用状态空间法计算出环洞庭湖区的生态承载力，结果表明2001—2005年湖区的生态承载力从0.527直线下降到0.460，而从2005年开始又出现了缓慢回升势头，2010年已经恢复到0.493的水平；他们还运用探索性空间数据分析方法对湖区生态承载力的空间关联模式进行了分析。李姣、严定容（2013）从资源、环境、经济和社会四个方面构建了水环境承载力评价指标体系，对2003—2010年湖南省整体和洞庭湖区8个重点城市的水环境承载力进行了综合评价，结果表明整体水平并未有较好改善，洞庭湖区水资源承载力除益阳外其他城市均处于较差水平。

四、对已有文献的简要评价

从以上文献综述来看，当前研究主要在以下几个方面取得较多共识。

一是水生态文明建设是以实现水资源永续利用、水环境有效保护和水生态良性循环以及满足人们的精神文化需求为目标而采取的文明活动，是生态文明建设的重要组成部分，是一个随着人类社会文明进程不断变化的长期、动态过程。水生态文明包括了水资源、水环境、水生态、水利用、水管理和水文化等丰富内涵，因此可以从这些不同方面来构建水生态文明建设水平的综合评价指标体系。可以从技术创新和制度创新两个方面来着力推进水生态文明建设：如国外常用的绿色屋顶、生物滞留系统等技术创新，以及我国常用的河流生态补偿机制和生态补偿等制度创新对流域水生态文明建设均有较好的提升作用。

二是城镇化的发展往往会经过以下三个阶段：（1）粗放阶段，粗放工业化推动的传统型城镇化往往只注重城市发展的规模与速度,严重破坏生态环境,城镇化质量低下;(2)转型阶段,资源瓶颈、环境恶化和生态失衡不但制约经济效率发挥,更是严重影响了人们的生活质量甚至生命存亡,人们开始从技术、制度、文化等方面考虑城镇化转型发展和提升城镇化质量的严肃问题;(3)协调阶段,大量的环境保护技术创新和管理制度创新出现,以及人们已经从思想层面普遍认识到与自然和谐共处的极端重要性,城镇化发展速度和规模都得到有效控制,城镇化与生态文明取得协调发展,城镇化质量得到极大的提高。城镇化质量的评价至少可以从经济、社会与生态三个维度进行,普遍使用多层次评价法进行,权重的确定一般应考虑专家权重与信息熵权重相结合。提升城镇化质量同样可以从技术、制度两个方面进行着力,例如国外学者讨论较多的"紧凑社区"和"精明增长"等等,其中在我国现阶段而言,技术创新还需要加强,而制度创新则在经济实践中得到了更多的应用与推广。

三是洞庭湖区经济社会与城镇化发展得到了较多的重视与研究。如学者们在关于洞庭湖流域的产业与经济发展研究过程中,认为其不应该像一般区域那样走工业化甚至重工业化的道路,而应该更多地发展轻工业、生态农业以及文化旅游等亲水、污染少的新型产业,同时他们也认识到这个转型具有一定的难度,因为洞庭湖区的经济底子比较薄弱、城镇化还处于加速期。另外,学者们还注意到了洞庭湖区城镇化的格局也有特殊性,由于湖区属于"中心积水"的地理水文类型,人口城镇化在核心是非常缓慢的,边缘区最快,甚至外围区的人口城镇化速度都超过了核心区;并且,洞庭湖区的城镇化动力有逐年减弱的势头。另外,洞庭湖区的水生态质量一度濒临高危的境地,特别是在三峡工程竣工蓄水以后,湖区的水资源、水环境与水生态更是进一步雪上加霜。所幸的是自2009年以后,湖南省委省政府开始高度重视流域水生态治理,出台了一系列水生态文明建设的措施,使得洞庭湖流域水污染有所减缓、水生态质量有所提高。

不过从本书的视角来看,当前文献还存在以下两个方面不足。

一方面,对作为水生态功能区的大湖区域城镇化质量评价存在不足。大湖区域是重要的水生态功能区,水资源、水环境与水生态对大湖区域的生存与发展有着决定性的影响,因此在评价大湖区域城镇化质量的过程中,必须重点考察当地水资源利用、水环境保护与水生态调控方面的情况。然而,当前的城镇化质量评价都在使用一般通用型指标体系,这对于大湖区域的城镇化质量评价来说,无疑是不甚适用,甚至是有失偏颇的。因此,应当针对大湖流域的水资源丰富的地理特征,构建一套以水资源、水环境与水生态为主的综合评价指标体系,才能科学地评价湖区城镇化质量的客观状况。

另一方面,对城镇化质量提升机制的研究不够充分,特别是对产业升级、社会转型以及生态管理制度创新等关键机制效果的实证研究非常不足。中央以及全国各地均推出了许多提升城镇化质量的机制创新,例如洞庭湖全流域的产业转型、上游的"两型社会"建设、生态补偿试点等等,如何从理论上归纳以及实证中分析这些制度创新能否、如何及在何种程度上助推城镇化质量提升,这方面的研究还非常缺乏。而这又是洞庭湖区乃至我国,制定下一步水生态文明建设、提升城镇化质量发展战略的理论支撑。

第三节　概念、内容与章节安排

基于湖区特殊的水资源、水环境与水生态条件,本研究认为湖区城镇化质量是特指:人们科学利用水资源促进产业升级和经济可持续增长、形成人水协调的新型人口集聚格局、建立水环境与水生态调控长效机制的一种能力与水平,包括了水资源利用、水环境保护与水生态管制等多方面内容。由此,本书的主要内容与章节安排拟按如下逻辑进行展开。

一是提出问题、文献回顾及研究设计(第一章)。从洞庭湖区快速城镇化与水生态危机频发的现实冲突出发,提出本研究关注的科学问题。文献回顾包括水生态文明,城镇化质量和洞庭湖区经济社会与城镇化等相关国内外经典和前沿研究。研究思路包括概念、内容与章节安排。在水生态文明视阈下,界定湖区城镇化质量的内涵与外延,重点突出水生态文明的重要地位,然后给出研究主要内容与具体的章节安排与行文逻辑。

二是分析洞庭湖区经济社会与城镇化发展历程与态势(第二章)。这部分主要回顾洞庭湖以及上游河流的水文与地理条件演化过程,在此基础上的人类生产与生活活动开展情况，以及由此形成的城镇体系格局。从逻辑上看，本部分拟分为三部分展开，分别是近代以来洞庭湖区经济社会与城镇的演进、新中国建立以来洞庭湖区经济社会与城镇的演进以及改革开放以来洞庭湖区经济社会与城镇的演进三个部分。

三是洞庭湖区城镇化质量评价及其时空演进分析（第三章）。在水生态文明视阈下，对一般性城镇化质量评价指标体系进行调整，得到一个突出反映水生态响应的指标体系，使用信息熵调整的专家权重对洞庭湖区县级单位的城镇化质量进行量化评价。然后，先从时间和历史维度考察洞庭湖区城镇化质量的整体变化情况，再从空间和区域比较维度来刻画洞庭湖区内部城镇化质量的空间分布和关联状况，以及空间格局的演进情况。

四是对湖区城镇化质量提升的"三维机制"进行理论阐述（第四章）。三维机制包括：内生增长机制、社会转型机制与生态调控机制。以洞庭湖区为例，详细阐述了湖区水生态文明保护与建设可以分别从产业动力升级、人水关系协调和水生态环境规制三个方面着手切入，通过节能减排、两型社会建设和排污许可证交易等政策措施，激发内生增长机制、推动社会转型机制和启动生态调控机制，改善湖区企业的生产活动行为、居民的生活行为和政府的生态行为，使湖区围绕水生态文明保护与建设形成经济持续增长、社会不断进步和水生态有效保护的良好态势，从经济、社会与生态等多维度提升湖区城镇化质量。

五是以洞庭湖区为样本，对湖区城镇化质量提升的"三维机制"进行实证检验，主要由第五、六、七章完成。这三章实证检验的论证逻辑基本一致，首先分别给出水生态文明保护与新型城镇化的现实背景，然后基于前文提升机制概念模型提出若干理论假设，阐述在水生态文明视阈下产业升级、社会转型与水生态管制等提升城镇化质量的具体作用机理。然后根据理论假设，构建计量回归模型。最后，基于洞庭湖区2001—2015年的县级面板数据，使用多重差分法对以上机制的不同假说分别进行实证检验。

六是国内外湖区城镇化质量提升的典型案例分析（第八章）。在前三章"大样本回归"的基础上，本部分选择了洞庭湖的望城区、太湖的无锡市和瑞典的伦讷河流域这三个水生态文明建设和新型城镇化协调发展的典型案例，进一步论证三维机制的有效性。案例分析包括相应案例的基本情况、水生态文明建设的具体做法与所取得的主要成效等内容。

七是基于理论模型、实证结果与案例启示,探讨洞庭湖区城镇化质量提升的主要对策(第九章)。针对洞庭湖区城镇化质量提升的难点,探讨进一步强化以水生态文明建设提升洞庭湖区城镇化质量的政策切入点和着力点,以在洞庭湖区形成经济增长、社会进步和水生态文明协同发展的良好局面。对策拟主要从产业结构升级、生活方式转变和生态环境保护等方面入手,提出进一步提升洞庭湖区城镇化质量的主要对策。

第二章　洞庭湖区水文与城镇体系发展历程①

第一节　地质、水文与洞庭湖湖泊演化

洞庭湖古称"云梦",位于我国长江中游荆江河段南侧、湖南省北侧,地跨湘鄂两省,"湖南、湖北"省名均因洞庭湖而起。典籍中关于该地区的文字记载最早见于《山海经》的"海内南经"篇,描述了在上古时期,"巴蛇食象,三岁而出其骨"②,帝听说巴蛇在洞庭湖区扰民伤财,命后羿射杀巴蛇恢复了湖区的平静。后在《尚书》《周礼》等古籍中分别有"云梦土作乂""其泽薮曰云梦"等相关描述。根据这些描述,"云梦"地处"江汉平原以南""南郡华容县之东",这与今天洞庭湖的区位完全吻合。这说明,洞庭湖区自上古时期就已经存在,并有不少华夏先民居住于此。

自古以来,洞庭湖区就是一个让人们"爱恨交织"的地方。一方面,洞庭湖区生态资源丰富,春秋战国时期一度成为楚国的皇家狩猎区,后来更是成为老百姓眼中"洞庭熟,天下足"的"鱼米之乡";另一方面,这里洪水泛滥、猛兽出没,生存条件极为恶劣,因此也在古代成为许多官员被贬、流放之地。要讨论这样一个极具争议区域的经济社会发展,理清其来历及演变过程恐怕是我们首先要做的基础性工作。

---

① 因史料口径原因,"洞庭湖区"在(仅在)本章主要指"环洞庭湖区"(岳阳市、常德市、益阳市)。

② 传说洞庭湖东部系上古时代"巴人"东迁之地,故岳阳又别称"巴陵"。

一、地质活动与洞庭湖的形成

据考古学研究,洞庭湖的形成可以分为隆起、下陷和湖泊三个阶段。一是隆起阶段,主要分为武陵运动(10亿年前)、雪峰运动(8亿年前)两部分。其中,武陵运动时期,洞庭湖区属于江南古岛前缘的深海槽,大量接受来自大别山西南侧冲刷下来的沙石泥土,由此不断隆起与抬高;雪峰运动时期,洞庭湖已经正式被抬升为与江南古岛连成一片的陆地,并经过冲刷形成了较为稳定的基底。二是下陷阶段,主要是指燕山运动(1亿年前)。该地质运动在洞庭湖区表现为差异化的升降运动,在中部相继形成了"沅麻盆地""常桃盆地""汨罗盆地",并陆续相连形成了广大的内陆湖盆。湖盆外围则出现东部的幕阜隆起、西部的武陵隆起和南部的雪峰隆起,由此,洞庭湖盆基本成型。三是湖泊阶段,主要是指新构造运动,该运动形成了湘、资、沅、澧四条主要河流,以及它们将整个湖南省境内的雨水集聚在洞庭湖盆,多余水量汇入长江,终于形成了洞庭湖(图2-1)。同时,洞庭湖由于地质运动还继续在以每年1厘米的速度缓慢下沉。

如图2-1所示,长江上游两岸是连绵的高山峡谷,因此河流虽然湍急、弯曲,但河道却非常稳固;不过随着长江流经湖北宜昌进入中游,展现在长江面前的是一马平川。长江选择了其中最低洼的"荆州—岳阳—武汉"这条河道,缓慢前进继续向东流,由此也将这块平原分成了北边的江汉平原与南边的洞庭湖平原。由于长江在上游冲刷挟带了大量的泥沙,进入中游以后河面变得更宽、更弯,河流速度也突然变缓,因此泥沙开始大量淤积在河床上。泥沙淤积抬高河床的作用过程,在长江中游起始的荆州段最为显著。上游雨季来临,洪水越来越多地向两岸平原倾泻,人们开始在两岸修建堤坝。但由于河段太长,雨季决堤就成了家常便饭。北岸分洪河口包括郝穴、庞公渡等,南岸分洪口包括松滋、虎渡、藕池、调弦等。宋乾道四年(1168年),荆江大水、两湖告急,荆湖北路安抚使方滋决南岸虎渡口以杀水势,开了长江洪水治理"舍南保北"的先河。明万历八年(1580年),在宰相张居正(湖北江陵人)的主持下,北岸最后一个分洪口庞公渡被堵塞,在荆江北岸形成了一条长达124公里的坚固大堤(史称"万城堤")。此后,洪水被迫从南岸泄出。清同治九年(1870

年），长江出现了千年一遇的大洪水，洪水冲开南岸的松滋口，直奔南面洞庭湖而去；3年后，刚刚修复的松滋堤坝再次决堤，朝廷遂决定不再修堤，松滋口由此成为最后一个不设防的"荆南四口"（虎渡口于1679年、藕池口于1860年、调弦口于1684年完全开放）。新中国成立后，在原水利部部长、长江办主任林一山的主持下，北岸大堤在1954年被加固、同时延长至182公里，正式更名为"荆江大堤"，并在1958年封堵了南岸的调弦口，"荆江大堤"和"荆南三口"的现代格局正式形成（图2-1）。

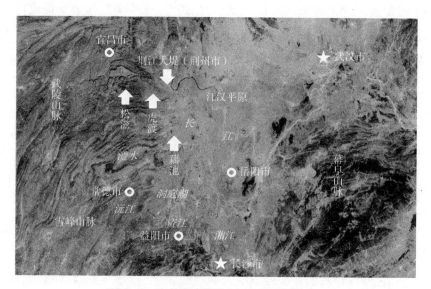

图2-1　当前洞庭湖的"三口四水"格局

底图来源：http://map.baidu.com。

二、水文变化与洞庭湖湖泊的演进

（一）降雨、上游水利工程与洞庭湖水量演变

长江干流全长6397公里，系我国第一、世界第三长的河流。全流域年均降雨量在1000毫米左右，但由于流域地形复杂、亚热带季风气候十分典型，因此降雨的时间和空间分布极不均匀。从空间分布来看，上游云南丽江至下游上海的4000多公里干流属于多雨地带，这部分地区年均降雨量达到1200毫米以上。其中，湖南西南部（以及江西东南部）更是属于年均降雨量在1600

毫米以上的暴雨地带；从时间分布来看，上游多雨地带的降雨高峰一般出现在
7—8月，湘资沅澧四水的降雨高峰则一般集中在较早的5—7月。

就环洞庭湖区而言，全年平均暴雨为3—4天（一般出现在6—7月份），
在湖南全省属于暴雨偏少的地区。除了本地"区间水"以外，对洞庭湖区水量
起决定性影响的是省内上游四水（俗称"南水"）和长江四口来水（俗称"北
水"）的情况。单股水量变化对湖区的影响力往往相对有限，但当省内上游
"南水"遇上湖区"区间水"，就能使洞庭湖形成较大水量；特别是遇到长江上
游雨季提前，"北水""南水"和"区间水"出现"三水交叠"，就容易形成特大洪
峰，湖区的水位会骤然升高。这也是历史上洞庭湖区大量百姓被淹死亡、大饥
荒甚至是灾后瘟疫的主要原因（详见2.3.1）。

对洞庭湖水量产生较大影响的上游水利工程包括荆江裁弯、葛洲坝工程
和三峡工程三个方面。

一是1966年水利部与长江办完成了下荆江（湖北石首至湖南城陵矶）裁
弯工程，该工程由沙滩子、中洲子两个子工程完成。这一工程使下降弯曲的河
道变直，河水通过更加顺畅，这直接使荆江"四口/三口"流入洞庭湖的水量减
少了约309亿立方米，下降了23.3%之多。

二是1980年竣工的葛洲坝工程，直接使"三口"流入洞庭湖的水量减少
了约127亿立方米，下降了15.2%之多。

三是2003年竣工蓄水的三峡水利枢纽工程，三峡工程蓄水后，荆江"三
口"流入洞庭湖的水量减少了9亿立方米，下降了1.8%。总的来说，长江水
利工程的建设使长江经"三口"进入洞庭湖的水量总共下降了62.5%之多，使
洞庭湖的水量只能更加依赖区间江水和省内上游四水。

表2-1　裁弯、葛洲坝和三峡对洞庭湖入湖径流量的影响

时期/事件	四口/三口		四　水		区间水		总入湖年径流量（亿m³）
	年径流量（亿m³）	占入湖总量（%）	年径流量（亿m³）	占入湖总量（%）	年径流量（亿m³）	占入湖总量（%）	
1956—1966裁弯前	1332	42.6	1524	48.8	270	8.6	3126

续表

时期/事件	四口/三口		四　水		区间水		总入湖年径流量（亿 m³）
	年径流量（亿 m³）	占入湖总量（%）	年径流量（亿 m³）	占入湖总量（%）	年径流量（亿 m³）	占入湖总量（%）	
1967—1972裁弯后	1023	34.3	1729	58.0	230	7.7	2982
1973—1980葛洲坝前	835	30.0	1699	60.9	255	9.1	2789
1981—2000葛洲坝后	708	26.0	1702	62.4	316	11.6	2726
2001—2002三峡前	508	17.8	1935	60.8	414	14.4	2857
2003—2008三峡后	499	21.7	1539	67.1	257	11.2	2295

数据来源：李跃龙、卢凯旋：《洞庭湖志》（上下），湖南人民出版社 2011 年版。

（二）泥沙淤积与洞庭湖湖面缩小

洞庭湖在形成后的近 3000 多年来历经了剧烈的变化，具体来说就是其湖面面积出现了一个倒 U 型的演变过程。洞庭湖这一演变过程与众多因素有关，其中最关键因素的包括上述水文条件变化及其带来的泥沙淤积。如图 2-2 所示，西周以来洞庭湖湖面演变过程可以分为以下四个阶段。

一是四水初汇阶段（秦汉以前），湖面面积大概在 500 平方公里左右，这段时期至少持续了上 10 万年。洞庭湖在刚形成时，其湖水主要来自上游的湘、资、沅、澧四条入湖河流。在有文字记载的西周到秦汉这 1500 年时间里，洞庭湖也还只是一个面积相对较小的湖泊。那时，长江上游洪水及其所夹带的泥沙在荆江段主要向地势更低的湖北汉江平原倾泻。没有长江上游的泥沙，并且当时湖南上游居住的人口还很少，四水非常清澈、含沙量也非常少。春秋战国时期，伟大诗人屈原被流放到湖南，在他的诗歌里洞庭湖叫"洞庭波"，事实上就是当时四水的汇集地——东洞庭，也是后来洞庭湖水域中最深的一个部分。

二是北水始灌阶段（三国至隋），湖面面积增加到近 3000 平方公里，这段时期持续了 400 年左右。随着江汉平原被长期以来的泥沙淤积得比较高，且

单位：平方公里

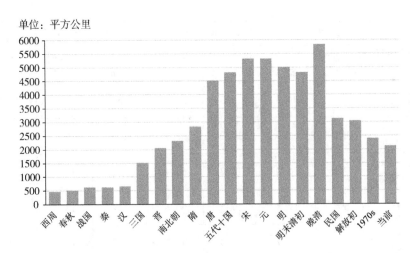

图 2-2　西周以来洞庭湖湖面面积演变过程

注:本表数据系根据《洞庭湖历史变迁地图集》整理得来。

人们也逐渐开始在北岸修建部分防洪堤坝,自三国开始荆州段的长江洪水夹带着大量泥沙突然转而大量向南岸的洞庭湖方向倾泻。由于南边的地势整体比较低,因此这一阶段的南向泄洪并没有固定的河口与河道,基本上属于漫灌的状态。这时除了东洞庭外,南洞庭和西洞庭也已经形成,据《水经·湘水注》记载,这段时间洞庭湖已经拓展到"方圆五百里"的空前宽度。

三是全面鼎盛阶段(唐宋元明),湖面面积继续扩大到近 5500 平方公里,这段时期持续了 1300 年左右。荆江北面江汉平原的泄洪口经过长期修建,调洪能力越来越弱,洞庭湖接纳了绝大部分长江上游洪水。因此,洞庭湖出现了第二次大规模的扩容,东、西、南洞庭连成一片,"八百里洞庭"由此形成。由于南水和北水的泥沙量还不算很多,因此这一阶段的洞庭湖湖面巨大,湖水清澈并且湖深非常,生态环境因此也十分好。由此,洞庭湖进入持续了一千多年的全面鼎盛发展阶段。这一"浩浩汤汤"的洞庭美景,一直到明朝末年张居正在荆江北岸建成"万城堤"才宣告结束。

四是泛滥淤积阶段(清至民国),湖面面积一度扩大到近 6000 平方公里,这一阶段持续了 300 年左右。由于上游人类活动的增加,从唐代开始南水和北水夹带的泥沙开始增多,荆江河床整体较快提升。明万历年间,张居正顺势在荆江北岸主持建成"万城堤",北面泄洪口完全被堵死,长江洪水全部推往洞庭湖方向。由于北水和南水夹带的泥沙量都急剧增加,洞庭湖开始淤积、变浅;同时由于北水全面注入和内湖变浅,洞庭湖湖面迅速增加到方圆八九百里的历史最高水平。而荆江南岸修建的临时防洪堤坝则不断决口,最终松滋、虎渡、藕池、调弦"四口"正式成为常规泄洪口。所以北水入湖方式也由"漫灌"变成了"定向冲刷",这一时期的洞庭湖,也正是处于洪灾最具破坏力的阶段。

五是萎缩稳定阶段(民国至今),湖面面积迅速缩小并保持在2500平方公里左右,这一阶段持续了100年。洞庭湖的萎缩是水文运动和人类活动等因素共同造成的,具体来说就是泥沙淤积与围湖造田。围湖造田另外再讨论,我们先来看自清代开始变严重的泥沙淤积。一方面长江大洪水带来了大量泥沙,另一方面"四水"上游也由于开发加快而带来越来越多的泥沙。在洞庭湖内湖快速被填高的同时,荆江四口本身也不断被淤高,调弦完全淤塞、"四口"变成"三口",江水入湖的数量不断下降。因此,洞庭湖不断有沙滩裸露(后被围垦)。再后来上游三峡工程建成,导致"三口"入湖河水进一步锐减至先前的1/4左右。洞庭湖湖面面积因此迅速下降,目前仅剩历史最高水平的1/3左右。

第二节　洞庭湖区堤垸、人口与城镇体系发展

如前文所述,除地质条件、水文变化以外,人类活动对洞庭湖的水环境与水生态也产生了巨大的影响。具体来说包括在洞庭湖周边的围垦与堤垸建设,人口往湖区扩散,甚至在湖区建立新的城镇等等,历史上称之为"与水争地"。当然,这一人类活动在加快洞庭湖萎缩的同时,也必然导致人们将遭受更多的洪水灾害以及后来的水生态平衡被严重破坏。

一、湖区堤垸开垦的历程

洞庭湖区的堤垸开垦究竟是从什么开始的已经无从考证,虽然没有正式的史料记载,但考古专家推测,远古先民在湖区的早期堤垸大概位于今天益阳

市周边,人们称之为"重华垸"。到了春秋战国时期,洞庭湖区虽然已经成为全国土地肥沃、物产丰富的地区之一,但是当时人口数量少、土地需求量不大,并且人们忌惮凶猛的洪水,所以还没有产生围垦更多洞庭湖的想法。

到了汉元时期(包括两汉、三国、两晋、南北朝、唐、五代十国、宋、元)情况有了新的变化,洞庭湖正是在这 1500 年时间里逐渐进入了围湖造田的初级阶段(汉元时期)。东汉时期,人们在常德市武陵区(时称"武陵郡")周边开垦了最早一个有明确历史记载的堤垸——樊陂,在随后的三国、两晋、南北朝、唐、五代十国、宋、元时期,陆续在华容县开垦了护城垸、重新垸,以及常德市周边开垦了催陂、腊陂、白马坡、汎洲等堤垸。不过这一时期开垦的堤垸规模仍然非常有限,较大的堤垸也还仅在十几个左右。

洞庭湖堤垸开垦的第二阶段是在明清时期,我们称之为加速阶段。虽然人口数量增加,人们对洞庭湖土地的需求也大幅度增长,人们由此开始冒险"与水争地"。在明代,洞庭湖围垦较多的地区在华容县、湘阴县、汉寿县三地,新垦的堤垸已经达到 200 多个,其中面积最大的是汉寿县的"大围垸"。

到了清代,洞庭湖围垦继续加速。康熙年间新垦堤垸的重点在南县周边,规模总共在 100 垸左右。从乾隆时期开始,由于大清国国力衰退、总体经济状况变差,政府正式开始全面鼓励洞庭湖围垦,堤垸规模也因此得以迅速扩大。仅乾隆年间就增加了 200 个堤垸,主要分布在湘阴县和沅江市。而在随后的晚清时期,又继续增加了 400 多个新建堤垸。

第三个阶段是民国及解放初时期,是湖区开垦的鼎盛阶段。由于民国政府的大规模腐败,因此继续鼓励在洞庭湖围湖造田以弥补国库亏空。仅民国政府执政的短短 30 年里,洞庭湖就新增了分散在各地的堤垸近 200 个。虽然其在后期也发现了问题的严重性(洪灾损失比垦荒收入更巨大)而颁发了禁止私自围垦的禁令,但由于抗日战争的影响而未能具体实施。

新中国建立的前 30 年,由于国家经济基础薄弱,围湖造田活动没有停止,甚至进一步增加,能开垦的地方都被变成了耕地,湖区滩涂基本被开垦完毕。不过,这一时期对之前零散、杂乱的堤垸进行了大规模的合并,形成一批规模适中、易于管理的现代堤垸。

从改革开放开始,中央政府与湖南省政府对洞庭湖区围垦活动进行了严格的禁止,成为堤垸开垦的稳定时期。政府顺势将现有垦区按功能划分为重点垸、一般垸和蓄洪垸。其中,11个重点垸属于地势较高、一般洪水淹不到的区域,这些堤垸人口相对密集、经济相对发达,对国家经济社会发展贡献较大;蓄洪垸是根据长江中游防洪规划(1990年)划分用于蓄特大洪水超额洪量的区域,按照"洪时保安全,不洪时保丰收"的方针进行生产生活发展;而一般垸则是介于这两者之间的堤垸。

二、湖区人口与城镇体系演进

据考古发现,从石器时代(300万年前)开始就已经有人类祖先在洞庭湖区一带定居。其中,在旧石器时代(300万年前—1万年前)人类居住点主要分布在澧县周边;在常德市和益阳市也有少量分布,岳阳市则尚未有相关发现。在新石器时代(1万年前—5000年前),澧县周边的人类居住点进一步变密集,常德市和益阳市周边增长较快,其他如华容、汉寿、沅江、桃江也开始有部分居住点出现。从人口迁移的角度来看,远古时期澧县范围的居民可能是以本地人为主,而常德、益阳和岳阳的居民则主要是来自中原地区的北方移民。北方移民从武汉方向南下,沿着岳阳市、益阳市和常德市的顺时针方向绕洞庭湖走了一圈。其中来自巴蜀的一支留在岳阳市,大部分移民继续南下。途中陆续有移民定居在岳阳县、汨罗市、湘阴县、长沙县和继续南下南岭,更多则选择往西定居到益阳市、常德市甚至更遥远的湘西地区。

(一)城镇体系的萌芽期

远古时期洞庭湖区尚未形成真正的城镇,因此我们称之为洞庭湖区城镇体系发展的萌芽期,当时比较接近城镇的可能只有澧县。考古发现表明,在洞庭湖澧县的车溪乡南岳村发现了一个考古学界公认至今最早的古城遗址——城头山城。该城址呈椭圆形(与后来的客家围龙屋相似),南北长约250米,东西宽约400米,面积近8万平方米,城墙从公元前6000年到公元前5000年左右经过四次筑造(庄林德,2000;刘兵权,2007)。该城墙质地坚固,因此可以推测该城镇起源的主要功能是军事防御。

(二)城镇体系的发育期

洞庭湖区城镇体系始于秦、形成于汉唐宋元,因此我们称该时期为该地区城镇体系的发育期。我国自秦朝开始实施郡县制,当时在洞庭湖区主要设黔中郡和长沙郡,这成为洞庭湖区的城镇体系雏形,黔中郡下辖慈姑县(今澧县、津市、汉寿、安乡)、临沅县(溆浦)等;长沙郡下辖临湘县、湘南县、罗县(汨罗、湘阴)、岳阳县和益阳县。到了汉朝,开始实施部、郡、县三级管理体制。整个洞庭湖区属于荆州刺史部,部址设今汉寿县(东汉末年北移至湖北江陵县),下辖武陵郡(黔中郡沿革)和长沙郡。其中,武陵郡址设今常德市武陵区,下辖临沅县(今溆浦县)、索县(今汉寿县)、屋陵县(今华容县)、作唐县(今安乡县)、零阳县(慈姑县沿革,今澧县、津市)、沅南县(今桃源县);长沙郡下辖今长沙市、岳阳市和益阳市片区。至此,洞庭湖东西两片的城镇格局均已初步形成,但长沙郡的人口密度远高于武陵郡。因此在东汉末年,大量关中河南等地移民南下洞庭,选择的目标是洞庭湖西线人口相对稀少的常德。

到了唐代,洞庭湖区实施了形成了更为复杂的"道、府(州)、县、镇"的四级城镇体系,这标志着现代意义的城镇体系已经基本形成。其中,西部的武陵郡划分为澧州、朗州,澧州下辖澧阳县、安乡县等,朗州下辖武陵县、龙阳县等;东部长沙郡划分为潭州和岳州,潭州下辖长沙县、宁乡县、益阳县等,岳州下辖岳阳县、华容县、湘阴县等;人口密度除潭州(今长沙地区)继续增加保持在第一位以外,岳州与西部朗州的位置发生了戏剧性的对调。常德地区人口密度第一次超过岳阳地区,这主要是由于常德地区接纳了大量的北方移民。

(三)城镇体系的形成期

明清时期则是洞庭湖区城镇体系的形成期。从明朝初期开始,洞庭湖区的外来移民主要来自东边的江西省,而且迁移数量比汉唐时期的北方移民要多很多。江西移民主要从平江方向进入洞庭湖区,之后分为南北两支包围了整个洞庭湖。其中,洞庭北支中分别定居在岳阳市、华容县、澧县、临湘市、安乡县等地;洞庭南支中则主要定居在湘阴县、常德市、桃源县、汉寿县、桃江县、宁乡县等地;另外,还有一部分移民经长沙南下。岳阳市、湘阴县、长沙县和华容县四地因此成为人口最多、人口最密集的地区。

到了清朝,除江西、湖北、福建等外来移民继续西进洞庭以外,省内移民的数量更多、规模更大。特别是清朝末年,政府新设南洲厅(今南县),导致"气象云蒸,五方之人源源麇集"。移民中有25%来自益阳,10%来自沅江,10%来自汉寿,10%来自长沙,桃源巴陵和湘阴10%,湘乡、宁乡、安化和浏阳10%,澧州10%,另外还有10%的外省移民。这些移民在户口系统被记录为"客籍"。据《益阳地区志》载,这一时期益阳地区总共迁入了约"二三十万人"之多。这是洞庭湖历史上迁入人口最多的一个时期。

(四)城镇体系的成熟期

到了民国时期,洞庭湖区新成立"南洲厅"专门用来吸收移民,短短几年时间里就吸纳了"十余万"的北方难民、江西移民和省内移民。此外,华容县、长沙市和岳阳市也接纳了部分移民。此时,人口密度形成了以长沙、湘阴、汨罗最大,益阳、澧县其次,常德、岳阳最小的一个分布格局。新中国成立后,湖区移民主要以省内移民为主,包括围挽移民、农垦移民、库区移民和行洪移民等。

(五)城镇体系的新兴期

改革开放以后,情况又发生了一个重大的转变,湖区人口在国家禁令和城乡收入差的公共作用下开始向长沙市、岳阳市和常德市等省内城市,以及向北上广等东部大城市转移。形成了人口密度居首的地区包括长沙市、益阳市、常德市和岳阳市等地级市的市区,汨罗市、湘阴县、澧县、华容县、汉寿县人口下降较快,密度居次席,其余如临湘市、桃江县、南县等县市人口锐减,密度居末。

由于人口密度难以准确描述城镇规模及体系发展的真实情况,因此我们整理了改革开放初期和当前年这35年里洞庭湖全流域城镇人口数量的变化情况。并将这两期的城镇人口数量以四分位图(从高到低分成均等的四组)的方式进行对比(图2-3),颜色越深表示人口规模越大。

1981年底,洞庭湖区城镇人口情况有如下几个显著特征:(1)十四个地州城市中除张家界市(时称大庸县,2.13万人)外,全部进入全流域前25%;(2)人口规模排前三位的城镇分别是长沙市(85.9万人)、衡阳市(38.32万人)和湘潭市(35.32万人),城镇化率分别为80.11%、73.88%和72.82%;(3)十二个进入前25%的县级城镇中,排名前三的是涟源市(8.57万人)、耒阳市

（7.66万人）和临湘市（7.42万人），城镇化率分别为33.31%、7.62%和13.88%。（4）人口规模排最末的城镇分别是双牌县（0.65万人）、古丈县（0.47万人）和桂东县（0.42万人），城镇化率分别为5.02%、4.48%和2.85%。

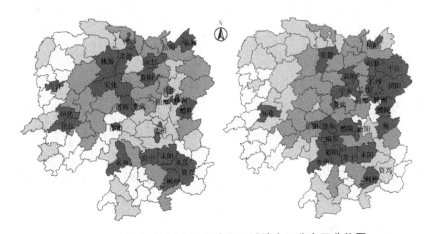

图2-3　1981和2016年底洞庭湖区城镇人口分布四分位图

注：颜色越深表示人口数量越大。

2016年底，洞庭湖区城镇人口情况有如下几个显著特征：（1）十四个地州城市中除张家界市（27.65万人）和吉首市（24.76万人）外，全部进入全流域前25%；（2）人口规模排前三位的城镇分别是长沙市（334.03万人）、株洲市（109.38万人）和衡阳市（108.96万人），城镇化率分别为95.03%、87.90%和91.47%；（3）十三个进入前25%的县级城镇中，排名前三的是浏阳市（80.26万人）、宁乡县（70.88万人）和长沙县（59.62万人），城镇化率分别为60.92%、56.01%和63.04%。（4）人口规模排最末的城镇分别是通道县（7.30万人）、韶山市（5.32万人）和古丈县（5.05万人），城镇化率分别为34.22%、54.07%和38.20%。

从前后对比来看，我们发现洞庭湖区城镇体系在改革开放以来的30多年时间里发生了以下几个方面的显著变迁。一是城镇体系由分散发展格局转换到集聚发展格局。二是长株潭城市群及其辐射效应已经形成，周边许多县级城镇已经在其带动下得到了快速发展，如长沙县、望城县（2011年升为望城区)、宁乡县(2017年升为县级市)、浏阳市。三是湘南城镇集群已经形成规模效应,一大批县级城镇迅速崛起,如邵东县、醴陵市、祁阳县、祁东县、攸县、永兴县等都属于经济社会发展较快的城镇。四是环洞庭湖区与湘西片区的城镇发展已经滞后较多,之前发展相对较好的津市市、沅江市、临湘市、桃源县、安化县、吉首市、涟源市人口流出数量多,城镇发展相对于长株潭和湘南地区已经比较滞后。当然,这些结论都是以人口和规模为判断标准的城镇化发展概况,而事实上,城镇发展必须重视城镇化质量。那么考虑了城镇化质量之后的洞庭湖区城镇化发展又是怎么样的一个格局呢? 这将是我们在下一章着重要寻找的结论。

第三节　洞庭湖区洪灾与水生态演进

一、洞庭湖区洪灾的演进

据考证,有文字记载的洞庭湖区洪灾最早出现在东周简王十年(公元前576年),不过只用了非常简单的"楚大水"三个字,关于此次大水的生命财产损失则未有更多记载。如下表所示,我们整理了史料上有明确人员伤亡记载的洞庭湖区23次大型洪涝灾害及其损失的简要情况。

从总体数量来看,洞庭湖区的大型洪灾主要出现在清朝和民国时期。其中,最早一次有人员伤亡记载的洞庭湖洪区灾出现在晋代太康元年(280年),但没有具体给出死亡人数。最近一次有人员伤亡记录的发生在1998年,特大洪水导致湖区121人死亡,近70万间房屋倒塌,灾民300多万人,直接经济损失达329多亿元。直接死亡人数最多的一次可能是1931年或1949年的特大洪水,如1931年湖区直接死亡5万余人,1949年直接死亡57877人。具体是哪一次更多则无从考究,笔者估计是基本相当。灾后发生大饥荒的,在清朝出现三次,民国出现一次;灾后发生瘟疫的,在清朝出现一次,建国初期出现一次。

从基本类型来看,洞庭湖区的大型洪灾可以分为"三水交叠"造成的长江流域洪灾和"两水交叠"导致的湖南区间洪灾两大类型。如表2-2所示,长江流域型洪灾共发生 11 次,其中 7 次为特大洪灾,分别在清朝 2 次、民国 3 次、建国初期 1 次以及改革开放后 1 次。11 次大型洪灾造成的损失基本呈倒 U 型曲线。第一次是在清康熙二年(1663 年),长江中游大水,洞庭湖区"民溺死甚多",湖北松滋堤溃且"水流浮尸"。最严重的要数清道光二十九年(1849年)和民国十四年(1935 年)的两次特大洪灾。前者导致洞庭湖区农田绝收,灾民以草根树皮为食,饿殍载道,且随后发生了可怕的瘟疫,洞庭湖区淹死、饿死和病死民众达到数万人之多;湖北石首和公安也出现了大饥荒,老百姓开始吃观音土,死人尸骨塞满道路两旁,甚至出现了'人相食'的悲惨事件;后者在洞庭湖区直接淹死百姓近 4 万人,湖北荆州、沙市则"淹毙者几达 2/3",没有被淹死的人,也大多死于饥饿,甚至发生了"剖人而食"的现象。

表 2-2　汉代以来洞庭湖区洪涝灾害情况

年　代		事　件	损失情况
晋	280 年	武陵、龙阳大水	漂屋死人
	295 年	洞庭湖大水	民多溺死
元	1314 年	岳州、常德、武陵大水	溺死 3 千余人
明	1469 年	湖广大水	常德、龙阳、沅江漂没居民无数
清	1652 年	常德、澧州、长沙大旱	泽地可步行,斗米千钱,人口饿死过半,饥荒延至翌年
	1663 年	长江流域大洪水	常德、龙阳大围堤决,民溺死甚多
	1726 年	长江流域大洪水	堤尽决,民大饥,携家入川者死半
	1831 年	长江流域大洪水	东西堤全溃,淹死县民不可胜计,安乡饿殍枕藉
	1849 年	长江流域特大洪水	湖区堤决淹田,秋大饥荒,灾民以草根树皮为食,饿殍载道,瘟疫发生,死者数万人
			公安、石首淹田无数,大饥,民食观音土,死人尸骨塞道,有"人相食"
	1906 年	长江流域特大洪水	湖区死亡三四万人
	1910 年	常德、澧州山洪	溺毙 3 万余人
	1911 年	常德大水	溺水死亡者甚多

续表

年　代		事　件	损失情况
民国	1916 年	华容等地大水	溺死者无数
	1931 年	长江流域特大洪水	湖区溃 1183 垸,淹田 16 万公顷,溺毙 5 万余人,灾民数百万,逃迁数十万
	1935 年	长江流域特大洪水	湖区堤垸尽溃,死亡近 4 万人,受灾数百万人
			荆沙淹毙者几达 2/3,不死于水者,亦死于饥,并见有人剖人而食者
	1948 年	长江流域大洪水	湖区溃垸 196 个,淹田 20 多万公顷,灾民逾 300 万人,死亡上千人
	1949 年	长江流域特大洪水	溃垸 47 个,死亡近 6 万人(全省)
建国初期	1952 年	湖区洪水	溃 65 垸,死亡 2122 人
	1954 年	长江流域特大洪水	溃 20 垸,直接死亡 283 人,受灾人口数百万,灾后瘟疫死亡 3.3 万人
	1968 年	华容幸福垸溃决	淹死 24 人
改革开放以来	1978 年	澧县特大水灾	多处溃垸,死亡 142 人,房屋倒塌 37062 栋,粮食减产 4 亿多公斤
	1983 年	常德大雨 50 天	溃垸,死亡 52 人,房屋倒塌 71181 栋
	1998 年	长江流域特大洪水	湖区死亡 121 人,倒塌房屋 68.86 万间,灾民 300 多万人,经济损失 329 亿元

注:本表数据主要根据《洞庭湖志》《洞庭湖历史变迁地图集》相关资料整理而来。表中部分地名为古地名,其中,"武陵"为今常德市武陵区、"龙阳"为今常德市汉寿县、"岳州"为今岳阳市、"澧州"为今天澧县。

　　1935 年的特大型洪灾导致湖南湖北两省共 14.2 万人死亡。最后一次特大洪水是在 1998 年,上游暴雨提前,三股洪水在 6 月底至 7 月底相遇,洞庭湖区共历经了 8 次洪峰(其中有 4 次超过历史最高水位),最终在全民抗洪下没有发生重大的决堤,保住了湖区人民的生命财产。这次洪水在湖区造成 121 人死亡,倒塌房屋 68.86 万间,灾民 300 多万人,经济损失 329 亿元。就人员伤亡来说,已经降到了历史上历次特大型洪灾的最低点。而随着长江葛洲坝工程和三峡大坝分别在 1981 年和 2003 年正式蓄水运营,洞庭湖区乃至整个长江流域均没有再发生过死亡超过千人的特大型洪涝灾害。

二、洞庭湖区水生态系统的变化

(一)河湖水质变化

根据相关文献资料的记录,洞庭湖流域水质出现较明显下降是从新中国建立开始的。在 1949 年新中国成立后,沿岸陆续建造了采掘、石油、化工、轻纺、造纸等污染型工业,并在短短几年内湖边的工业企业就占了全省 1/6 的比重。再加上城镇生活污水不做任何处理直接入湖,导致湖区整体水质逐年下降。但由于历史原因没有检测数据留存。从有详细检测数据可查的近几十年来看,污染的高峰则出现在 2002—2006 年。

2003 年,洞庭湖区"四水"水系总体河水质量可以用糟糕来形容。其中,湘江水系水质状况最差,Ⅳ、Ⅴ 类水质占评价河长的比例,汛期为 31%,非汛期为 66%。干流的衡阳、株洲、湘潭和长沙等城市河段水质最差。数据表明,其主要污染物包括粪大肠杆菌群、总磷、氨氮、汞、镉、六价铬和高锰酸钾指数等等。资水水系水质稍好,Ⅳ、Ⅴ 类水质占评价河长的比例,汛期非汛期均为 6%,其中干流的益阳市段水质较差,主要污染物为粪大肠杆菌群、氨氮和挥发酚等。沅江水系水质较差,Ⅳ、Ⅴ 类水质占评价河长的比例,汛期为 19%,非汛期为 28%,其中干流的怀化、吉首和常德段水质差,主要污染物包括粪大肠杆菌群、氨氮、总磷、高锰酸钾指数等。澧水水系水质尚可,Ⅳ、Ⅴ 类水质占评价河长的比重,汛期为 24%,其中张家界市区段水质较差,主要污染物为粪大肠杆菌群。而湖区的汨罗江水质在非汛期仅为 Ⅳ 类较差水质,主要污染物为汞。另外,长江"三口"以及其他省界入境河流的水质状况也同样不容乐观。如太平口/虎渡口水质为 Ⅳ 类,主要污染物是石油类;藕池口断面为 Ⅴ 类,主要污染物是粪大肠杆菌群和石油类;湘西州保靖县酉水省界断面河水质量为 Ⅴ 类,主要污染物为粪大肠杆菌群和石油类。虽然洞庭湖湖体的水质数据没有并行地公布,但从"四水"和"三口"的入湖水质来看,那几年洞庭湖的水质不可能好。我们找到了 1999—2000 年洞庭湖湖体水质的数据如下表示。从污染的情况来看,总磷和总氮是最主要的污染物。而从空间分布来看,西洞庭是吸纳污染物最多的区域。

表 2-3　1999—2000 年洞庭湖水质状况表

监测项目	范围（mg/l）	平均值	超标值（%）	污染物排序
总磷	0.014—1.980	0.166	62.0	1
总氮	0.50—2.61	1.18	64.3	2
悬浮物	3.3—1586	148.9	15.5	3
总大肠杆菌	230—23800	9863	36.6	4
高锰酸钾	1.49-11.51	3.53	3.8	5
氨氮	0.01—1.12	0.20	4.7	6
非离子氨	0.0001—0.0262	0.0056	0.5	7

数据来源：《洞庭湖志》（上下），湖南人民出版社 2011 年版。

事实上，20 世纪 90 年代末、21 世纪初正是湖南进入工业化与城镇化发展快车道的时期。洞庭湖区的主要污染来源包括以下几个方面。

第一是粗放发展的工业接纳了大量从东部转移过来的污染企业。例如1999 年的调查表明，在环湖地区有 600 多个大小工业企业向洞庭湖直排工业废水，其中仅前 100 个主要工业企业向洞庭湖排污的废水量就达到了 2.0 亿吨。这些废水中包含了化学需氧量（COD）17.02 万吨、生化需氧量（BOD）3.71 万吨、悬浮物 3.66 万吨、氨氮（NH）0.248 万吨。污染型工业企业主要包括造纸厂、化肥厂和水泥厂，这三类企业的废水排放占整个环湖地区废水排放的 90%以上。例如情况最为严重的西洞庭，主要排污大户包括津市造纸厂、沅江造纸厂、安康造纸有限公司、西洞庭纸厂、西湖纸厂、石化巴陵公司等等。同时，在区间上游的四水干流沿岸还有数千家工厂在向河流直接排放大量工业废水。比较典型的包括耒阳的火力发电厂、涟源的炼钢厂、株洲的清水塘重化工产业园、醴陵的制陶厂、浏阳的造纸与花炮厂、益阳的火力发电、常德的食品工业园区、花垣以及整个湘西地区的锰矿厂、石门的雄黄矿厂以及澧县的火力发电厂等等。这些工业企业不但排放 COD、BOD、NH 等污染物，还排放了大量的汞、镉、六价铬、砷、铅、硫化物、氰化物等有毒重金元素。

第二是高强度发展的农业施用了过多的化肥和农药。几千年来，洞庭湖区是依靠农业发展和闻名遐迩的，因此不但环洞庭湖区是"鱼米之乡"，连整个湖南有史以来都是农业大省。然而，随着湖南工业化与城镇化加速，一方面人口劳动力减少,另一方面对农业产量的要求越来越高,导致人们大量使用农业和化肥。图2-4是2001至2015年洞庭湖区平均化肥与农药使用强度。从数据来看,农药化肥的使用强度呈倒U型曲线,最高点是在2008年,之后有明显的下降趋势。但是目前化肥56.2千克/亩、农药0.87千克/亩的施用强度仍然是全国平均水平的2—3倍、发达国家水平的10倍左右。并且这些化肥仅能被作物吸收1/3左右,还有一大半的化肥残留在水土当中。大量化肥和农药残留随着雨水进入洞庭湖流域江河,势必造成河流富氧化等污染问题的加重。另外,家禽畜和水产养殖的大规模粗放式增加也对水环境造成了重要的影响。

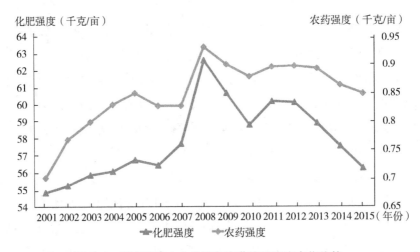

图2-4　洞庭湖区农业化肥与农药施用强度变化趋势

数据来源:2002—2016年《湖南农村统计年鉴》。

　　第三是粗放式城镇化导致大量城市生活污水和垃圾未经处理直接污染水源。一方面,城镇居民增多且使用越来越多的各种洗涤剂,导致城镇生活污水数量越来越大、污染浓度越来越高,并且这些生活污水的处理率非常有限,大部分都是直接排向河湖。另一方面,城乡居民使用越来越多的食品包装材料,白色垃圾规模越来越大,大部分垃圾都没有得到恰当的处理,特别是洞庭湖区的农村,基本上是随处堆放,或者挖坑填埋等等,垃圾围城、垃圾围村现象愈演愈烈。这无疑严重污染了地表水和地下水水源。

　　从 2016 年的数据来看,洞庭湖区的上游河流水质已经得到了较大的改善。其中 V 类水已经全部消失,IV 类水仅出现在郴州城区、宁乡入江口、长沙浏阳河入江口以及部分湘西地区的个别河段。水质改善和水生态文明建设成效提升的原因我们将在第 4、5、6 章重点研究。

（二）物种多样性变化

　　洞庭湖区拥有数量巨大的天然湿地,使得这片土地自古以来就物种丰富。这里曾经拥有高森林覆盖率、上百种鱼类、几十种鸟类以及多种珍稀野生动物。不过随着湖泊面积的缩小和人类活动的增强,洞庭湖区的物种多样性也遭到了不同程度的破坏。下面我们以珍稀动物为例,来看看具体的情况。

表 2-4　洞庭湖区珍稀动物数量变化情况

物　种	时　间	具体情况
虎　豹	110 年	云梦数泽多虎患,前任太守悬赏捕猎,反为虎伤者众,法雄任南郡太守,禁止入山林捕虎,虎害稍安。
	1952 年	临湘县一乡村村民被一只老虎咬去,全村百十人出动抢救无效;随后政府成立打虎队,三个月时间里射杀老虎 20 多只
	1954 年	岳阳大雪封山,市区出现一只老虎,有猪被吃,足迹有碗口大
	1975 年	华容县某公社猎得豹子一头,后被制成标本
江　豚	1916 年	岳阳县渔民在东洞庭捕得白鳍豚 1 头,用作标本
	1976 年	岳阳县水产局活捉江豚 9 只,送至中国水生动物研究所
	1980 年	岳阳县某捕捞队捕得遍体鳞伤的白鳍豚 2 头,送至中国科学院水生生物研究所,后 1 头死亡,活下来的取名"淇淇"
	1981 年	华容县一村民活捉白鳍豚 1 头,重 59 公斤,长 1.51 米
	1986 年	统计到白鳍豚 300 头
	1990 年	统计到白鳍豚 200 头
	1995 年	统计到白鳍豚 100 头
	1997 年	统计到白鳍豚 13 头
	2007 年	洞庭湖白鳍豚被正式宣布绝种
	2009 年	专家估计洞庭湖江豚剩余亦不足 100 头

续表

物 种	时 间	具体情况
候 鸟	1990 年	过冬水鸟数量有 20 万只以上
	2005 年	过冬水鸟数量有 13 万只左右
	2006 年	过冬水鸟数量有 10 万只左右
	2009 年	过冬水鸟数量有 8.8 万只左右
	2011 年	过冬水鸟数量有 15 万只左右
	2016 年	过冬水鸟数量有 19.6 万只
	2018 年	过冬水鸟数量有 22.6 万只
中华鲟	1974 年	东洞庭湖捕获中华鲟一尾,重 562.5 公斤
	1976 年	醴陵县某渔业队捕获中华鲟一尾,重 184 公斤,长 2.04 米
麋 鹿	1998 年	东洞庭频频发现绝迹的麋鹿,后捕获 3 只
	2009 年	东洞庭发现 50—60 头麋鹿
蟒 蛇	1969 年	沅江一对渔民夫妇外出归来,见渔船上盘着一条大蟒,满满一仓,长若十丈有余

数据来源:《洞庭湖志》(上下),湖南人民出版社 2011 年版。

洞庭湖区曾经是虎豹类猛兽的主要栖息地,但在新中国成立以后这一天然栖息地被大规模的森林砍伐和土地开垦活动破坏了,并且人类曾经大规模猎杀虎豹,导致在 1975 年以后再没有看见过虎豹在这一带出没。江豚,特别是我国特有的白鳍豚是洞庭湖的首要珍稀动物。乾隆《长沙府志·物产》中写有"江豚,吹浪则有风雨",记载了当地居民利用江豚活动来预测天气的习俗,说明江豚在当时是活动非常频繁、数量非常多的。而到了 2009 年,专家估计洞庭湖的江豚已经不足 100 头了。白鳍豚是江豚中的一种,是只生活在中国的珍稀物种。1986 年洞庭湖尚有白江豚 300 头左右,之后逐年下降,直到 2007 年专家正式宣布白江豚在洞庭湖完全绝种。冬天的洞庭湖是候鸟的天堂,每年都会有成千上万的候鸟来这里越冬,包括中华秋沙鸭、东方白鹳等珍稀鸟类。据洞庭湖自然保护区的统计数据,洞庭湖越冬候鸟数量在 20 世纪 90 年代还在 20 万只以上,2009 年迅速下降到最低点 8.8 万只,之后开始回升,2017 年底已经增长到 22.6 万只的水平。此外,洞庭湖的中华鲟等珍稀生物也历经了类似的生存危机。

第三章　基于水生态的洞庭湖区城镇化质量综合评价①

第一节　基于水生态的城镇化质量评价指标体系

根据复杂系统理论和 ESE(经济、社会与生态)模型并参考已有文献的做法,同时考虑数据可获取性以及流域的特殊资源禀赋等原则,构建如图 3-1 所示包含 3 项一级指标(3 个子系统)和 15 项二级指标的水生态文明视阈下区域城镇化质量评价指标体系。其中,一级指标包括经济与产业、人口与社会、水资源与环境 3 个方面;经济与产业子系统包括人均 GDP、非农产业比重、采矿制造业比重、万元 GDP 用水量和化肥施用强度 5 项二级指标,人口与社会子系统包括人口城镇化率、城乡收入差距、万人在校大学生数、人均生活用水量和比重水环境管理人数 5 项二级指标,水资源与环境系统包括地表水资源总量、建成区绿化率、废污水处理率、人均水环境支出和地表水质量状况 5 项二级指标。

这一指标体系与之前文献所使用指标体系的主要区别是:一方面,充分考虑了水生态文明在大江大湖流域城镇化质量评价中的重要性。水资源是大江大湖地区的天然资源禀赋,其对湖区城镇化的响应非常灵敏,粗放式城镇化带来的负生态效应集中体现在水生态异化方面,因此在湖区城镇化质量评价中应充分考虑水生态文明的重要地位。另一方面,水生态文明建设能通过经济、

① 本章内容已发表在《生态经济》2017 年第 8 期。

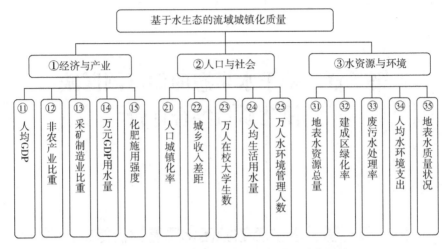

图 3-1　基于水生态的流域城镇化质量评价指标体系

社会与环境等多方面影响到湖区城镇化质量的提升：一是经济增长方式转变和产业转型促进城镇化动力向两型动力的转换，二是人水关系协调提高城镇化进程中人与自然的和谐程度，三是水生态系统修复降低了生产与生活对水资源与水环境的不良响应程度。其中，一级指标①、②、③均为正向指标，二级指标⑪、⑫、㉑、㉓、㉕、㉛、㉜、㉝、㉞和㉟为正向指标，⑬、⑭、⑮、㉒和㉔为负向指标。

第二节　洞庭湖区城镇化质量的总体评价

一、数据来源

本书数据来源包括《湖南统计年鉴》《湖南农村统计年鉴》和《湖南省水资源公报》等官方资料。其中，经济、产业与人口数据主要来源于《湖南统计年鉴》，化肥和农药数据主要来源于《湖南农村统计年鉴》与《湖南统计年鉴》，水资源、污水处理与城区绿化主要来源于《湖南省水资源公报》与《湖南统计年鉴》，水质数据则来源于《湖南省水资源公报》。其中，《湖南农村统计年鉴》和《湖南省水资源公报》滞后较多，目前最新数据为 2001—2015 年，因此其他所有数据均适应性地固定在这一时期。

大部分数据可直接获取或经过简单运算获取,这类没有太多异议的数据不做赘述。本研究还用到另一部分数据,它们需要经过特殊方法处理才能得到。其中,"采矿制造业比重"由于无法获得全行业增加值数据,转而使用"100×(采矿业职工人数+制造业职工人数)/全行业职工数"作为采矿制造业在当地生产部门中的比重;各县"地表水水资源数量"系根据"地级市地表水水资源总量×(县级行政单位水面面积/地级市水面总面积)"进行计算得来;"建成区绿化覆盖率"和"废污水处理率"来源于《湖南统计年鉴》的城市建成区绿化率和污水处理率数据(包含地级市和县级市),缺失的县城数据用县级市的最低水平进行代理;"人均水环境支出"则使用了"地级市财政支出总量×(县级行政单位水环境管理职工数/地级市水环境管理职工数)/城镇人数"的计算方法;"万元 GDP 用水量"和"人均生活用水量"仅在《湖南水资源公报》中有公布地级市的平均数据,本研究没有找到任何能将其有效分解为县级数据的办法,考虑到这两项数据的极度重要性,退而选择将地级市平均水平视为各所辖县市的实际水平,这样必定会带来误差,但仍然可以考察到地市级县市之间的较多差异。

需要特别说明的是,洞庭湖流域县级地表水水质状况具体数据未在官方统计文本中公布,本研究数据系根据《湖南省水资源公报》中"湖南省主要河流水资源质量状况图"测量转换得来。具体步骤是:

(1)将湖南省县级行政边界图用蒙版的方式叠加到"水资源质量状况图",得到县级边界的"水资源质量状况图";

(2)对各县级行政单位境内的各类水资源质量的长度进行量化测度,并由此计算各种水质在该区域所有已检测河流中的比重;

(3)按 I 类 100 分、II 类 80 分、III 类 60 分、IV 类 40 分、V 类 20 分和劣 V 类 0 分的标准对各区域的水质状况进行量化,得到各县市的总体水质得分。

如洞庭湖核心区岳阳县 2001 年地表水资源质量为 20 分、2015 年为 70 分,这表示该县在 2001 年境内地表水平均质量为 V 类水,到了 2015 年地表水平均水质改善为介于 III 类水与 II 类水之间。该水质监测系湖南省环保厅的年度重点工作内容,其检测范围基本覆盖了洞庭湖流域的大部分河流,因此该数据具有较高的可靠度。

如表3-1所示,为15项二级指标在2001和2015年的统计性描述。可以看到,标准差小于均值的指标有13项,这表明评价数据总体上为随机变量。其中,"采矿制造业比重"和"万人水环境管理人数"两项指标具有较大的标准差,这主要是较大的区域差异造成的。正向指标⑪、⑫、㉑、㉕、㉛、㉜、㉝、㉞和㉟在2001到2015年间呈逐渐上升趋势,负向指标⑬、⑭和㉔在此期间呈下降趋势。特别地,正向指标23万人学生数是下降的,这可能是洞庭湖区快速城镇化带来的城镇人口基数增长速度快于在校学生增长速度导致的;负向指标⑮化肥施用强度是逆势增长,这也是城镇化导致农村劳动力减少、过度依赖化肥导致的;负向指标㉒城乡收入差距也是增加的,这可能是城镇化的马太效应导致的。

表 3-1　洞庭湖区城镇化质量指标主要年份的统计性描述

二级指标	年　份	最大值	最小值	平均值	标准差
⑪人均GDP（元/人）	2001	25937.98	1824.84	5013.32	3705.83
	2015	143318.87	11893.77	37116.19	25465.27
⑫非农产业比重(%)	2001	98.12	46.22	66.83	11.60
	2015	99.18	64.43	82.74	8.08
⑬采矿制造业比重(%)	2001	75517.00	62.00	7099.87	13535.86
	2015	9468.00	0.00	875.43	1650.10
⑭万元GDP用水量(吨/万元)	2001	1259.00	462.00	882.46	187.38
	2015	194.00	44.00	138.69	36.22
⑮化肥施用强度(千克/亩)	2001	114.13	14.77	54.83	19.14
	2015	127.05	21.18	56.26	19.37
㉑人口城镇化率(%)	2001	100.00	8.87	27.44	21.25
	2015	94.96	30.00	46.64	15.58
㉒城乡收入差距(元)	2001	17448.65	735.72	4067.68	2057.88
	2015	66726.50	5943.00	11746.17	5876.45

续表

二级指标	年　份	最大值	最小值	平均值	标准差
㉓万人在校大学生数(人/万人)	2001	2615	994	1675	237
	2015	3015	627	1379	443
㉔人均生活用水量(升/人月)	2001	269.00	183.00	209.10	23.68
	2015	167.00	145.00	155.65	5.51
㉕万人水环境管理人数(人)	2001	2567	0	411	481
	2015	4890	12	610	761
㉛地表水资源总量(亿吨)	2001	77.15	0.12	16.18	15.68
	2015	92.00	0.12	18.93	18.28
㉜建成区绿化率(%)	2001	38.34	5.93	23.31	7.34
	2015	45.11	18.78	37.08	6.13
㉝废污水处理率(%)	2001	64.00	1.93	16.99	14.31
	2015	99.02	81.28	89.58	3.35
㉞人均水环境支出(元)	2001	107.46	0.35	21.21	17.94
	2015	1178.78	11.77	349.10	246.07
㉟地表水质量状况(%)	2001	100.00	0.00	62.34	29.13
	2015	100.00	50.00	83.19	13.41

数据来源:《湖南统计年鉴》《湖南农村统计年鉴》及《湖南省水资源公报》。

二、专家赋权

本研究聘请了在城镇化、资源环境、水生态与可持续发展等领域具有较多研究,特别是对洞庭湖流域具有丰富实践经验的专家共10位,各自依据其研究或实践经验对图3-1中的各项指标进行赋权。基本步骤是:(1)选择专家组成员,一般人数以单数为宜;(2)将评价指标量表分别发给每位专家填写,得到每个指标的第一轮权重;(3)把第一轮结果公布给各位专家作为参考,进行第二轮赋权,直到两轮结果完全一致,就得到各项指标的初始权重。

专家赋权一般细分为直接赋权和间接赋权两种方法。第一种直接赋权法要求专家在量表中填写每个指标相对于上级指标的0.00—1.00权重得分,然后将每位专家对每个指标的评分进行加总平均得到每项指标的权重。这种方法简单、直观,将专家的所有精力都集中到获得一个更接近事实的权重。不足之处是,即使对于经验非常丰富的专家而言,也难以将权重精确到小数点后几位。为此,本书选择的是应用更多的间接赋权法。使用表3-2的1—9标度量表(Satty,1981)供专家们填写,专家在赋权时不需要考虑是给0.50还是0.55这样的"艰难"选择,而仅需要考虑"A和B相对于目标来说哪个更重要以及重要多少"的简单问题。假设有n个评价指标$x_1,\dots,x_n$,使用表3-2的标准两两进行比较得到判断矩阵X。

表3-2　层次分析法的专家判断矩阵标度值及其含义

标度值 b_{ij}	具体含义
1	表示两因素相比,i与j同等重要
3	表示两因素相比,i比j稍微重要
5	表示两因素相比,i比j明显重要
7	表示两因素相比,i比j强烈重要
9	表示两因素相比,i比j极端重要
2,4,6,8	上述两相邻判断之中值,表示重要性判断之间的过渡性
倒数	因素i与j对调

资料来源:汪应洛:《系统工程理论、方法及应用》,北京高等教育出版社1998年版。

假设有一同阶正则向量A,使得存在$XA=\lambda_{max}A$,解此特征方程可得到特征向量A,对其进行归一化处理即为权值:

$$w_j=\{w_1,w_2,\dots,w_n\} \tag{2.1}$$

不过,由于客观事物的复杂性以及我们对事物认识的片面性,专家们给出的判断矩阵不一定是一致性矩阵,当偏离一致性过大时,会导致许多问题(如方程无法求解)。因此得到λ_{max}后,还需进行一致性检验。检验公式为:

$$CR=\frac{\dfrac{(\lambda_{max}-n)}{n-1}}{RI}$$

其中,CR 为一致性指标,λ_{max} 为最大特征根,n 为矩阵阶数,RI 为平均随机一致性指标。只有当"CR<0.1"时,判断矩阵才具有满意的一致性。

根据以上方法,对 10 位咨询专家的 Satty 量表结果进行处理,可以得到针对指标体系图 3-1 的各级专家权重如表 3-3 所示,四个判断矩阵均通过了 CR<0.1 的一致性检验。从结果来看,专家认为水资源与环境在城镇化质量中具有极度的重要性,经济与产业、人口与社会则排在第二和第三的位置;在水资源与环境中,地表水质量状况最为重要,其次是地表水资源总量与建成区绿化率;在经济与产业中,人均 GDP 和万元 GDP 用水最为重要;在人口与社会中,人口城镇化率与城乡收入差距更为重要。

表 3-3　湖区城镇化质量综合评价的专家权重

一级指标	专家权重	二级指标	专家权重
①经济与产业	0.2849	⑪人均 GDP	0.3173
		⑫非农产业比重	0.1148
		⑬矿制造业比重	0.1358
		⑭万元 GDP 用水	0.3173
		⑮化肥施用强度	0.1148
②人口与社会	0.2174	㉑人口城镇化率	0.3568
		㉒城乡收入差距	0.3544
		㉓万人在校大学生数	0.0784
		㉔人均生活用水量	0.1197
		㉕万人水环境管理人数	0.0907
③水资源与环境	0.4977	㉛地表水资源总量	0.1548
		㉜建成区绿化率	0.1417
		㉝废污水处理率	0.0709
		㉞人均水环境支出	0.0657
		㉟地表水质量状况	0.5668

三、信息熵修正

专家赋权能得到与我们的经济实践较为接近的权重,但是由于受到专家偏差、专家个人经验局限等主观因素的影响,我们一般使用另一个客观权重——信息熵权对专家权重进行修正。修正后的权重既考虑了实践经验的重要作用,又结合了数据特征等客观因素的影响,是多层次分析方法中被社会科学界较为认可的一种综合评价权重获得途径。

(一)信息熵权重的确定

熵在最早属于热力学的概念,指一个热力系统在热功转换过程中,热能有效利用的程度。熵值越大,表示系统的能量可利用程度越低;熵值越小,表示能量可利用程度越高。在信息论中,熵是对不确定性的一种度量。信息量越大,不确定性就越小,熵也就越小;信息量越小,不确定性越大,熵也越大。根据熵的特性,可以通过计算熵值来判断一个事件的随机性及无序程度,也可以用熵值来判断某个指标的离散程度。指标的离散程度越大,该指标对综合评价的影响越大,因而熵值法能够深刻地反映出指标信息的效用价值。

假定需要评价的对象具有 k 个评价指标,有 m 个地区 n 年的发展状况,面板数据的多指标评价矩阵为 $X = (x_{jit})_{k \times m \times n}$,其中,$x_{jit}$ 表示地区 i 在 t 年的第 j 项指标的具体观测值。

1.数据标准化处理

一般来说,评价指标都存在着单位不同、性质不同等方面的量纲问题,为避免量纲不同对权重的影响,我们首先需要对评价数据进行标准化处理。假定评价指标 x_j 为"越大越好"的正向指标,记其最优值为 x_j^{max};对于"越小越好"的负向指标,记其最优值为 x_j^{min}。定义 r_{jit} 为 x_{jit} 对于最优值的接近度。对正向指标,$r_{jit} = x_{jit}/x_j^{max}$,对负向指标,$r_{jit} = x_j^{min}/x_{jit}$,进一步,定义其标准化值为:

$$f_{jit} = r_{jit} / \sum_{i=1}^{m} \sum_{t=1}^{n} r_{jit}$$

其中,$0 \leq f_{jit} \leq 1$。由此得数据的标准化矩阵:$F = (f_{jit})_{k \times m \times n}$。

2. 指标信息熵值 e 和信息效用值 d

第 j 项指标的信息熵值为 $e_j = -k \sum\limits_{i=1}^{m} \sum\limits_{t=1}^{n} f_{jit} \ln f_{jit}$

式中, k 为正的常数, 与样本数 $m \times n$ 有关。对于一个信息完全无序的系统, 有序度为零, 其熵值最大, $e = 1$, $m \times n$ 个样本处于完全无序分布状态时, $f_{jit} = 1/(m \times n)$, 此时, $k = 1/\ln(m \times n)$, 某项指标的信息效用价值取决于该指标的信息熵 e_j 与 1 之间差值: $d_j = 1 - e_j$。

3. 评价指标权重

在 (m,n) 型评价模型中, 第 j 个指标的熵权 w_j 可以定义为:

$$w_j = d_j / \sum\limits_{j=1}^{m} d_j \qquad (3.1)$$

利用熵值法估算各指标的权重, 其本质是利用该指标信息的价值系数来计算的, 其价值系数越高, 对评价的重要性就越大。

表 3-4　洞庭湖区城镇化质量评价的信息熵权重

一级指标	信息熵权重	二级指标	信息熵权重
①经济与产业	0.6384	⑪人均 GDP	0.3087
		⑫非农产业比重	0.0087
		⑬采矿制造业占比	0.4300
		⑭万元 GDP 用水量	0.1932
		⑮化肥施用强度	0.0953
②社会与城镇	0.1165	㉑人口城镇化率	0.2372
		㉒城乡收入差距	0.2845
		㉓万人在校学生数	0.0780
		㉔人均生活用水量	0.0097
		㉕万人水环境管理人数	0.3906

续表

一级指标	信息熵权重	二级指标	信息熵权重
③水资源与环境	0.2451	㉛地表水资源总量	0.2794
		㉜建成区绿化率	0.0242
		㉝废污水处理率	0.1502
		㉞人均水环境支出	0.4352
		㉟地表水质量状况	0.1109

基于2001—2015年洞庭湖流域101个县市的15项面板数据分布情况,根据公式(3.1)分别生成各年份一、二级指标的信息熵权重系数。结果显示:经济与产业的信息熵权重最大,其次是水资源与环境,社会与城镇方面则最小;经济与产业系统中,采矿制造业占比和人均GDP最高;水资源与环境中,人均水环境治理支出、地表水资源总量和地表水质量状况排在前面;社会与城镇系统中,万人水环境管理人数最高,人口城镇化率和城乡收入差距也比较靠前。

(二)利用熵权对专家赋权进行修正

可以看到,熵权相对专家赋权而言更加客观,利用熵权对专家赋权进行修正可以取专家赋权和信息熵权的各自优点,得到一个既具备经验性又考虑客观性的一个综合性权重。信息熵修正专家赋权的计算步骤如下:

(1)利用专家法得到主观权重:

$$w_j^A = \{?\ w_1^A, w_2^A, \cdots, w_n^A\}$$

(2)利用信息熵法得到客观权重:

$$w_j^S = \{?\ w_1^S, w_2^S, \cdots, w_n^S\}$$

(3)使用如下公式对权重进行修正:

$$w_j^{AS} = \frac{w_j^A w_j^S}{\sum_{j=1}^{k} w_j^A w_j^S} \qquad (3.2)$$

根据公式(3.2),利用表3-4的信息熵权重对表3-3的专家权重进行修正,得到修正后的综合权重如表3-5所示。

如表3-5所示,综合权重修正了专家过于强调生态、信息熵过于强调经济的问题,在两者间取得了一个相对均衡的结果。结果显示:经济权重为0.5525,其次生态占到了0.3706,而社会则为较小的0.0769;在经济系统中,人均GDP、万元GDP用水和采掘业占比排在前面;在生态系统中,水质量、水数量和处理支出排前面;社会系统中,收入差距、城镇化率和水管理人数排在前面。

表3-5　信息熵修正后湖区城镇化质量评价的综合权重

一级指标	综合权重	二级指标	综合权重
①经济与产业	0.5525	⑪人均GDP	0.4266
		⑫非农产业比重	0.0043
		⑬采矿制造业比重	0.2544
		⑭万元GDP用水量	0.2670
		⑮化肥施用强度	0.0476
②社会与城镇	0.0769	㉑人口城镇化率	0.3709
		㉒城乡收入差距	0.4419
		㉓万人在校大学生数	0.0268
		㉔人均生活用水量	0.0051
		㉕万人水环境管理人数	0.1553
③资源与生态	0.3706	㉛地表水资源数量	0.2907
		㉜建成区绿化率	0.0230
		㉝废污水处理率	0.0716
		㉞水环境治理支出	0.1922
		㉟地表水质量状况	0.4225

四、评价结果

使用综合权重和AHP方法对2001—2015年洞庭湖区101个县市的城镇化质量进行综合评价,得到本文末附录部分附表1、附表2所示的最终得分。由于数据量较大,我们在表3-6给出了一个概要的城镇化质量综合评价结果。

表3-6　2001—2015年洞庭湖区城镇化质量综合评价结果

2001年		2015年		上升最快前25名	下降最快前25名
前25名	后25名	前25名	后25名		
会同县(35.5)	宜章县(16.7)	资兴市(71.6)	衡东县(37.1)	长沙县(90)	平江县(-30)
沅陵县(31.8)	江永县(16.7)	长沙市(63.7)	凤凰县(36.5)	浏阳市(85)	桃源县(-32)
蓝山县(31.5)	江华县(16.7)	望城区(58.0)	岳阳县(36.5)	长沙市(82)	会同县(-33)
资兴市(29.9)	南　县(16.4)	韶山市(57.5)	辰溪县(36.4)	望城县(82)	永兴县(-33)
桃源县(28.5)	邵阳市(16.4)	长沙县(57.2)	娄底市(36.0)	岳阳市(81)	衡东县(-34)
韶山市(28.5)	辰溪县(16.4)	张家界(56.2)	东安县(36.0)	炎陵县(63)	洞口县(-39)
永州市(28.1)	邵阳县(16.1)	浏阳市(56.1)	双牌县(35.7)	汨罗市(62)	汉寿县(-40)
桂东县(27.0)	长沙市(15.8)	常德市(55.8)	嘉禾县(35.6)	衡阳县(55)	蓝山县(-41)
常德市(26.9)	望城县(15.7)	永州市(55.6)	株洲市(35.0)	宁乡县(53)	华容县(-41)
祁阳县(26.9)	龙山县(15.5)	岳阳市(55.2)	益阳市(35.0)	吉首市(51)	绥宁县(-41)
湘潭市(26.0)	株洲市(14.7)	沅陵县(53.1)	湘乡市(34.5)	株洲市(47)	安化县(-41)
湘阴县(25.9)	衡山县(14.4)	炎陵县(50.6)	洞口县(34.2)	宜章县(46)	岳阳县(-42)
芷江县(25.8)	衡阳市(14.1)	吉首市(50.4)	华容县(34.1)	新邵县(43)	桑植县(-42)
安仁县(25.5)	涟源市(13.4)	汨罗市(49.4)	湘潭县(33.8)	龙山县(41)	双牌县(-43)
靖州县(25.0)	岳阳市(10.3)	古丈县(49.2)	邵阳市(33.7)	石门县(38)	茶陵县(-44)
沅江市(24.6)	浏阳市(10.1)	宁乡县(49.2)	桑植县(33.5)	衡阳市(38)	桂东县(-49)
怀化市(24.3)	花垣县(9.87)	安仁县(49.2)	中方县(33.3)	涟源市(36)	桃江县(-49)
麻阳县(23.5)	衡阳县(9.50)	怀化市(48.9)	洪江市(32.9)	江华县(33)	临武县(-49)
东安县(23.3)	长沙县(9.37)	祁阳县(48.8)	邵阳县(32.8)	祁东县(32)	娄底市(-51)
桃江县(23.0)	湘潭县(8.18)	永顺县(48.8)	新化县(32.7)	新晃县(31)	株洲县(-56)
洪江市(22.9)	双峰县(7.75)	道　县(48.7)	茶陵县(32.4)	花垣县(31)	新化县(-61)
通道县(22.9)	新邵县(7.60)	湘潭市(48.4)	绥宁县(31.9)	邵东县(31)	益阳市(-62)
中方县(22.8)	临湘市(7.36)	祁东县(48.2)	津　市(31.2)	江永县(30)	东安县(-63)
益阳市(22.6)	湘乡市(6.88)	湘阴县(48.2)	平江县(30.4)	临澧县(29)	中方县(-70)
汝城县(21.9)	邵东县(4.93)	靖州县(47.8)	安化县(27.6)	衡山县(28)	洪江市(-73)

注:前四列括号内为综合得分数值,后两列括号内为排名变化数值。

从表3-6中数据来看,2001—2015年洞庭湖区城镇化质量在总体上历经

了一个大幅提升的过程。（1）2001 年得分最高的是会同县、沅陵县和蓝山县
等区域，分别为 35.5 分、31.8 分和 31.5 分等；2015 年得分最高的是资兴市、
长沙市和望城区等区域，分别为 71.6 分、63.7 分和 58.0 分等。（2）2001 年得
分最低的是邵东县、湘乡市和临湘市等区域，分别为 4.93 分、6.88 分和 7.36
分等；2015 年得分最低的是安化县、平江县和津市，分别为 27.6 分、30.4 分和
31.2 分。（3）名次上升最快的分别是长沙县、浏阳市和长沙市等区域，分别上
升至第 90 名、第 85 名和第 82 名等。（4）名次下降最快的分别是洪江市、中方
县和东安县等区域，分别下降 73 名、70 名和 63 名等。

　　我们将 2001 年和 2015 年洞庭湖区 101 个县市的城镇化质量排名画在一
个坐标系内，可以更清楚地看到城镇化质量变动的基本态势（图 3-2）

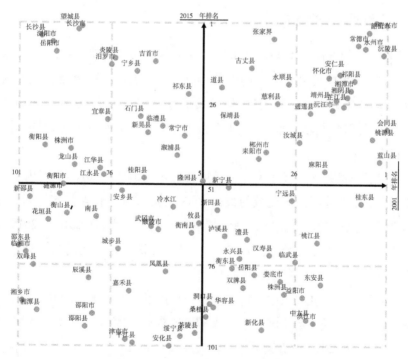

图 3-2　2001—2015 洞庭湖区县市城镇化质量变化情况

　　如图 3-2 所示，2001 年排名和 2015 年排名这两个坐标轴相交在 51 名的
位置，并分别在第 26 名和第 76 名处各增加一条辅助线，于是我们将这两年的
城镇化质量各自划分成了 1/4、2/4、3/4 和 4/4 四个区。根据其在这四个区的

变动,我们着重关心如下几种情况。(1)一直保持在一区(前1/4、前25%)的区域包括资兴市、韶山市、永州市、常德市、沅陵县、安仁县、怀化市、祁阳县、湘潭市、湘阴县和靖州县。(2)一直停留在四区(末1/4、末25%)的区域包括湘乡市、湘潭县、邵阳市、邵阳县和辰溪县。(3)从四区上升到一区的区域包括长沙市、长沙县、望城区、浏阳市和岳阳市。(4)从一区骤降至四区的区域包括洪江市、中方县、东安县和益阳市。其余各县市的变动情况则相对没有那么显著。

第三节　洞庭湖流域城镇生态质量的时空演进

一、时间维度的演进

2001年,洞庭湖区101个县市城镇化质量平均得分为19.11分,此后逐年增长,并在2015年达到了43.65的得分,年均增长6.08个百分点。其中,2001—2008年为缓慢增长期,年均增长率为3.68个百分点;2001—2008年为较快增长期,年均增长率为8.54个百分点。从四大片区来看,其演进过程各有特点。

一是长株潭片区历经了一个逆袭增长过程。2001—2010年,该片区城镇化质量一直处于全洞庭湖流域的最低水平,在此缓慢增长期其年均增长率为5.44个百分点。2010年进入快速增长期的一个转折点,在2010—2015年的5年间,其年均增长率达到了13.33个百分点,并由此一跃成为全湖区最高水平。

二是湘南片区在波动中保持在稍高于总体平均的水平。2001—2010年,湘南片区城镇化质量与全湖区平均水平保持持平,年均增长水平为3.97个百分点;在2011—2013年历经了一个较大跌幅之后,2014—2015年快速回归到稍高于全湖区的平均水平,2011—2015年年均增长率达到12.47个百分点。从目前的水平来看,比长株潭片区水平略低,从而排在四大片区的第二位。

三是湘西与环洞庭湖区因后劲不足从高于平均水平逐渐降至平均水平以下。除湘西片区在2001—2005年略低于全湖区平均水平外,湘西片区与环洞庭湖区在 2001—2013 年均保持在高于全湖区的平均水平运行,年均增长率分别为 6.27 和 5.95 个百分点。直到 2013—2015 年,湘西片区与环洞庭湖区出现了增长后劲不足的问题,年均增长率仅分别为 0.57 和 0.78 个百分点,双双开始降至低于全湖区平均水平以下的低位运行。

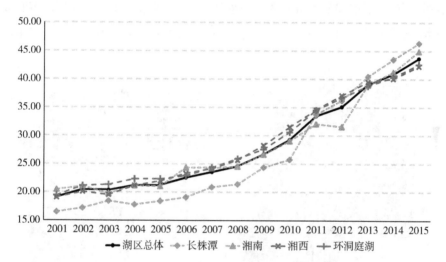

图 3-3　2001—2015 年洞庭湖各片区城镇化质量的演化过程

二、空间格局的演进

在第二章我们探讨了洞庭湖区各县市城镇人口的空间格局演进情况,我们的基本结论是:城镇人口已经从 2001 年的分散状态演进为 2015 年的较高水平集聚发展格局,并且在长株潭城市群和湘南片区分别形成了显著的城镇人口集聚区域。下面,我们来看综合考虑了经济增长、社会进步与水生态文明建设的城镇化质量在洞庭湖区的空间格局演进情况。

先看图 3-4 左边的 2001 年基本情况。城镇化质量前 25 名县市中,仅包括永州市、常德市、湘潭市、怀化市和益阳市共 5 个地级城市,其余县市主要分布在常德市周边、怀化市周边、永州和郴州市周边这三块区域,高水平县市集聚现象较为显著。城镇化质量排在末 25 名的县市中,包括了长沙市、株洲市、衡阳市、邵阳市和岳阳市共 5 个地级城市,其余县市主要分布在长沙市、株洲市、衡阳是和邵阳市连成一片的中部地区,低水平县市集聚现象非常显著。

　　然后看图 3-4 右边的 2015 年基本情况。城镇化质量前 25 名县市中,包括了长沙市、张家界市、岳阳市、永州市、吉首市、常德市、湘潭市和怀化市共 8 个地级城市,其余县市除部分分布在长沙市周边和张家界市周边外均比较分散,高水平集聚现象不是非常显著。城镇化质量排在末 25 名的县市中,包括了邵阳市、益阳市和娄底市共 3 个地级城市,其余县市主要分布在株洲市和娄底市周边、邵阳市周边和怀化市周边等地区,低水平县市集聚现象也不显著。

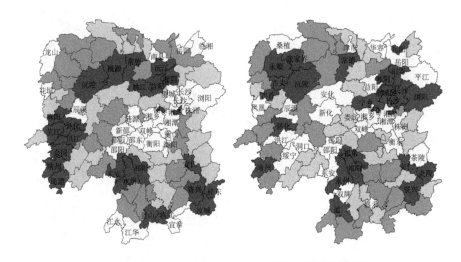

图 3-4　2001 和 2015 年洞庭湖区城镇化质量四分位图

注:颜色越深表示城镇化质量越高。

　　为进一步确认洞庭湖区城镇化质量的空间演进格局,我们计算了直接反映空间集聚程度的空间全局 Moran's I 指数。如图 3-5 所示,2001 年和 2015 年 Moran's I 指数分别为 0.2832 和 0.0415,这表示洞庭湖区城镇化质量在 2001 年呈现出非常显著的集聚效应,而到了 2015 年集聚效应则有较大程度的减弱。

　　由此我们认为,洞庭湖区城镇化质量空间格局确实出现了与第二章城镇人口分析结论完全不同的、由集聚到分散的演进过程。总的来说,其空间格局演进过程呈现了以下两个方面的显著特征。

　　一方面,城镇化质量较高的区域从主要分布在边远山区演进为主要分布在长株潭城市群片区。2001 年,城镇化质量得分较高的如会同县、沅陵县、桃源县、麻阳县、芷江县、洪江市、靖州县、通道县、东安县、祁阳县、汝城县、桂东

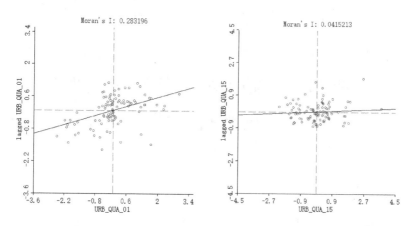

图3-5　2001和2015年洞庭湖区城镇化质量空间全局Moran's I指数

县、资兴市和安仁县等均属于边远山区,这些县市水资源丰富、水生态保护较好,同时其经济增长也不算落后,因此综合城镇化质量水平相对较高。2015年,城镇化质量得分较高的如长沙县、望城区、浏阳市、宁乡市、湘阴县和汨罗市均分布在长株潭城市群片区,这些县市经济增长居全省之首,且近年来水生态环境治理力度空前并取得了显著的成效,因此综合城镇化质量后来居上。但是长株潭城市群集聚效应的作用范围还不够大,长望浏宁等北面县市脱颖而出的同时,南面县市仍未能从这一正外部效应中获取足够的发展动力,如湘潭县、湘乡市等多个区域的城镇化质量仍然相对低下。

另一方面,城镇化质量较低区域从在长株潭片区高度集聚演进为向各地市边远地区分散。2001年,城镇化质量较低的如长沙县、望城县、浏阳市、湘潭县、湘乡市、涟源市、双峰县、衡山县、衡阳县、新邵县、邵东县和邵阳县等区域大量集聚在长株潭片区,这些县市均属于水资源相对少、经济发展速度相对快的区域,在粗放城镇化中牺牲了较大的环境代价,因此综合城镇化质量较低。2015年,城镇化质量较低的如湘潭县、湘乡市、株洲县、娄底市、双峰县、益阳市、安化县、新化县、双牌县、邵阳市、邵阳县、东安县、洪江市、洞口县、绥宁县、桑植县、凤凰县、辰溪县、津市市、华容县、岳阳县、平江县等,它们分散在长株潭南边以及湘西、湘南等边远山区,这些区域经济增长相对缓慢,且资源消耗和水生态保护投入小,因此城镇化质量相对较低。

第四章　湖区城镇化质量三维提升机制理论分析

第一节　三维机制理论框架

在内生经济、集聚经济与外部性的概念框架下，我们提供了水生态文明视阈下湖区城镇化质量三维提升机制理论模型。如图4-1所示，三维机制包括：内生增长机制、社会转型机制与生态调控机制。湖区水生态文明建设可以分别从产业动力升级、人水关系协调和水生态环境规制三个方面着手切入，通过节能减排、两型社会建设和排污许可证交易等政策措施，激发内生增长机制、推动社会转型机制和启动生态调控机制，改善湖区企业的生产活动行为、居民的生活行为和政府的生态行为，使湖区围绕水生态文明保护与建设形成经济稳健增长、社会持续进步和水生态有效保护的良好发展态势，最终从经济、社会与生态等多维度提升湖区城镇化质量。同时，城镇化质量的提升又对湖区水生态文明保护与建设提供更为优良的物质、文化与制度保障。

第二节　内生增长机制：技术进步与经济稳健增长

内生增长是主流经济学的一个经典理论（如罗默、卢卡斯和熊彼特等），其主要强调一国（地区）通过一定政策刺激能形成人力资本、科学知识与生产技术的自我增长与进步，从而实现长期稳健的内驱式经济增长。借鉴这一理

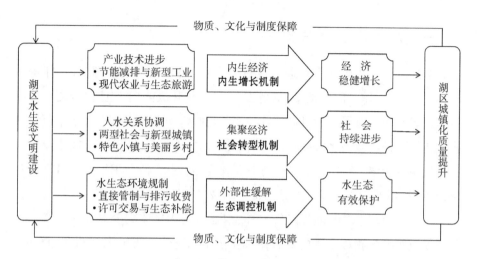

图4-1　湖区城镇化质量三维提升机制概念模型

论,我们认为湖区水生态文明提升城镇化质量的第一个机制就是内生增长机制。它具体是指以湖区水生态文明保护与建设为核心要务,通过节能减排、新型工业化、农业现代化和旅游生态化等方面多管齐下,"倒逼"和引导企业采用新技术和转型发展,激发产业在生产、处理、管理和服务等方面形成内生技术进步,以产业转型升级提高水资源利用效率、减少水环境污染以促进水生态文明保护与建设,使地区经济实现长期稳健增长,从而提升流域和湖区的城镇化质量。

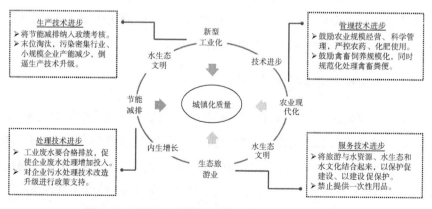

图4-2　城镇化质量提升的内生增长机制概念模型

一、生产技术进步与三废减少

节能减排是指生产企业通过改进生产技术,从而节约能源、降低能源消耗、减少污染物排放的创新活动,它是传统产业升级的"倒逼"机制之一。在科学发展观的大背景下,我国在"十一五"规划启动之初就提出在全国范围内推行节能减排的政策,争取用五年时间使单位 GDP 能耗降低 20%、主要污染物排放减少 10%;在"十二五"规划中继续提出,用五年时间使单位 GDP 能耗降低 16%、主要污染物排放减少 8% — 10%;并进一步在"十三五"规划中提出,争取五年单位 GDP 能耗降低 15%、主要污染物排放减少 10% — 15%。这一系列政策目标得以实现的背后,就是内生的工业企业生产技术进步,直接使废水、废气和废渣的产出数量从生产环节的根源上得以减少。

以洞庭湖区为例,在国家节能减排计划的背景下及时制定了适宜本地的实施计划,从 2007 年开始正式启动严厉的节能减排政策,淘汰了一大批小规模、高污染的工业企业。以废水排放大户造纸行业为例,2007 年全湖区共有造纸企业 834 家,纸产品产量占全国的 3.4%,在全国排名第八。其中,52% 的造纸企业密集地分布在环洞庭湖区,此外上游的邵阳、怀化和永州也有较多的分布。这些企业规模小、数量多、装备落后、技术薄弱,直接后果就是企业水耗高、能耗高、污染重。经过多年整顿,2017 年底全湖区造纸企业减少为 436 家,近 50% 小型造纸企业被取缔。类似的情况还发生在水泥产业、印染和食品制造等行业。由此,洞庭湖区万元 GDP 用水量从 2001 年的 882 吨,下降到 2015 年的 139 吨;河水质量从 2001 年的 62 分,上升到 2015 年的 83 分。

二、处理技术进步与达标排放

新型工业化是指,从传统依靠要素投入的粗放发展模式中解放出来,建立一种以技术化、知识化、信息化、全球化、生态化为特征的新型工业形态。新型工业化强调,所有工业废水必须经过处理合格之后才能排放,对于不合格的企业要坚决淘汰,而对于有处理技术升级改造需求的企业,政府提供政策引导和资金支持。这在很大程度上促进了企业在污水处理技术方面的投入,导致了污水处理技术的整体性进步,达标排放让废水不再对河流形成威胁,因此从根本上提升了城镇化质量。国家在党的十六大会议上首次提出了"新型工业化"发展战略,但是正式启动国家级试点城市(开发区)建设,则是在2010年以后。从2010年开始到2018年,共发布了八批次,共近400个国家级试点城市(开发区)。经过政策引导,这些城市的废水处理率基本上达到了90%以上。

湖南省委在全省第九次党代会提出了"一化三基"发展战略,其核心就是"一化"——新型工业化。2010年,湖南省委又在全省第九届十中全会上提出"四化两型"发展新战略,新型工业化仍然是其中的重点。除了在国家一至八批试点中共有15个城市(开发区)加入试点计划以外,湖南省还在2012年启动了第一批湖南省新型工业化产业示范计划,共有20个城市(开发区)加入了该试点计划。该试点计划主要也是通过引导和支持企业提升工业废水的处理技术与能力,实现传统产业的转型升级,从而推动洞庭湖区水生态文明城镇化高质量发展。以污水处理能力低下的传统采掘业为例,2001年全省采掘业在岗职工数共119543人,占全行业职工总数的4.17%;2015年下降为29403人,仅占全行业职工总数的1.67%。在这个过程中,把几乎无废水处理能力的散乱小型采矿企业基本淘汰,仅剩少数有废水处理能力的大型企业。

三、管理技术进步与面源污染防治

农业现代化是否是缓解面源污染的有效途径,在理论界一直都有争议。本文将主流的肯定性观点作为理论假设,最终以实证结果为准。一般认为农业现代化是缓解面源污染的有效途径,主要是基于管理技术进步(包括规模化生产和集中式监管)的一种判断。一方面,规模化的经营对成本控制更加敏感,因此能科学有效地减少化肥和农药的施用强度。另一方面,规模经营的现代农业企业的外部监控更加容易实现,因此相关环保政策的实施也将更加有效[1]。我们同时认为,内生技术进步(主要是指管理技术)也是农业现代化促进农药化肥使用得以减少,面源污染得以控制的重要原因。国家层面对农

---

[1]　也有不少反对的观点认为,大规模的现代农业企业为节约日益昂贵的劳动力工资,转而使用高强度的化肥和农药替代劳动力,因此比小农经济制造了更多的面源污染。

业现代化问题一直都高度重视,中央从 2004 年起到 2018 年连续 15 年发布以"三农"问题为焦点的《中央一号文件》就是最好的证据。然而,农业现代化问题错综复杂、难以在短期内迅速完成。特别是对农业面源污染问题,无论从技术、制度和文化各个层面,我们都还不具备从根本上取得改善的条件。从 2010 年至今,国家农业部认定三批次共 308 个国家现代农业示范区。第一批试点要求要加强示范区在城乡一体化方面的带动作用,第二批试点要求提高经营主体的规模化、专业化、标准化和集约化水平,第三批试点则要求加快转变农业发展方式。

作为传统农业大省,湖南省的农业现代化建设启动得也比较早。2003 年,湖南省政府就启动了农业现代化的试点工作,将长沙县、浏阳市、汨罗市、攸县和醴陵市作为农业农村现代化的试点城市。其中,建设情况领先的是长沙县。长沙县按照"南工北农"的产业分工与布局,于 2009 年成立"现代农业创新示范区管委会",统一负责实施土地流转、现代农业、城乡统筹、美丽乡村和农民创业等项目;并于 2010 年正式被国家认定为第一批国家现代农业示范区。仅 2016 年,该示范区新引进现代农业建设项目 7 个,形成农业招商新签约资金 23.2 亿元,在整个国内都处于领先水平。另外,汨罗市在打造现代农业产业集群、规模农业与生态农业方面做得比较好,浏阳市则在精细农业、休闲农业和品牌农业方面做得有声有色。其他国家级试点还包括:汨罗市、常德市、益阳市、华容县和冷水滩市等 15 个县市。

四、服务技术进步与绿色经济

威胁水生态文明的不单是粗放的工业与农业生产,还包括粗放的服务业发展,如传统的餐饮业和旅游业等。考虑到餐饮业常常与旅游业交织在一起,本文着重考虑旅游业的情况。传统旅游业对水生态文明的威胁主要表现在,景区游客过于密集,人工化与商业化过度,垃圾与废水污染严重等。生态旅游业是指将旅游服务业与生态文明结合起来,通过服务技术的内生进步,形成一种亲水、生态的新型旅游服务行业。在国际上,"低碳旅游"概念在 2009 年世界经济论坛的《走向低碳的旅行及旅游业》报告中被首次提出,其在我国 2010 年"两会"后,成为国内旅游业界和老百姓们关注的热点,并快速成为一种新兴的旅游形式。国家旅游局在年度国家高级别旅游景区(4A 和 5A)的评估中,也开始评价景区是否重视和落实生态与低碳旅游的要求。

洞庭湖区的低碳与生态旅游也得到了较多的重视。其主要的做法就是:一是将旅游产业与水资源、水生态以及水文化结合起来,以保护促进建设、以建设提升保护,使水生态文明与旅游产业形成协同发展的良好局面;二是通过控制景区游客人数,提升景区的卫生间、垃圾桶、文明提示等生态基础设施等方法,最大程度降低游客对大自然的干扰;三是禁止景区酒店、餐馆提供一次性用品,提倡游客自带生活用品。

第三节　社会转型机制:人水关系协调与社会持续进步

人水关系协调是水生态文明建设的重要内容之一,其主要是通过获取集聚经济从而提升城镇化质量。从属性来看,这一集聚经济可以涵盖城区节约型集聚、城乡均衡性集聚、乡镇创新型集聚和乡村的生活性集聚四种类型。洞庭湖区的水生态文明建设的四个方面正好与以上四种空间集聚经济相对应。

两型社会建设主要促进了城市人口与产业的集聚、形成了资源使用的节约和环境的有效保护,并将环保理念植入城市居民和企业的内心,在全社会形成了绿水青山就是金山银山的理念并将其践行到生活与生产活动中去。新型城镇化则主要强调了人口与要素在大中小城市与小城镇的相对均衡性分布,不能走唯大城市的城市化道路,着力缓解城乡收入差距,以及城乡在基础设施、医疗保障、教育资源等方面的差距;同时,抛弃传统粗放型城镇化模式,提出城镇化建设要重生态、重质量。特色小镇则将人口与要素在"城市之尾、乡村之首"的小城镇进行创新性集聚,对乡村的生活与生产形成一种新的引领空间,以点带面地解决为数众多的小城镇发展难题,主要包括生产、生活与生态基础设施,产业医疗教育等重要民生基础服务,以及特色产业带动下的三产融合发展机制等。美丽乡村则主要针对数量更多、更加复杂的农村环境保护难题,主要通过人口集中居住,实现基础设施共享和人水和谐环保理念的普及；一般做法是选择若干有代表性的农村，从对水、土、森林、历史、文化等自然与人文资源的保护性开发入手，发展乡村生态农业、体验旅游等新型产业，探索一条自我发展的美丽乡村建设道路，为周边农村作出示范作用。通过这些措施，协调了人水关系，促进了社会转型与持续进步。

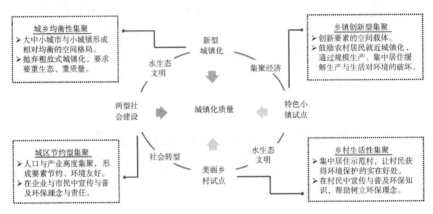

图4-3　城镇化质量提升的社会转型机制

一、节约型集聚与亲水城市

两型社会，是指"资源节约、环境友好型社会"，其核心思想是让城市人口与产业在空间上形成高度集聚的发展模式。根据集聚经济原理，人口与产业的集聚可以节约土地资源，还可以通过共享环保基础设施形成规模经济，减少人类活动对环境的负面影响。关于洞庭湖区两型社会的最早讨论是在科学发展观与温室效应等大背景下进行的，其直接的初衷是提供空间集聚发展新模式，达到节约能源使用、减少碳排放的目的。2007年，两型社会建设规划获国务院正式批复，试验区包括了长株潭城市群和武汉城市圈两个部分。

长株潭城市群位于洞庭湖区政治经济中心，其两型社会建设的主要做法包括集约使用土地资源、建设循环经济示范区、人水和谐居住示范区以及划定主体功能区等等，同时，加强了对企业与群众进行环境保护责任的观念普及。陆续提出与实施了植树造林、退耕还湖、物种保护、低碳生活、绿色出行、节电节水、垃圾分类、循环利用等环境保护理念，并对其进行了大力宣传与推广。

二、均衡性集聚与城乡一体

新型城镇化的核心思想是既要大城市发展,又不能让中小城市与小城镇落后。其中的原因是大城市属于"点",中小城市与小城镇则属于"面"。因此,要形成以点带面的一盘棋城镇化格局,这是有别于西方城市化的中国特色社会主义城镇化道路的本质特征。鉴于城镇化长期粗放发展、城乡差距较大及对生态文明保护不足,洞庭湖区较早地提出并实施了新型城镇化发展战略。2010年11月,湖南省委九届十次全会在长沙召开,会议的主要任务是部署推进湖南省"十二五"时期经济社会发展。周强代表省委在会上做工作报告,在原来"一化三基"发展战略基础上提出了"四化两型"发展新战略("四化"是指新型工业化、农业现代化、新型城镇化、信息化;"两型"是指资源节约型、环境友好型),首次将新型城镇化作为全省"十二五"时期的工作重点之一。洞庭湖区的新型城镇化发展战略强调,转变城市发展方式是经济结构调整和破除城乡二元结构的根本途径,要从促进大中小城市和小城镇协调发展、提升城市发展综合承载力、统筹城乡协同发展三个方面大力推进新型城镇化发展战略。

在全面推进新型城镇化发展战略3年后,洞庭湖区迎来了国家层面的新型城镇化试点机遇,在2014年公布的第一批国家级新型城镇化试点名单中,就包含了株洲市和资兴市,后来还陆续增加了长沙市、岳阳市、郴州市、怀化市、吉首市、望城区、攸县、湘潭县、湘乡市、祁东县、邵东县等十多个县市。

三、创新型集聚与就地城镇化

特色小镇建设的目标是通过对本地和外来要素的有机融合,形成一个创新型人口与要素集聚的空间,为农村居民提供一种就地、就近的城镇化途径。从这个角度出发,洞庭湖区的特色小镇建设工作较早就已经开展了。2009年,沅江市草尾镇开展特色小镇试点,将全镇农户土地以信托的方式入股现代农业公司,由原来的小规模分散经营的传统农业整合成大规模集中经营的现代农业,农民变成股东和农业工人的双重角色;农民纷纷搬出小村庄、住进小镇上崭新的房屋。一是解决了农民的就业与收入问题,二是解决了农民集中居住与生活污染处理的问题,三是缓解了农药化肥过度使用造成的面源污染问题。同样是在 2009 年就开始试点的长沙县开慧镇的"板仓小镇",主要是探索城乡双向流动的户籍制度改革,试图通过放开从城市转移到农村的户籍限制,来为农村带来人气、资金、知识与文化,同时充分利用这些稀缺资源与农村本地资源进行整合,形成以生态旅游、体验农业、养生养老等为主导的生态产业,由此构建一个有自我造血功能、生态宜居的特色小镇。除此以外,还有2012 年建成的韶山华润希望小镇,其主要模式是镇企合作、共担成本的方式,也取得了很好的效果。

国家层面从 2016 年开始公布了第一批全国特色小镇建设试点名单,其中湖南的 5 个小镇进入试点范围;2017 年公布的第二批试点名单中,又有 11 个小镇进入试点范围。

四、生活性集聚与环保理念在农村普及

美丽乡村建设与特色小镇建设有相似之处,但其面临和拟解决的是一个更加复杂和困难的问题,即农村环境保护意识缺失与更大面积的生活性面源污染。其中,集中居住与生活性集聚是缓解这一系列复杂问题的主要途径。一方面,集中居住能为农村节约更多的用地,同时使生活污染集中管理、产生集聚经济与规模经济,生活污水与垃圾可以形成集中处理;另一方面,生活性集聚能使人们相互监督、形成并践行环保理念。十六届五中全会提出,我国社会主义新农村的特征是"生产发展、生活宽裕、乡风文明、村容整洁、管理民主"。2014 年,农业部开展了最美休闲乡村和中国美丽田园的评选活动,旨在进一步宣传与推进生态文明和美丽中国建设。

洞庭湖区的美丽乡村建设起步较早。宁乡市关山村始于 2004 年的农家乐片区,之后被省委省政府遴选为打造美丽乡村的试点。其主要以特色农家乐、农事体验、特色民俗体验和户外素质拓展等生态旅游项目为主导产业,并在省财政的支持下建设水平越来越高,2013 年关山旅游景区正式成为国家4A 级景区。如今,关山村村民深深了解环境保护与水生态文明的重要性,环保思想深入每一个居民的脑中。慈利县洪家关村,是开国元帅贺龙同志的故乡。从 2011 年开始,省财政投入上千万元资助洪家关村建设成为"贺龙故里,美丽乡村"的红色文化旅游目的地,并以此带动整个乡村经济与社会的转型发展。2016年11月,洪家关村被国家住建部列入第四批中国传统村落名录。经过建设,洪江关村乃至整个慈利县人们都对生态环境保护理念有了更好的理解与认可度。"绿水青山就是金山银山"——习近平主席的这句话对他们来说有更加直接的理解方式。2017年,湖南省评选出近50个美丽乡村建设先进县市,并对这些县市进行动态、连续的资助建设。

第四节　生态调控机制:外部性缓解与水生态有效保护

地表水属于公共自然资源,具有显著的公共性、系统性等特征,其公共属性与环境外部性相互交织,导致市场机制在水资源利用、水环境治理与水生态保护方面出现了严重的失灵。因此,必须充分发挥政府对水资源、环境与生态的调控作用,特别注重"看得见的手"在水生态文明保护与建设方面应起到的积极作用,以弥补市场机制失灵对水生态文明带来的可能损害。

如图4-3所示,我们基于经济学理论将这些洞庭湖区的水生态调控行动具体归纳为直接管制、排污税、许可证交易和生态补偿制这四项具体机制。从理论上讲,它们都能通过水生态文明建设提升洞庭湖区的城镇化质量。下面,我们分别介绍这四项水生态调控机制,并据此提出本章的若干理论假设。

一、利维坦方案与水功能红线

河流属于公共资源,并且具有很强的环境外部性,容易造成污染难以控制的"公地悲剧",这是经济学理论界的共识。但是该如何缓解河流污染、避免"公地悲剧"结果,却未形成一致有效的解决方案。其中,最简易可行的办法之一是利维坦方案(直接管制),即通过标准与法律强制性提升环境质量。在水资源环境领域的通用做法是:政府设立水资源质量标准、对各地河流进行功能区划分、在不同水功能区执行相应的水资源质量标准、制定惩罚性法律法规保证水功能区水质达标。按经济学理论的判断,直接管制较其他方案来说效

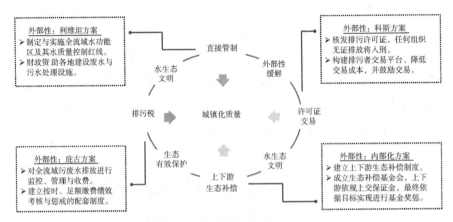

图 4-4　提升湖区城镇化质量的生态调控机制

率偏低,但有效果佳且见效快的特点,因此在紧急型污染危机应对方面有非常好的应用价值。

　　如前文所述,洞庭湖区水生态文明危机的高峰期是在 2004 年左右,因此湖南省政府在 2005 年紧急发布并实施了《湖南省主要地表水系水环境功能区划》(下称《水功能区划》)。《水功能区划》对洞庭湖与湘资沅澧四水干流及二三级支流的水功能区进行了详细规定,将河湖地表水按功能划分为:源头水域(执行 I/II 类水标准)、自然保护区(执行 I/II 类水标准)、饮用水源保护区(执行 II/III 类水标准)、渔业用水区(执行 III 类水标准)、农业用水区(执行 III 类水标准)、景观娱乐用水区(执行 III 类水标准)、工业用水区(执行 IV 类水标准)、混合区等类型功能区(执行 V 类水标准)等八大类。《水功能区划》将洞庭湖区的河湖划分为 836 个水生态功能区,其中源头水域 10 个、自然保护区 21 个、饮用水源保护区 338 个、渔业用水区 283 个、农业用水区 86 个、景观娱乐用水区 45 个、工业用水区 52 个以及混合区 1 个。《水功能区划》强调,区划的全部技术内容为强制性,从 2005 年 7 月 1 日起在湖南省全省范围推行。

二、庇古方案与企业环保责任

　　庇古(Pigou,1920)认为环境外部性的主要问题在于污染企业不考虑(主要是不愿意,同时也有不能够的情形)社会成本,因此他提出可以构建一种机制让企业能够且必须承担环境外部性,即使企业的环境外部性内部化。即用税收手段对污染企业施加一种外部成本,迫使企业考虑并支付污染的社会成本,实现环境污染外部性的内部化,我们称之为庇古税。庇古税是对资源错配的一种半市场化调节机制,成功的关键(也是难点)是尽可能地使税率等于该企业生产单位产品给社会所造成的环境外部损害。庇古税的成功案例主要来自 OECD 成员国,如芬兰在 1990 年开征的碳税、丹麦的生态税与废弃物税、美国的开采税、荷兰的土壤保护税、瑞典的能源税等,都取得了非常好的效果。

　　湖南省政府在 2004 年就出台了《湖南省排污许可证管理暂行办法》,但正式收取排污费是在 2010 年出台《湖南省主要污染物排污权有偿使用和交易管理暂行办法》之后,在长株潭城市群首先开展化学需氧量(COD)、氨氮(NH)、总磷(TP)和重金属等主要污染物排污权的有偿使用。要求污染企业(特别是对火电、采矿、冶炼、造纸、食品等污染大户)在满足环境质量要求的前提下,通过缴纳排污权有偿使用费来获得主要污染物排污权。该税收 2014 年在长沙、株洲和湘潭开始试点征收,2015 年开始在全省全面推广征收。2014 年征收总额为 6250 万元,缴纳率为 93.88%;2015 年征收总额为 1.26 亿元,缴纳率为 90.15%;2016 年征收总额为 1.32 亿元,缴纳率为 87.93%;2017 年征收总额为 1.39 亿元,缴纳率为 86.42%。污染税征收,使企业承担了污染的部分社会成本,并使那些过度开发、生产落后的企业因难以承受污染税收而逐渐被淘汰,在存活下来的企业中形成了一种减少污染、保护环境的企业文化与社会责任。

三、科斯方案与资源配置效率提升

　　总量控制与许可证交易(Cap & Trade)是根据科斯定理设计出来的一种缓解环境外部性的市场机制。科斯(Coase,1960)认为,在产权明晰和交易费用为零(或很小)的情况下,市场主体能通过自发交易解决外部性问题。总量控制与许可证交易的最典型应用案例是欧盟在 2005 年开始运营的碳排放调控体系——欧盟碳汇交易市场。后来成为最大的跨国碳排放交易体系。主要特点包括:一是实施在强制原则下的总量限制与交易模式,每个国家会得到一个初始的碳排放指标配额；二是标准化与开放式的交易过程，构建了全欧统一的交易平台；三是严厉的惩罚机制，在试运行阶段超排 1 吨二氧化碳的罚金是 40 欧元，正式运行阶段提升到 100 欧元且还要从次年起在许可证中减去相应的排放量。至今为止，欧盟碳排放权交易体系是世界范围内碳排放控制领域成效最显著的机制之一。

　　如前文所述，湖南省在 2004 年就建立了排污许可证制度，从 2010 年开始酝酿许可证交易，2012 年成立了湖南省排污权储备交易中心，负责实施排污权交易相关的组织、管理与协调等服务事项，正式开始试水污水排放的总量控制与许可证交易机制。2012 年 3 月 14 日，长沙恰恰食品有限公司从宁乡县新化造纸厂手中以 10000 元/吨的价格购得化学需氧量 12.6 吨，标志着洞庭湖流域水污染物排放交易正式拉开序幕。2012 年水污染物排放许可证总交易额为 41.48 万元，2013 年成交额为 1025.46 万元，2014 年成交额为 266.82 万元，2015 年成交额为 2799.40 万元，2016 年成交额为 3403.46 万元，2017 年成交额为 1082.55 万元。总体上呈波动式上升的趋势。从交易数据可以发现，大部分排放许可证的转出来源为造纸、水泥、印染、煤矿、化工、化肥、冶炼等污染严重行业的中小企业，购买单位大部分为食品、石化、新材料、新能源等行业的大型企业，这与科斯理论关于资源向效率更高单位转移的预期是一致的。

四、内部化方案与空间外部性缓解

　　外部性是指一个经济主体的行为对另一个经济主体产生了影响，但却并没有为此而付费。例如上游企业的生产污染了河流，使下游居民的饮用水源水质变差、居民健康受到负面影响，但企业并没有为此给居民相应的补偿。外部性是河流污染产生、难以治理的又一个主要原因。事实上，河流外部性远比这个简单例子的情况复杂。我们认为，河流外部性至少包括如下三种类型：一是上下游的空间外部性；二是过去、现在与未来之间的时间外部性；三是不同管理职能之间的部门外部性。时间、空间与部门这三种外部性相互交织，使河流污染治理这个老生常谈的话题一直都没有形成一个普遍有效的解决方案。

　　生态补偿机制对水污染的作用机制主要是缓解上下游的空间外部性：将

上下游河流污水转移的外部性内部化,进而从总体上控制河流污染问题。湖南省 2014 年出台《湘江流域生态补偿(水质水量奖罚)暂行办法》,提出了基于"以罚为主、改善优先、适当奖励"原则的"两奖两罚"(水质优质奖励、水质改善奖励、水质劣质惩罚、水质恶化惩罚)。该生态补偿办法将湘江流域中的长沙、株洲、湘潭、衡阳、娄底、邵阳、郴州、永州八市的 42 个主要县市纳入了考核范围。其中,2014 年奖金总额 2997 万元、罚金总额 3500 万元,奖金最多的是永州市 600 万元,罚金最多的是郴州市 1050 万元;2015 年奖金总额 3689 万元、罚金总额 2550 万,奖金最多的是湘潭市 958 万元,罚金最多的是长沙市 1050 万元。

第五章 提升湖区城镇化质量的内生增长机制检验

第一节 洞庭湖区产业发展背景

自古以来,素有"鱼米之乡"美称的洞庭湖区就以农业为主导产业。新中国成立前,洞庭湖区在"三座大山"的长期掠夺和剥削下,国民经济与生产体系基本上处于崩溃的边缘。1949 年,湖南全省地区生产总值仅为 17.65 亿元,全年人均生产总值仅为 59 元;其中,农业总产值占比高达 80%,工业和服务业总产值仅分别占 10%。新中国成立以后,在毛主席的直接关怀下,洞庭湖区经济社会发展面貌开始焕然一新,一张工业化的蓝图在洞庭湖区徐徐展开。后来,在洞庭湖区先后形成了长沙、株洲、湘潭、岳阳、衡阳和常德等工业强市。

一是长沙经过战略性调整建设成了以重型机械、汽车配件为主导产业的现代化工业城市。在新中国成立初期,长沙工业虽然属全省前列但其基础也非常薄弱,主要以纺织、印染、花炮和日用化工等轻工业为主。改革开放以后,长沙市政府整合了原来的长沙重型机器厂、湖南动力机厂、长沙电机厂、长沙汽车电器厂等企业,在长沙县星沙镇成立了长沙经济开发区。2000 年 2 月,该开发区被国务院批准为国家级经济技术开发区,并逐步形成了以三一重工、中联重科为龙头的重型机械产业集群,和以大众汽车为龙头的完整汽车配件产业集群。长沙也因此被称为当代中国的"力量之都"。

二是株洲厚积薄发形成了以动力机车、有色冶炼为主导的重工业城市。

株洲不但交通便利，接近铅、锌、锰、煤、铁等矿石产地，并且气候、水文、地质等条件优越，新中国一开始就将株洲划定为重点建设的新兴工业城市之一。"一五"时期，国家将苏联援建的156个重点项目中的4项（株洲硬质合金厂、南方动力机械公司、株洲电厂和株洲洗煤厂）安排在株洲建设；随后，又在株洲安排兴建了株洲冶炼厂、株洲化工厂、株洲电力机车厂（中国中车前身）、株洲车辆厂、株洲玻璃厂、株洲苎麻纺织印染厂、株洲选矿药剂厂、株洲塑料厂等20多个国有工业企业。株洲也由此逐渐成长为洞庭湖区的新兴工业城市和经济增长发动机，至今还推动着湖南工业化进程不断前进。

三是同时建设以钢铁、建材为主导的湘潭，以采掘、冶炼为主导的衡阳，以炼油、化工为特色的岳阳和以卷烟、火电为主导的常德等若干主要工业城市。从"三五"时期到"文化大革命"结束这段时间是全国经济社会动荡时期，洞庭湖区的工业经济增长也非常缓慢。不过，湖区人民在风雨飘摇中建立了岳阳化工总厂、长岭炼油厂、湘江氮肥厂、资江氮肥厂、洞庭氮肥厂等一批大型骨干企业。同时，还包括始建于1955年、出品全国知名"芙蓉王"香烟的常德卷烟厂。改革开放后，更是建成了大唐、华电、华能和华润等大型火力发电厂。

洞庭湖区一批工业城市的崛起，支撑起了该地区的快速工业化进程，推动了洞庭湖区三次产业结构的演进。如图5-1所示，洞庭湖区的工业化进程可以分为三个阶段。第一个阶段是1949—1960年的迅速形成期（"一五"和"二五"时期），该阶段工业化的特点从无到有快速奠定了工业基础，1949年三次产业的比例为80：10：10，到1960年为25：55：20；工业总产值由1.77亿元增长为62.58亿元，年均增长率高达34.6个百分点。第二个阶段是1961—1977年的曲折发展期（"三五"和"文化大革命"时期），该阶段工业化先大幅倒退然后有所回升，三次产业比例在1968年一度回落到47：35：18。第三个阶段是1978—1993年的提速发展期（改革开放初期），第二产业产值年均增长速度为16%，在三次产业中的比重保持在55%左右。第四个阶段是1995—2011年的快速增长期，第二产业产值年均增长速度达到18个百分点，三次产业结构升级为9：65：26。第五个阶段是2012年至今的新型工业发展期，第二产业年均增长率为7.5个百分点，在三次产业中的比重回落到61%，三次产业比重依次进一步优化为8：61：31。

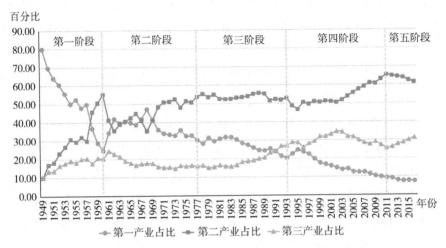

图 5-1　新中国成立以来洞庭湖区三次产业比重演进轨迹

　　下图给出了工业总产值及其重工业和轻工业比例的变化情况。如图所示,新中国成立以来洞庭湖区重工业与轻工业占比历经了一个完整的剪刀型发展过程。在新中国成立初期,洞庭湖区工业基础薄弱,其中主要以简单的纺织、印染、造纸和花炮等轻工业企业为主,重轻工业比例为 15∶85。而新中国成立以后的重工业优先发展战略彻底改变了洞庭湖区的工业格局,重工业在工业部门中的比重一路上升,并在 1978 年上升到 61% 的历史最高水平(就1997 年以前来说确实是这样)。改革开放以后,工业总产值历经了真正意义上的快速增长,重工业比重也基本保持在 55% 左右的水平。这表明,在洞庭湖区重工业是工业部门的主导产业。而这也成为给洞庭湖区水生态文明带来巨大挑战的最主要原因,因为粗放的重工业比粗放的轻工业带来的资源消耗和环境破坏更加严重。

　　快速工业化直接驱动了洞庭湖区的城镇化进程,然而我们注意到,这似乎是一个十分粗放的发展过程。参考 2008 年环境保护部(现今生态与环境部)在《上市企业环保核查行业分类管理名录》中划定的八大严重污染行业:采掘业、纺织服装皮毛业、金属非金属业、石化塑胶业、食品饮料业、水电煤气业、生物医药业和造纸印刷业;以及 2015 年国务院公布的《水污染防治行动计划(水十条)》划定的对水生态文明威胁最大的十大行业分别为:造纸、焦化、氮肥、有色金属、印染、农副食品加工、原料药制造、制革、农药和电镀。我们发现在新中国成立前，洞庭湖区工业就基本以轻纺、印染、造纸和日用化工等传统型污染企业为主，例如长沙的纺织厂、株洲的印染厂等等；由于那时污染企业数量还比较少，因此对洞庭湖区水生态文明造成巨大威胁的是后来不断新建的数量庞大的现代型污染企业。

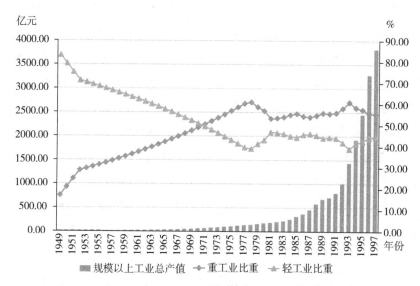

图5-2 新中国成立以来洞庭湖区重、轻工业比重演进过程①

一方面，新中国头三十年（主要包括"一五"、"二五"规划等重点建设项目）筹建的以矿产采掘、火力发电、有色金属冶炼、钢铁建材、化工炼油、化肥农药、食品加工、药材制造等为主的重工业部门，成为洞庭湖区生产性水污染的主要来源。如株洲的清水塘工业区，其主要以火力发电、有色金属冶炼、化工提炼三个行业为主，它们长期直接排放大量二氧化硫废气，以及镉、铅、砷、汞等重金属污染物浓度极高的工业废水，对周边居民的生产生活造成了噩梦般的影响，不但对辖区内各水塘、港口、支流造成了严重的污染，更是对整个湘江中下游和洞庭湖造成了60多年来难以治理的全流域重金属污染积累，至今也没有更好的办法能完全消除其影响。类似的还有岳阳的化肥、炼油和化工

① 由于统计口径在1997年发生变化，之后的重工业、轻工业增加值缺失。

业,娄底涟源和湘潭的钢铁制造业,以及娄底冷水江的煤炭采掘、金属采掘、有色冶炼等等企业。

另一方面,改革开放以后洞庭湖区通过各种投资方式筹建了一大批包括火力发电、水泥生产、金属采掘、食品加工、药材生产等重度污染的企业。其中包含了不少大型上市企业,更是包含了大量中小型、微型企业,甚至是家庭作坊,它们的一个共同特征是对洞庭湖区水生态文明形成了巨大的负面影响。大企业如衡阳耒阳和常德临澧先后筹建的大唐、华电、华润等大型火力发电厂,密集分布在衡阳、株洲、永州、长沙、岳阳各地河流沿岸的南方水泥、海螺水泥、华新水泥、红狮水泥等水泥生产工厂。中小企业如散布在湘西和湘西南的各种煤矿、铁矿、稀土矿、锰矿、锑矿企业,特别是如常德石门雄黄矿虽然已有一千多年的开采历史,但几经改制的雄黄矿业、雄黄化工公司更加粗放和无约束的开采使矿区周边形成了多个“癌症村”。另外,对水生态环境造成严重破坏的还有邵东县密集的药材加工企业、花垣县的众多锰矿采掘企业、洞庭湖周边大量的食品加工企业等等。这些污染企业给洞庭湖区的河流湖泊造成了立体式、全方位的高密度污染,最终导致了湖区河水质量的连年下降。

第二节　内生技术进步提升城镇化质量的理论假设

一、节能减排与城镇化质量

洞庭湖区在国家节能减排计划的背景下,及时制定了适宜本地的实施计划,从 2007 年开始正式启动严厉的节能减排政策,淘汰了一大批小规模、高污染的工业企业。以废水排放大户造纸行业为例,2007 年全湖区共有造纸企业834 家,纸产品产量占全国 3.4%,在全国排名第八。其中,52% 的造纸企业密集地分布在环洞庭湖区,此外上游的邵阳、怀化和永州也有较多的分布。这些企业规模小、数量多、装备落后、技术薄弱,直接后果就是企业水耗高、能耗高、物耗高、污染重。经过多年整顿,2017 年底全湖区造纸企业下降为 436 家,近50% 小型造纸企业被取缔。类似的情况还发生在水泥产业、印染和食品制造等行业。由此,洞庭湖区万元 GDP 用水量从 2001 年的 882 吨,下降到 2015

年的 139 吨;河水质量从 2001 年的 62 分,上升到 2015 年的 83 分。

假设 5.1:作为水生态文明建设的重要举措,节能减排能通过末位淘汰倒逼企业污水处理技术进步,减少污水排放的数量和强度,从而提升城镇化质量。

二、新型工业化与城镇化质量

新型工业化战略早在 2006 年就在洞庭湖区推行,湖南省委在全省第九次党代会提出了"一化三基"发展战略,其中核心就是"一化"——新型工业化。2010 年,湖南省委又在全省第九届十中全会上提出"四化两型"发展新战略,新型工业化仍然是其中的重点。除了在国家一至八批试点中共有 15 个城市(开发区)加入试点计划以外,湖南省还在 2012 年启动了第一批湖南省新型工业化产业示范计划,共有 20 个城市(开发区)加入了该试点计划。这个试点计划通过传统产业的转型升级,极大推动了洞庭湖区的新型工业化、水生态文明,从而提升了城镇化质量。以传统的采掘业为例,2001 年全省煤炭、黑色与有色金属等原料采掘业的国有和集体企业在岗职工数共 119543 人,占全行业职工总数的 4.17%;2015 年全省原料采掘业国有和集体企业在岗职工数下降为 29403 人,仅占全行业职工总数的 1.67%。新型工业化淘汰了落后产能,升级了产业形态,减少了废水、废气和废渣的排放,提升城镇化质量。

假设 5.2:作为水生态文明建设的重要举措,新型工业化能有效淘汰落后产能、引导企业生产技术进步,使其主动转型为高效率、低排放的新型工业企业,从而提升城镇化质量。

三、农业现代化与城镇化质量

作为传统农业大省,湖南省的农业现代化建设也启动得比较早。2003 年,湖南省政府就启动了农业现代化的试点工作,将长沙县、浏阳市、汨罗市、攸县和醴陵市作为农业农村现代化的试点城市。其中,建设情况领先的是长沙县。长沙县按照"南工北农"的产业分工与布局,于 2009 年成立"现代农业创新示范区管委会",统一负责实施土地流转、现代农业、城乡统筹、美丽乡村和农民创业等项目,并于 2010 年正式被国家认定为第一批国家现代农业示范区。仅 2016 年,该示范区新引进现代农业建设项目 7 个,引进农业招商新签约资金 23.2 亿元,在整个国内都处于领先水平。另外,汨罗市在打造现代农业产业集群、规模农业与生态农业方面做得比较好,浏阳市则在精细农业、休闲农业和品牌农业方面做得有声有色。其他国家级试点还包括:汨罗市、常德市、益阳市、华容县和冷水滩市等 15 个县市。

假设 5.3:农业现代化能促进管理技术进步,严控农药化肥使用、科学管理禽畜饲料与粪便,降低农业面源污染,从而提升城镇化质量。

四、生态旅游业与城镇化质量

洞庭湖区的低碳与生态旅游也得到了较多的重视。其主要的做法包括:一是将旅游产业与水资源、水生态以及水文化结合起来,以保护促进建设、以建设提升保护,使水生态文明与旅游产业形成协同发展的良好局面,特别是如望城等洞庭湖畔的城镇,围绕水要素形成了一大批水上生态旅游项目、观光休闲项目等等,真正做到了将水要素生态旅游化;二是通过控制景区游客人数,提升景区的卫生间、垃圾桶、文明提示等生态基础设施,最大程度降低游客对大自然的干扰;在这一方面做得比较好的如张家界和资兴东江湖,做得比较差有长沙市橘子洲头景区,因卫生间问题被国家旅游局取消了 5A 级景区的称号;三是禁止景区酒店、餐馆提供一次性用品,提倡游客自带生活用品。这一政策在张家界已经试点了多年,并取得了较好的效果。

假设 5.4:生态旅游业通过服务技术进步,增加了亲水程度、缓解了废水排放和垃圾处理难题,对水生态资源起到保护作用,从而提升城镇化质量。

第三节　模型构建与数据

一、模型构建

根据以上四条假设,我们拟设计如下 DID 基准模型:

$$urbq_{it} = c + \beta_1 Ener_{it} * Po_{it}^{11} + \beta_2 Indn_{it} * Po_{it}^{12} + \beta_3 Argn_{it} * Po_{it}^{13} + \beta_4 Turr_{it} * Po_{it}^{14} + \mu$$

其中，$urbq$ 为城镇质量，$Ener$ 为能耗量，Po^{11} 为节能减排以后，$Indn$ 为新型工业化试点，Po^{12} 为新型工业化试点以后，$Argn$ 为农业现代化试点，Po^{13} 为农业现代化试点以后，$Turr$ 为拥有高等级生态与文化旅游资源，Po^{14} 为拥有高等级生态与文化旅游资源以后，i 表示县域，t 表示年份。

值得注意的是，各试点政策基本上都是分不同批次在不同的时间实施的，因此我们考虑直接使用叉乘后的数据更为方便。即：

$$urbq_{it} = c + \beta_1 Ener\_Po_{it} + \beta_2 Indn_{it}\_Po_{it} + \beta_3 Argn_{it}\_Po_{it} + \beta_4 Turr_{it}\_Po_{it} + \mu$$

其中，$Ener\_Po_{it}$ 表示节能减排实施以后的能耗量，$Indn\_Po_{it}$ 表示新型工业化试点且政策实施以后，$Argn\_Po_{it}$ 表示农业现代化试点且政策实施以后，$Turr\_Po_{it}$ 表示拥有高级别生态与文化旅游资源以后。

同时，参考城镇化质量相关研究文献及课题组的实践认识，模型拟从地理区位、水文条件、人口规模、经济状况与政府投入五个方面来控制除兴趣变量以外的其它重要变量，这些变量都对湖区城镇化质量有重大影响。

一是地理区位对城镇化质量具正向影响。在人口、经济等条件得到控制的条件下，城镇离行政中心更近一些，可能会因资金、信息和关注度更容易获取而对城镇化质量产生全方位的影响，从而提升城镇化质量。

二是水文条件对城镇化质量具有正向影响。在人类活动、经济生产等条件不变的情况下，水越多，则污染的自我降解能力会更强，因此对城镇化质量会有正向的影响。另一方面，水是万物之源，人们自古择水而居，人们普遍认为"有水则有灵气"，因此水的数量增加本身就能提高人们对城镇的满意度。

三是人口规模对城镇化质量具有正负双向影响。城镇因人而兴，人气不足的城镇我们常常称之为"鬼城"，即人口数量的增加能产生正的外部性，让生产更容易、让生意更好做、让生活更美好，这可能是城镇之所以产生并发展壮大的要义之一。然而，人口规模过大、密度过高同时还会带来生活污水和垃圾处理困难等负的外部性。因此，一个城市人口规模过分扩张会明显降低城镇化质量。考虑到该变量的双向影响，我们同时还加入该变量的二次项，这样，可以估计得到到底是正效应强还是负效应大的基本判断。

四是经济状况对城镇化质量的影响也具有正负双向的影响。一方面，经济（包括生产、收入、消费）水平越高，其对环境产生的负面影响就越大，水资源、环境与生态的压力也越大,湖区的城镇化质量就有可能越低;另一方面,经济活动水平进一步提高,则人们的环保意识越强、人们愿意花更多的钱去保护环境(Willing to pay),因此城镇化质量也会出现拐点然后逐步提升。考虑到该变量的双向影响,我们同样还要加入该变量的二次项。

五是政府投入能直接提升城镇化质量。湖区城镇化质量降低的主要原因是水生态文明的破坏,这与水资源与环境的公共性有很大的关系,这就决定了保护与建设水生态文明必须以政府看得见的手为主导。而这在很大程度上取决于政府投入能力的大小,因此政府投入能直接影响城镇化质量。

这样,我们就得到最终的计量模型:

$$urbq_{it} = c + \beta_1 Ener\_Po_{it} + \beta_2 Indn_{it}\_Po_{it} + \beta_3 Argn_{it}\_Po_{it} + \beta_4 Turr_{it}\_Po_{it}$$

$$+ \alpha_1 Log(dist + 1) + \alpha_2 Log(wata) + \alpha_3(^L og(popu))2 + \alpha_4 Log(popu)$$

$$+ \alpha_5(^L og(cons))2 + \alpha_6 Log(cons) + \alpha_7 Log(expd) + \mu$$

二、数据来源与统计描述

本检验模型使用 2001—2015 年洞庭湖区 101 个县市 10 项平衡面板数据,主要来源于相应年份的《湖南统计年鉴》《湖南农村统计年鉴》和《湖南省水资源统计公报》以及国家及湖南省各职能部门的网络版公文。下面,我们对表 5-1 所示的十项数据进行逐一详细说明。

(1)城镇化质量 urbq。该数据为上一章城镇化质量评价的结果数据,在本章作为重要因变量而直接使用,以检验其如何受各种因素的影响。

(2)节能减排 ener_po11。该数据为节能减排政策是否实施得力的哑变量。若 ener_po11 = 1 表示该县市的综合能耗量低于中位水平,节能减排实施得力,反之 ener_po11 = 0。该项数据从 2008 年政策实施后开始公布。

表 5-1　本计量模型相关指标的统计性描述

		含 义	年 份	最大值	最小值	平均值	标准差
因变量							
Urbq	城镇化质量		2001	35.4710	4.9271	19.1092	5.5581
			2015	71.6314	27.6016	43.6481	7.6167

	含　义	年　份	最大值	最小值	平均值	标准差
兴趣变量						
Ener_po11	节能减排努力	2008	1.0000	0.0000	0.5050	0.5025
		2015	1.0000	0.0000	0.5050	0.5025
Indn_po12	新型工业化	2011	1.0000	0.0000	0.0495	0.2180
		2015	1.0000	0.0000	0.2277	0.4215
Argn_po13	农业现代化	2001	1.0000	0.0000	0.0495	0.2180
		2015	1.0000	0.0000	0.1683	0.3760
Turr_po14	生态文化旅游	2001	1.0000	0.0000	0.0714	0.2589
		2015	1.0000	0.0000	0.4059	0.4935
控制变量						
Log(Dist+1)	与省会的距离	2001	2.7501	0.0000	2.4139	2.1208
		2015	2.7501	0.0000	2.4139	2.1208
Log(Wata)	地表水面面积	2001	5.1121	1.6117	3.7586	4.1573
		2015	5.1121	1.6117	3.7586	4.1573
Log(Popu)	城镇人口规模	2001	2.2571	0.4800	1.2710	1.3556
		2015	2.5086	0.7490	1.5347	1.5702
Log(Cons)	人均社零消费	2001	4.1741	2.6873	3.3010	3.3054
		2015	4.9063	3.5263	4.1247	4.0376
Log(Expd)	财政支出规模	2001	5.5555	3.7276	4.4675	4.6115
		2015	6.4619	5.0218	5.5826	5.4801

注:大部分数据按数据不全为零的年份开始统计描述。

（3）新型工业化 Indn_po12。该数据为 2011 年开始分批次进行的新型工业化试点实施的哑变量,包括国家级和省级试点。若 Indn_po12 = 1 表示该地区在该年份已经成为国家级或省级新型工业化试点城镇,反之,Indn_po12 = 0。

（4）农业现代化 Argn_po13。该数据为 2003 年开始分批次进行的农业现代化试点实施的哑变量,包括国家级和省级试点。若 argn_po13 = 1 表示该地区在该年份已经成为国家级或省级农业现代化试点城镇,反之,argn_po13 = 0。

（5）生态文化旅游 Turr_po14。该数据为 2001 年开始的高等级生态与文化旅游资源哑变量,包括国家 5A 级和 4A 级景区。若 turr_po14 = 1 表示该地区在该年份已经拥有国家 5A 级或 4A 级生态文化旅游景区,反之,turr_po14 = 0。

（6）与省会城市距离的对数 Log(Dist+1)。如前所述,与省会中心城市的距离会影响城镇化质量。本文使用了百度地图对各县市政府到省会城市省政府之间驾车最短交通距离作为代理变量,并对其进行了取对数。这里为使省会城市本身的该项数值也可以取对数,对所有县市的数据整体右移一个单位,以在不影响整体方差分布的情况下解决不能取对数的问题。还要指出的是,这项数据是不随时间的变化而变化的,即每年距离都是一样的。

（7）地表水面面积的对数 Log(wata)。该数据同样使用百度地图进行测定,不过该项数据的结果是一个大概数而非精确数。具体做法是利用"测距"工具测量各县市境内的河流长度与平均宽度然后估算其面积,但是由于河流湖泊的形状不规则,因此估算的面积会有不少误差。尽管如此,还是能够大概测定具体县市的基本水文条件。由于该项数据的重要性,我们还是接受这项不那么精确的数值。同时还要指出的是,该项数值同样是不随时间变化的。

（8）城镇人口规模的对数 Log(popu)、人均社零消费额的对数 Log(cons)和财政支出规模的对数 Log(cons)。这三项数据直接来源于《湖南统计年鉴》,数据是连续和一致的,没有其他需要注意的问题。

第四节　计量结果与结论

在给出计量检验结果之前,有必要先说明一下本研究的计量检验策略。我们建模的主要目的是考察包括新型工业化、农业现代化、生态与文化旅游服务业和节能减排力度等产业转型升级措施对洞庭湖区城镇化质量的具体影响。针对以上四个方面,我们可以分别找四个代理变量,简单地使用多元线性回归,得到的回归系数即为各产业升级政策措施对城镇化质量的边际贡献。事实上,影响城镇化质量的因素远不止我们这里提到的四个方面。这个简单模型忽略了重要变量,因而存在严重的内生性问题,由此得到的回归结果也必定是有偏差的。我们采取了如下两个措施来缓解这个问题,以得到更可靠的回归结果。

　　一方面是对可观测因素,我们尽可能多地采集相关数据将其作为控制变量进入模型估计。本研究认为,地理区位、水文条件、人口规模、经济水平和政府投入都是影响城镇化质量的重要方面,并且这些数据都是可以获取的,因此应该对它们进行控制。其中,地理区位、人口规模和政府投入都是可以直接观测到的;水文条件和经济水平则属于不能直接观测的变量,我们分别采用水面面积和人均社零消费额变量对其进行代理。经过这几个方面的控制,可以在较大程度上减轻可观测因素遗漏导致的内生性,模型结果也更接近真实值。

　　另一方面是对不可观测因素,我们采用双重差分方法进行处理。不可否认这五个方面对城镇化质量有重要影响,但我们远不能说已经控制了全部重要因素,因为还有许多重要因素是我们完全不可观测,甚至无法想象到的。不过对这类不可测因素,我们也并不是无能为力,其中工具变量和多重差分等方法就是专门为解决这类问题而出现的。综合考虑各方面原因,本研究采用了在政策研究中应用比较广的多重差分方法来处理不可测因素带来的内生性问题。其基本思路是:对政策实施前后进行第一次差分,然后对有无政策试点的相似区域(有政策试点的为处理组,无政策试点的为对照组)进行第二次差分,这样就可以将不可测因素的影响从结果中差分掉。本研究使用的新型工业化、农业现代化试点和生态文化旅游资源数据刚好符合这一双重差分的要求,而节能减排数据我们也按照这一要求依据强弱进行分组,形成了处理组和对照组数据。不过,使用双重差分法时还需要注意,所选对照组与处理组在政策实施前的发展趋势要基本一致。本研究将针对时间趋势一致性问题,在后面给出相应的检验。

一、总体与分项计量结果

面板数据回归有双随机效应、混合效应和双固定效应三种模型设定可以选择,如对数据没有太多把握,一般要先做 Hausman 检验,从统计意义上看哪种设定更加可取。正如 Hausman 所说,任何的检验都不能保证绝对的正确,但事实上并不是所有的模型都需要在这三种模型中进行非此即彼的选择,特别是当这三种模型设置得到的结果差别不大的时候,复杂的检验与模型选择就显得更加多余了。因此,本研究同时使用三种模型设置进行回归,除非结果差别非常大,否则我们选择一般认为更加可靠的固定效应模型。

还有许多计量经济学学者跳出技术层面,从更高的理论需求层面来看这个问题。他们认为,当我们想用一个抽样数据来反推总体样本的结论时,我们要尽量使用随机效应模型设置,也即表明我们的样本虽然小、但属于随机抽样,因此具备代表总体特征的功能,所以回归结论是无偏的;否则就是用一个特异性小样本来代表总体,结论显然是站不住脚的。所以当数据本身就是总体,就没有必要使用随机效应模型,而考虑了样本异质性的固定效应模型可能才是最好的选择。本研究的数据恰好是洞庭湖区 101 个县市的全体样本数据,因此从这个层面考虑,我们确实应该更偏向于选择固定效应模型。

根据以上分析,我们首先基于洞庭湖区总体数据,运用双随机效应模型、混合效应模型和双固定效应模型三种不同设置,对产业升级提升城镇化质量的边际贡献进行双重差分计量回归。每一组回归都包括单纯的双重差分结果,以及包含控制变量的双重差分结果。需要特别说明的是,由于与省会城市的距离和地表水水面面积不随时间变化,因此控制变量 Log(dist+1) 和 Log(wata)在双向固定效应模型中与个体固定效应部分会产生完全共线性的问题,因此为实现双向固定效应我们不得不剔除这两个控制变量。如上所述,表5-2 的结果告诉我们双向随机效应模型、混合效应模型和双向固定效应模型的结果没有根本性区别,因此我们可以直接从这几组回归结果中解读到如下几个方面重要信息。

一是产业升级过程中的新型工业化试点,在总体上看能显著地提升洞庭湖区的城镇化质量。在其他条件不变的情况下,新型工业化试点县市比非试点县市的城镇化质量综合表现要平均高 3.4 分左右。以长沙县为例,2001 年城镇化质量得分为 21.72 分(全湖区排第 95 名,倒数第 6 名),此后一直推行新型工业化战略,并于 2013 年获批国家级新型工业化试点城市,2015 年城镇化质量得分上升为 57.19 分(全湖区排第 5 名)。与此同时,新型工业化试点取得较好效果的还有长沙市(城镇化质量排名上升 82 名)、岳阳市(排名上升 81 名)、宁乡县(排名上升 53 名)和株洲市(排名上升 47 名)等等。

二是产业升级过程中的节能减排行动,在总体上看也能显著地提升洞庭湖区的城镇化质量。在其他条件不变的情况下,节能减排力度前 50% 县市比后 50% 县市的城镇化质量综合表现要平均高 2.7 分左右。例如,资兴市 2008 年的综合能耗是 143.88 吨标准煤/万元 GDP,经过节能减排措施后 2015 年综合能耗降到了 7.66 吨标准煤/万元 GDP,年均减少 34 个百分点。其城镇化质量也由 2008 年的第 4 名(35.92 分),上升到 2015 年的第 1 名(71.63 分)。与资兴市情况类似的,还有岳阳市、望城县和常德市等县市。而娄底市 2008 年的综合能耗是 329.30 吨标准煤/万元 GDP,由于节能减排不得力,2015 年综合能耗升至 451.35 吨标准煤/万元 GDP,其城镇化质量也由 2008 年的第 30 名(20.96 分),下降到 2015 年的第 81 名(36.44 分)。类似的还有醴陵市、新化县和安化县等。

表5-2 产业升级提升城镇化质量的双重差分计量结果

	双向随机效应		混合效应		双向固定效应	
	(1—1)	(1—2)	(1—3)	(1—4)	(1—5)	(1—6)
C-term	25.0487*** (0.6319)	54.2017*** (15.2087)	26.4787*** (0.2130)	91.3542*** (15.3063)	26.3255*** (0.2213)	108.5453*** (15.3891)
Ener_po11	5.0523*** (0.5088)	2.1175*** (0.4808)	2.1045*** (0.4813)	1.8822*** (0.4724)	2.4318*** (0.5005)	2.2357*** (0.4942)
Indn_po12	6.1629*** (0.7338)	4.2418*** (0.7173)	3.8227*** (0.6541)	2.9942*** (0.6931)	4.1487*** (0.6634)	3.4275*** (0.7065)
Argn_po13	1.6348 (1.0449)	-0.0654 (0.9544)	-0.4150 (0.9217)	-0.3029 (0.9089)	-0.5155 (0.9954)	-0.8489 (0.9960)
Turr_po14	2.7076*** (0.2523)	1.6736*** (0.2555)	1.8508*** (0.2245)	1.6282*** (0.2427)	1.9654*** (0.2466)	1.4877*** (0.2625)

续表

	双向随机效应		混合效应		双向固定效应	
	（1—1）	（1—2）	（1—3）	（1—4）	（1—5）	（1—6）
Log(Dist+1)		3.6292*** (0.6497)		1.8590*** (0.6496)		
Log(Wata)		0.6018* (0.3545)		0.5637* (0.3366)		
Log(Popu)^2		-1.3280*** (0.3525)		-0.6484* (0.3394)		-0.8903** (0.4128)
Log(Popu)		4.8353** (2.0407)		3.1588 (1.9461)		7.9775*** (2.3932)
Log(Cons)^2		1.8872*** (0.2232)		1.3003*** (0.2230)		1.5971*** (0.2381)
Log(Cons)		-27.7205*** (3.8806)		-22.2919*** (3.8000)		-27.5098*** (4.0901)
Log(Expd)		3.9965*** (0.4129)		1.0769* (0.5775)		1.7623*** (0.6289)
R^2	0.1910	0.4233	0.6033	0.7460	0.8058	0.8126
No. of Obs.	1515	1515	1515	1515	1515	1515

注：***、**和*分别表示结果在1%、5%和10%的水平下显著。

三是产业升级过程中的生态与文化旅游资源开发，在总体上显著地对城镇化质量产生了积极影响。在其他条件不变的情况下，新增了一个国家4A级生态与文化旅游资源，提升城镇化质量1.3分左右；新增了一个国家5A级生态与文化旅游资源，提升城镇化质量2.6分左右。以望城区为例，2001年没有任何4A及以上生态与文化旅游资源，不过在随后的2005年将雷锋纪念馆建设成首个国家4A级旅游景区，在2011年又新增了靖港古镇和黑麋峰国家森林公园两个4A级旅游景区，2015望城区千龙湖生态旅游风景区成为首个亲水型国家级4A旅游景区。此外，望城区还有更多3A、2A、1A以及暂无级别的生态旅游资源。由此，望城区的城镇化质量也由2001年的15.66分（全湖区排第86名）快速上升到2015年的58.05分（全湖区排第3名）。不过要引起重视的是，湘西凤凰县在2009年新增了3个国家4A级景区，但其城镇化质量得分却从2008年的39.63分下降到2015年的36.50分，排名更是下降了63位之多。

四是产业升级过程中的农业现代化试点,意外地对城镇化质量产生了负面影响,但该结果从总体上看尚不显著。一方面,部分农业现代化试点县市的城镇化质量确实提高了,例如,早在2003年就开始成为省级农业现代化试点县市的长沙县、浏阳市和汨罗市的城镇化质量就提升得非常快,分别提升了90、85和62位之多。另一方面,更多试点县市的城镇化质量却是下降的,例如,同为试点县市的醴陵市在2001至2015年间城镇化质量排名下降了2位、靖州县下降了10位、湘潭市和攸县下降了11位、衡南县下降了12位、桃源县下降了32位、洞口县下降了39位、汉寿县下降了40位、岳阳县下降了42位、临武县下降了49位,益阳市更是下降了62位之多。

另外,各项控制变量的基本结果是:(1)与预期不同的是离省会城市距离越近,城镇化质量反而显著越低;虽然近几年来长株潭及其周边部分县市的城镇化质量提升速度非常快,但这仅限于长株潭三市及其北部的长沙县、望城区、浏阳市、宁乡市、汨罗市等少数几个县市,处于南部的大部分县市城镇化质量仍然低下,这表明从近15年总体来看,以长株潭为洼地的城镇化质量分布格局没有得到根本的改变;(2)与预期一致的是水面面积越大,城镇化质量都会显著性地提高;(3)城镇人口规模与城镇化质量间没有呈现预期的倒U型关系,倒是略微出现正向促进关系,但该结果不是十分显著;(4)消费水平与城镇化质量的关系与预期完全一致,呈现显著的U型关系;即人均消费水平还处于较低阶段时,消费水平的提高会显著降低城镇化质量,当消费水平处于较高阶段时,消费水平的提高则能提升城镇化质量。值得注意的是,由于本文未区分地级城市、县级城市与县城,因此(4)涉及的极值数据没有太多的经济含义和实际指导意义,故在此不做具体的计算。

二、分项计量结果

为了更深入了解产业升级是如何影响城镇化质量,我们将城镇化质量三个子系统的得分作为因变量进行双向固定效应的双重差分计量,得到如表5-3所示的四组分项计量检验结果。

表 5-3　产业升级提升城镇化质量的分项计量结果

	城镇化质量综合效益(1—6)	生产与经济效益(1—7)	生活与社会效益(1—8)	生态与环境效益(1—9)
Ener_po11	2.7098*** (0.5121)	2.8592*** (0.6262)	-0.6819** (0.3221)	1.1365 (1.0206)
Indn_po12	3.4103*** (0.7043)	3.6671*** (0.8613)	-0.6217 (0.4429)	1.2721 (1.4037)
Argn_po13	-1.2190 (0.9922)	-1.7602 (1.2133)	-1.3247** (0.6240)	1.4424 (1.9775)
Turr_po14	1.3119*** (0.2644)	0.2083 (0.3233)	-0.5711*** (0.1663)	0.5272 (0.5269)
C-term	Yes	Yes	Yes	Yes
Control Vars	Yes	Yes	Yes	Yes
Year-fixed effect	Yes	Yes	Yes	Yes
Reg-fixed effect	Yes	Yes	Yes	Yes
R^2	0.8136	0.8124	0.8609	0.6471
No of Obser.	1515	1515	1515	1515

注:***、**和*分别表示结果在1%、5%和10%的水平下显著。

如表所示,我们可以发现:包括节能减排、新型工业化、农业现代化与生态文化旅游资源保护开发在内的产业升级机制主要是通过提升生产与经济效益,从而提升城镇化质量的。其中的内在机制就包括淘汰以采掘业等高污染产能、降低万元GDP的用水量等等。另一方面,产业升级机制对生活与社会、生态与环境的正向促进作用还未充分体现出来。其中,产业升级对生态环境的正向促进作用还不够显著,而对生活与社会效益甚至存在一定的阻滞作用。原因可能包括,一是产业升级对人们的生活用水量基本没有起到作用,而是对城乡收入差距的影响更是为负。这是因为对农村地区产业大部分属于污染强、高排放的传统产业形态,节能减排任务基本上直接杀死了这些产业形态,极大地影响了农村地区的经济根基,同时生态补偿机制与力度都还没有建立和跟进,因此农村收入差距拉大就成了必然的结果,进而对城镇化质量产生了部分不利影响。

三、共同时间趋势检验

如前文提到,双重差分估计方法有一个重要的前提假设,即对照组与处理组必须具有共同的时间趋势项,才能保证估计参数的无偏性。这个假设事实上很好理解:自然科学实验中处理组与对照组在绝对水平、发展趋势方面均可以做到完全一致,它们的区别就是处理组受到了人为干预、而对照组没有受到人为干预;但社会科学中无法做到完全一致,因此退而求其次地要求处理组与对照组的发展趋势必须一致,在绝对水平被二次差分处理掉的情况下仍然是可以保证参数估计是无偏和干净的——仅包含人为干预措施对实验对象的影响。

首先,我们来看节能减排政策实施前处理组与对照组的时间趋势情况。在洞庭湖区,节能减排政策是从 2008 年开始实施的。因此,我们统计了2001—2007 年处理组——50 个"节能减排力度相对大"县市,和对照组——51 个"节能减排力度相对小"县市的城镇化质量发展趋势(如图 5-3)。

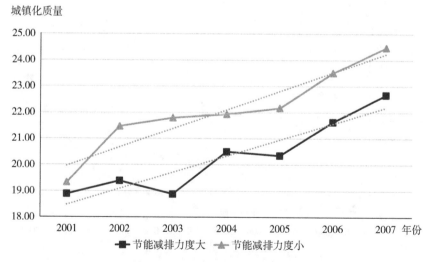

图 5-3　节能减排试点前处理组与对照组的时间趋势

可以清晰看到,节能减排力度相对较大的 50 个县市在政策实施前,其城镇化质量水平比对照组 51 个县市要低不少,显然对照组与处理组的水平差异比较大。不过值得庆幸的是,我们发现这两个组的城镇化质量在 2001—2007 年的发展趋势是高度一致的。因此我们认为,对照组与处理组虽然存在较大水平差异,但具有共同时间趋势,使用二次差分可以得到"干净""无偏"的参数估计。

其次,我们来分析新型工业化政策实施前处理组与对照组的时间趋势情况。新型工业化在洞庭湖区试点是在较晚的 2012 年。因此,我们统计了 2001—2011 年处理组——23 个新型工业试点县市,和对照组——88 个非试点县市的城镇化质量发展趋势见图 5-4。可以看到,新型城镇化试点县市在政策实施前的城镇化质量水平比对照组要低不少。不过,我们发现这两个组的城镇化质量在 2001—2011 年的发展趋势是基本一致的。也即,我们认为对照组与处理组虽然存在较大水平差异,但因其具有基本类似的时间趋势,因此使用二次差分可以得到相对"干净""无偏"的参数估计。当然,这一趋势与节能减排政策两个组的时间趋势相比,相似的程度是有所下降的,特别是当我们取相对短的观察期,这一共同趋势是相对脆弱的。因此,我们认为节能减排的参数估计相对新型工业化来说会更加干净。

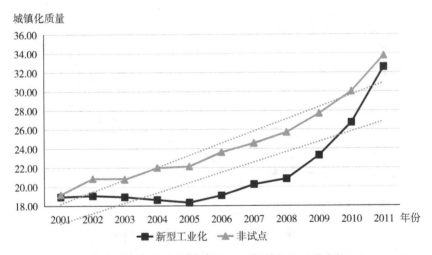

图 5-4　新型工业化试点前处理组与对照组的时间趋势

最后,我们来看农业现代化试点实施前处理组与对照组的时间趋势情况。洞庭湖区的农业现代化试点最早在 2003 年,由于实施前的时间较短,共同趋

势没有太多意义。因此,我们做了 2015 年试点前的时间趋势检验。统计结果
表明,16 个农业现代化试点县市在政策实施前,其城镇化质量水平与对照组
95 个县市水平基本保持交替上升的发展趋势。因此,我们认为对照组与处理
组不存在较大的水平差异,并且具有共同的时间趋势,因此使用二次差分是可
以得到"干净""无偏"的参数估计的。

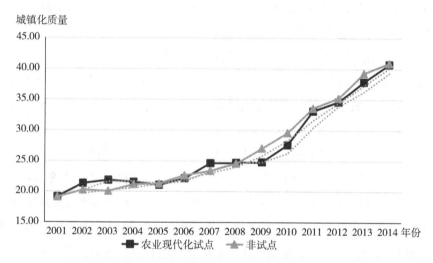

图 5-5 农业现代化试点前处理组与对照组的时间趋势

需要说明的是,生态旅游产业发展的情况从时间上来看是连续的,因此没
有办法做共同趋势检验。另外,从这三个共同时间趋势的检验结果来看,最严
格通过检验的是节能减排政策,其次是农业现代化政策,然后是新型工业化政
策。所以,我们认为最终估计结果的可靠程度也可以按这个次序进行判断。

四、基本结论

一是新型工业化与节能减排行动对洞庭湖区各县市的城镇化质量在总体
上起到了显著的提升作用。按保守估计,新型工业化试点与节能减排得力县
市比非新型工业化试点和节能减排不得力县市的城镇化质量要分别提升 3%
左右。新型工业化与节能减排行动对城镇化质量的提升,主要是通过显著减
少单位 GDP 用水量、降低采矿业比重和化肥施用强度等产业升级机制实现
的;同时,它们对水生态与水环境质量的提升也是正面和积极的,不过该影响

从统计学意义上看还不够显著。由此,关于新型工业化提升城镇化质量的假设5.1和与节能减排提升城镇化质量的假设5.2得到了肯定性的检验。

二是生态旅游产业对新型城镇化质量的提升也有显著促进作用。按估计结果,拥有4A及以上级别的生态旅游景点资源,能显著提升本地城镇化质量1.7个百分点。进一步地,这一提升主要是通过经济与产业、生态与环境这两个途径产生作用的(虽然统计意义还未达到显著的程度)。其中经济与产业机制主要是通过高等级生态旅游景区增加了人均GDP、减少了万元GDP用水量等途径提升城镇化质量的;生态与环境机制主要是高等级生态旅游景区通过增加污水处理率和人均水环境支出、改善水资源质量等途径实现城镇化质量提升的。关于生态旅游服务业提升城镇化质量的假设5.4得到了肯定性的检验。

三是现代农业对基于水生态文明的城镇化质量不但没有明显的提升作用,反而出现了部分的消极作用。从总体上看,现代农业试点降低了1个百分点左右的城镇化质量。一方面,现代农业对在经济增长和社会进步方面并没有起到显著的提升作用,包括人均GDP、万元GDP用水等方面均没有显著的促进作用;另一方面,农业现代化对水生态环境具有积极影响,但尚不够显著。一个典型的例子就是益阳市,十多年来主要以现代农业为支柱产业和发展方向。其城镇化质量从2001年的全省县市中排名24下降到2015年的全省86位。因此,我们没有得到关于农业现代化提升城镇化质量理论假设5.3的实证证据。

第六章 提升湖区城镇化质量的 社会转型机制检验

第一节 洞庭湖区人水关系发展背景

作为传统的农业大省,近代的湖南一直处于农村极度落后、城市发展迟缓的典型城乡分割社会体系之中。如图6-1所示,新中国成立前洞庭湖区城镇化率不足8个百分点,在随后新中国成立后的头30年里也基本保持了这个极低的城镇化水平;从1978年改革开放开始,洞庭湖区城镇化率开始快速提升,2016年底城镇化率已经上升到52.74%,年均增长1.09个百分点。虽然目前这个城镇化率仍然低于全国平均水平,但不管怎么样,相对洞庭湖区之前的极低水平还是有了很大的提升。以2016年底的空间结构来看,长株潭地区城镇化率为最高的69.96%,其次是环洞庭湖区的52.24%,排第二的湘南地区为49.9%,最低的是湘西武陵山区的44.34%,城镇化率的空间差异度也非常高。另一方面,家庭规模也随着城镇化进程变得越来越小。如图6-1,新中国成立前30年,洞庭湖区平均家庭规模为4人/户以上,最高峰在70年代初的4.53人/户;随着改革开放和城镇化进程的加快,家庭规模开始明显下降,到近年已经下降到3.11人/户。

随着城镇化进程的快速推进和家庭规模的小型化,人们的生活模式也发生了翻天覆地的变化。反映在水生态环境上主要是:一是人们的生活用水数量急剧增大;之前洗衣服、洗菜等生活用水基本上都是到清澈的门前河流解决,饮用水主要由每家每户都有的一口老井解决;但当越来越多的人进了城、上了楼,这些用水问题都得全部依靠自来水公司,并且家庭规模变小、户数变多,这样一来人们对生活用水的总体数量就急剧增大了;二是生活污水中的污染密度快速增高;主要的原因是人们越来越多的使用富含磷等各种化学成分的洗涤剂用品,如肥皂、洗衣粉、洗衣液、消毒液、洗手液、洗洁精、洗发水、洁面乳、沐浴露等;这些洗涤剂的磷等化学成分进入河流后会形成水体的富氧化问题;另外,之前人们的粪便都是作为农家肥用掉,住进城后这些排泄物都会通过抽水马桶成为城市生活污水的一部分;这些因素加在一起,就导致人们的生活污水污染密度快速增高;三是大量生活垃圾未分类或处理不当;生活垃圾中含有各种有毒有害物质,处理不当对水生态环境的破坏也是非常严重的。

　　因此,如果一方面人们的环境保护意识跟不上,另一方面水环境保护和管理人员、基础设施、财政投入、运行机制不足或缺失,快速城镇化通过人们生活模式及其负外部性对水生态系统的影响是非常大的。这从多年来权威机构对洞庭湖水质量检测的"大肠杆菌浓度超标"结果,也可以得到佐证,大肠杆菌的主要来源是人类和温血动物的粪便。

图6-1　新中国成立以来洞庭湖区城镇化率与家庭规模变化情况

　　由此,湖区人民很早就提出了保护与建设洞庭湖区水生态文明、提升城镇化质量的迫切需求,并得到党中央国务院的高度重视与大力支持,更是得到了湖南省委省政府的高度重视,并在近十多年投入了许多的人力、物力、财力,实施了许多新办法与新制度,试图改进湖区人们的思想观念、生活方式和行为模式,通过水生态文明建设来改善生活污水对洞庭湖区水生态环境的不良影响,最终达到提升湖区城镇化质量的目标。

第二节　社会转型提升城镇化质量的理论假设

一、两型社会与城镇化质量

两型社会,是指"资源节约型社会、环境友好型社会"。洞庭湖区关于两型社会的最早讨论是在科学发展观与温室效应等大背景下进行的,其直接的初衷是在家庭和企业层面养成环境保护的思维和生活方式,节约能源使用、减少碳排放。2007年12月,洞庭湖区的两型社会建设规划获得国务院正式批复与支持,试验区包括了长株潭城市群和武汉城市圈两个部分。

洞庭湖区两型社会建设在对企业节能减排提出更高要求的同时,加强了在群众和百姓中进行环境保护的知识普及。陆续提出与实施了植树造林、退耕还湖、物种保护、低碳生活、绿色出行、节电节水、垃圾分类、循环利用等环境保护理念,并对其进行了大力宣传与推广。有了人民群众的理解与支持,很多环境保护的方案就更加容易实施了。例如,后续的湘江治理、上下游水生态补偿以及奖惩制度等项目,在提出不长的时间里就获得了全湖区人民的大力支持,因此得到迅速的实施,并在水生态文明保护中取得不错的成效。

假设6.1:两型社会建设能通过城市人口与产业的节约型集聚,形成规模效应和示范效应,减少生活污水排放量和排放强度,从而提升城镇化质量。

二、新型城镇化与城镇化质量

2010年11月,湖南省委九届十次全会在长沙召开,会议的主要任务是部署推进湖南省"十二五"时期经济社会发展。周强代表省委在会上做工作报告,在原来"一化三基"发展战略基础上提出了"四化两型"发展新战略("四化"是指新型工业化、农业现代化、新型城镇化、信息化;"两型"是指资源节约型、环境友好型),首次将新型城镇化作为全省"十二五"时期的工作重点之一。洞庭湖区的新型城镇化发展战略强调,转变城市发展方式是经济结构调整和破除城乡二元结构的根本途径,要从促进大中小城市和小城镇协调发展、提升城市发展综合承载力、统筹城乡协同发展三个方面大力推进新型城镇化发展战略。在全面推进新型城镇化发展战略3年后,洞庭湖区迎来了国家层面的新型城镇化试点机遇,在2014年公布的第一批国家级新型城镇化试点名单中,就包含了株洲市和资兴市,后来还陆续增加了长沙市、岳阳市、郴州市、怀化市、吉首市、望城区、攸县、湘潭县、湘乡市、祁东县、邵东县十一个县市。

假设6.2:新型城镇化能通过城乡人口与要素的均衡性集聚,缓解了城乡收入差距、提高了城乡生活污水和生活垃圾处理率与处理质量,从而提升了城镇化质量。

三、特色小镇与城镇化质量

益阳市沅江市草尾镇较早地开始了特色小镇试点,新世纪初就将全镇农户土地以信托的方式入股现代农业公司,由原来的小规模分散经营的传统农业整合成大规模集中经营的现代农业;农民陆续搬出村庄、住进小镇楼房。一是解决了农民的就业与收入问题,二是解决了农民集中居住与生活污染处理问题,三是缓解了农药化肥过度使用造成的面源污染问题。同年,长沙县开慧镇的"板仓小镇"启动建设,探索城乡双向流动的户籍制度改革,通过放开城市往农村的户籍限制,为农村带来人气、资金、知识与文化,同时充分利用这些稀缺资源与农村本地资源进行整合,形成以生态旅游、体验农业、养生养老等为主导的生态产业,由此构建一个有自我造血功能、生态宜居的特色小镇。此外,还有2012年建成的韶山华润希望小镇,其镇企合作、共担成本的方式,也取得了很好的效果。

假设6.3:特色小镇试点能通过乡镇人口与要素的创新型集聚,提升农村小城镇的居民收入、缓解生活污染和农业面源污染,提升城镇化质量。

四、美丽乡村与城镇化质量

洞庭湖区的美丽乡村建设起步较早,其中就包括如关山村与洪家关村等等。宁乡市关山村始盛于早年的农家乐,之后被省里遴选为打造美丽乡村的试点。其主要以特色农家乐、农事体验、特色民俗体验和户外素质拓展等生态旅游项目为主导产业,并在省财政支持下建设水平越来越高,后来关山旅游景区晋升为国家 AAAA 级景区。如今,关山村村民深深了解环境保护与水生态文明的重要性,环保思想深入每一个居民心中。另一个典型案例是慈利县洪家关村——开国元帅贺龙同志的故乡。从 2011 年开始,省财政投入上千万元资助洪家关村建设成为"贺龙故里,美丽乡村"的红色文化旅游地,并以此带动整个乡村经济与社会的转型发展。2016 年,洪家关村被住建部列入第四批中国传统村落名录。经过建设,洪江关村乃至整个慈利县人们都对生态环境保护理念有了更好的理解与认可度。2017 年,湖南省评选出近五十个美丽乡村建设先进县市,并对这些县市进行动态、连续的资助建设。

假设 6.4:美丽乡村试点,能通过乡村人口与要素的生活性集聚,共享了基础设施的同时普及了生态环境保护的理念,提高了乡村生活类污染源的数量与处理比率,从而提升城镇化质量。

第三节　模型构建与数据

一、模型构建

根据以上四项理论假设,我们设计如下 DID(双重差分)基准模型:

$$urbq_{it} = c + \beta_1 Twos_{it} * Po_{it}^{11} + \beta_2 Urru_{it} * Po_{it}^{12} + \beta_3 Town_{it} * Po_{it}^{13} + \beta_4 Bcou_{it} * Po_{it}^{14} + \mu$$

其中,$urbq$ 为城镇质量,$Twos$ 为两型社会试点,Po^{11} 为两型社会试点以后,$Urru$ 为新型城镇化试点,Po^{12} 为新型工业化试点以后,$Town$ 为特色小镇试点,Po^{13} 为特色小镇试点以后,$Bcou$ 为美丽乡村试点,Po^{14} 为美丽乡村试点以后,i 表示县域,t 表示年份。

值得注意的是,各试点政策基本上都是分不同批次在不同的时间实施的,因此我们考虑直接使用叉乘后的数据更为方便。即:

$$urbq_{it} = c + \beta_1 Twos\_Po_{it} + \beta_2 Urru\_Po_{it} + \beta_3 Town\_Po_{it} + \beta_4 Bcou\_Po_{it} + \mu$$

其中,$Twos\_Po_{it}$ 表示两型社会实施以后,$Urru\_Po_{it}$ 表示新型城镇化试点以后，$Town\_Po_{it}$ 表示特色小镇试点以后，$Bcou\_Po_{it}$ 表示美丽乡村试点以后。

同理，参考城镇化质量相关研究文献及课题组的实践认识，模型拟从地理区位、水文条件、人口规模、经济状况与政府投入五个方面来控制除兴趣变量以外的其他重要变量，这些变量都对湖区城镇化质量有重大的影响。具体的作用见上一章相关内容，这里不再赘述。

这样，我们就得到最终的计量模型：

$$urbq_{it} = c + \beta_1 Twos\_Po_{it} + \beta_2 Urru\_Po_{it} + \beta_3 Town\_Po_{it} + \beta_4 Bcou\_Po_{it}$$
$$+ \alpha_1 Log(dist + 1) + \alpha_2 Log(wata) + \alpha_3({}^L og(popu))2 + \alpha_4 Log(popu)$$
$$+ \alpha_5({}^L og(cons))2 + \alpha_6 Log(cons) + \alpha_7 Log(expd) + \mu$$

二、数据来源与统计描述

本检验模型使用 2001—2015 年洞庭湖区 101 个县市 10 项平衡面板数据，主要来源于相应年份的《湖南统计年鉴》、《湖南农村统计年鉴》、《湖南省水资源统计公报》以及国家及湖南省各职能部门的网络版公文。下面，我们对表 6-1 所示的四项数据进行逐一详细说明，其余变量的说明见上一章相关内容，这里不再赘述。

表 6-1　本计量模型相关指标的统计性描述

	含　义	年　份	最大值	最小值	平均值	标准差
因变量						
Urbq	城镇化质量	2001	35.4710	4.9271	19.1092	5.5581
		2015	71.6314	27.6016	43.6481	7.6167
兴趣变量						
Twos_po21	两型社会试点	2001	0.0000	0.0000	0.0000	0.0000
		2015	1.0000	0.0000	0.1485	0.3574
Urru_po22	新型城镇化试点	2001	0.0000	0.0000	0.0000	0.0000
		2015	1.0000	0.0000	0.3960	0.4915

	含　义	年　份	最大值	最小值	平均值	标准差
Town_po23	特色小镇试点	2001	0.0000	0.0000	0.0000	0.0000
		2015	1.0000	0.0000	0.1584	0.3670
Bcou_po24	美丽乡村试点	2001	0.0000	0.0000	0.0000	0.0000
		2015	1.0000	0.0000	0.1980	0.4005
控制变量						
Log(Dist)	与省会的距离	2001	2.7501	0.0000	2.4139	2.1208
		2015	2.7501	0.0000	2.4139	2.1208
Log(Wata)	地表水面面积	2001	5.1121	1.6117	3.7586	4.1573
		2015	5.1121	1.6117	3.7586	4.1573
Log(Popu)	城镇人口规模	2001	2.2571	0.4800	1.2710	1.3556
		2015	2.5086	0.7490	1.5347	1.5702
Log(Cons)	社零消费总额	2001	4.1741	2.6873	3.3010	3.3054
		2015	4.9063	3.5263	4.1247	4.0376
Log(Expd)	财政支出规模	2001	5.5555	3.7276	4.4675	4.6115
		2015	6.4619	5.0218	5.5826	5.4801

注:大部分数据按数据不全为零的年份开始统计描述。

（1）两型社会 Twos_po11。该数据为两型社会试点且政策已经实施的哑变量。若 Twos_po11 = 1 表示该县市为两型社会试点县市,且试点政策以及实施,反之 Twos_po11 = 0。

（2）新型城镇化 Urru_po12。该数据为分批次进行的新型工业化试点实施的哑变量,包括国家级和省级试点。若 Urru_po12 = 1 表示该地区在该年份已经成为国家级或省级新型城镇化试点城镇,反之,Urru_po12 = 0。

（3）特色小镇 Town_po13。该数据为分批次进行的特色小镇试点实施的哑变量,包括国家级和省级试点。若 Town_po13 = 1 表示该地区在该年份已经成为国家级或省级特色小镇试点城镇,反之,Town_po13 = 0。

（4）美丽乡村 Bcou_po14。该数据为美丽乡村试点哑变量。若 Bcou_po14 = 1 表示该地区在该年份已经成为省级美丽乡村试点县市,反之,Bcou_po14 = 0。

第四节　计量结果与结论

我们建模的主要目的是考察包括两型社会、新型城镇化、特色小镇和美丽乡村等社会转型发展措施对洞庭湖区城镇化质量的具体影响。针对以上四个方面，我们考虑到使用简单的多元线性回归因为忽略重要变量而存在的内生性问题，因此采取如下两个措施来缓解这个问题，以得到更可靠的回归结果。

一是尽可能多地增加其他可测因素，作为控制变量加入回归模型，其中就包括了地理区位、水文条件、人口规模、经济水平和政府投入；二是使用双重差分方法来处理其他不可测因素带来的内生性问题。先对政策实施前后进行第一次差分，然后对有无政策试点的相似区域进行第二次差分，这样就将不可测因素的影响从结果中差分掉。本研究使用的两型社会、新型城镇化、特色小镇和美丽乡村数据刚好符合这一双重差分的要求。不过，使用双重差分法时还需要注意，所选对照组与处理组在政策实施前的发展趋势要基本一致。本研究将针对时间趋势一致性问题，在后面给出相应的检验。

一、总体计量结果

同理，面板数据回归有双随机效应、混合效应和双固定效应三种模型设定可供选择，如对数据没有太多把握，一般要先做豪斯曼检验，从统计意义上看哪种设定更加合理。正如豪斯曼本人所说，任何检验都不能保证绝对正确，而事实上并不是所有的模型都需要在这三种模型中进行非此即彼的选择，特别是当这三种模型设置得到的结果差别不大的时候，复杂的检验与模型选择就显得多余了。因此，本研究同时使用三种模型设置进行回归，除非结果差别非常大，否则我们选择一般认为更加可靠的固定效应模型。

还有许多计量学者跳出技术分析，从更高的理论需求层面来看这个问题。他们认为，当我们想用一个抽样数据来反推总体样本的结论时，我们要尽量使用随机效应模型设置，也即表明我们的样本虽然小，但属于随机抽样，因此具备代表总体特征的功能，所以回归结论是无偏的；否则就是用一个特异性的小样本来代表总体，结论显然是站不住脚的。所以当数据本身就是总体，就没有必要使用随机效应模型，而考虑了样本异质性的固定效应模型可能才是最好的选择。本研究的数据是洞庭湖区 101 个县市的全体样本数据，因此，从这个层面考虑，我们确实应该更偏向于选择固定效应模型。

根据以上分析，我们首先基于洞庭湖区总体数据，运用双随机效应模型、混合效应模型和双固定效应模型三种不同设置，对产业升级提升城镇化质量的边际贡献进行双重差分计量回归。每一组回归都包括单纯的双重差分结果，以及包含控制变量的双重差分结果。需要特别说明的是，由于与省会城市的距离和地表水水面面积不随时间变化，因此控制变量 Log（dist＋1）和 Log（wata）在双向固定效应模型中与个体固定效应部分会产生完全共线性的问题，因此为实现双向固定效应我们不得不剔除了这两个控制变量。如上所述，表 4-2 的结果告诉我们双向随机效应模型、混合效应模型和双向固定效应模型的结果没有根本性区别，因此我们可以直接从这几组回归结果中解读到如下几个方面重要信息。

一是社会转型过程中的两型社会建设，在总体上对城镇化质量产生了积极影响，但在考虑区域异质性后显著性略有下降。从模型（2-1）—（2-5）来看，两型社会建设试点能显著地（5%　10%）提升城镇化质量 0.9—1.5 分；然而，当我们使用双向固定效应模型控制各种异质性（特别是区域异质性）以后，显著性下降为 11%。其中两型社会建设对城镇化质量促进作用比较明显的区域包括长沙市、株洲市和湘潭市，它们在 2007 年和 2015 年的排名分别上升 32 位、37 位和 65 位，另外，长沙县、望城区、浏阳市、韶山市、醴陵市、炎陵县和湘乡市的排名提升也比较明显；不过，攸县排名没有任何变化，而株洲县的排名还下降了 16 位、茶陵县更是下降了 64 位。因此，两型社会对经济相对发达县市城镇化质量的提升作用明显，对部分边远县市的作用尚不显著。

表 6-2　社会转型提升城镇化质量的双重差分计量结果

	双向随机效应		混合效应		双向固定效应	
	（2-1）	（2-2）	（2-3）	（2-4）	（2-5）	（2-6）
C-term	27.6186*** （0.9332）	76.8819*** （15.2249）	27.6736*** （0.1442）	118.4431*** （15.4191）	27.6268*** （0.1452）	138.0532*** （15.3897）
Twos_po21	3.3234*** （0.7185）	0.9475*·** （0.7636）	3.0312*** （0.6996）	1.5720** （0.7270）	3.5421*** （0.7286）	1.2117 （0.7636）
Urbn_po22	4.1179*** （1.2033）	3.5341*** （1.1765）	3.6800*** （1.1732）	2.1491* （1.1584）	3.4938*** （1.1768）	2.1100* （1.1638）
Town_po23	2.3379** （1.0053）	3.3928*** （1.0091）	1.9884** （0.9784）	1.8100* （0.9582）	2.2038** （0.9851）	1.9635** （0.9660）
Bcou_po24	2.0373** （0.8350）	2.7719*** （0.8354）	1.6307** （0.8134）	0.9946 （0.7966）	1.7342** （0.8208）	1.1297 （0.8065）
Log（Dist+1）		4.0121*** （0.6767）		1.9809*** （0.6686）		
Log（Wata）		0.7304** （0.3718）		0.5872* （0.3454）		
Log（Popu）^2		−1.1207*** （0.3630）		−0.2476 （0.3419）		−0.4286** （0.4125）
Log（Popu）		3.5091* （2.1082）		1.2587 （1.9712）		5.8140*** （2.4065）
Log（Cons）^2		2.4704*** （0.2222）		1.7185*** （0.2243）		1.9875*** （0.2437）
Log（Cons）		−34.8047*** （3.8918）		−28.8517*** （3.8398）		−33.7801 （4.1945）
Log（Expd）		3.6296*** （0.3803）		1.1156* （0.5873）		1.6410** （0.6429）
R^2	0.0717	0.5200	0.5732	0.6097	0.7929	0.8040
Num.of Obs.	1515	1515	1515	1515	1515	1515

注：***、**和*分别表示结果在1%、5%和10%的水平下显著。

　　二是社会转型过程中的新型城镇化试点，在总体上看能显著地提升洞庭湖区的城镇化质量。在其他条件不变的情况下，新型城镇化试点县市比非试点县市的城镇化质量综合表现要平均高 2.1 分左右。以株洲市为例,2013 年城镇化质量得分为 40.48 分（全湖区排第 46 名）,2014 年开始获批和实施国家级新型城镇化试点,2015 年城镇化质量得分上升为 46.20 分(全湖区排第 40 名)。与此同时,新型城镇化试点取得较好效果的还有望城区(排名上升 1 名)、资兴市(排名由第 4 上升到第 3)、岳阳市(排名保持在第 10 名)、吉首市 (排名由 14 上升到 13 名)和湘潭市(排名由第 25 上升到 23)等。

三是社会转型过程中的特色小镇建设,在总体上看也能显著地提升洞庭 湖区的城镇化质量。在其他条件不变的情况下,特色小镇试点县市比非试点 县市的城镇化质量综合表现要平均高 1.9 分左右。以浏阳市为例,2012 年城 镇化质量为 44.14 分(全湖区排第 18 名),2013 年省级层面将其开始作为特 色小镇重点培育,并在后来获批首批国家级特色小镇,2015 年底其城镇化质 量综合评分上升为 56.08 分(全湖区排第 7 名)。与浏阳市情况类似的,还有 宁乡市、花垣县、汝城县和邵东县等县市。

四是社会转型过程中的美丽乡村试点,对城镇化质量也存在正向影响,但 该结果从总体上看还不够显著。一方面,2013 年开始的湖南省省级美丽乡村 试点确实提升了大部分试点县市的城镇化质量。例如,郴州市作为美丽乡村 试点地区,2013—2015 年城镇化质量提升了 22.47 分,排名也上升了 52 位; 道县的城镇化质量也提升了 19.29 分,排名上升了 52 位;类似的还有冷水江 市、衡山县、常德市和衡阳市等等。另一方面,也还有不少试点县市的城镇化 质量是下降的,例如同为试点县市的南县和华容县,三年间分数仅分别提高了 5.16 和 3.96 分,名次下降了 19 位和 20 位;而洪江市三年间的分数更是仅增 长了 0.44 分、排名下降了 36 位。类似的还有永顺县(排名下降 13 位)、汉寿 县(排名下降 13 位)、临武县(排名下降 12 位),等等。

另外,各项控制变量的结果与上一章基本类似:(1)与预期不同的是离省 会城市距离越近,城镇化质量反而显著越低;这可以理解为:虽然长株潭城市 群近几年来的城镇化质量越来越高,但从 2001 年至今的 15 年总体来看,长株 潭城市作为城镇化质量洼地的总体格局仍然比较显著;(2)与预期一致的是 水面面积越大,城镇化质量都会显著性地越高;(3)城镇人口规模与城镇化质 量呈现与预期一致的倒 U 型关系,规模偏下和规模偏大都不利于城镇化质量 的提升,当人口规模达到某值时,城镇化质量达到极大值;(4)消费水平与城 镇化质量的关系与预期完全一致,呈现显著的 U 型关系;即人均消费水平相对较低时,消费水平的提高会显著降低城镇化质量,当消费水平相对较高时,消费水平的提高则能提升城镇化质量。值得注意的是,由于本文未区分地级城市、县级城市与县城,因此(3)和(4)涉及的极值数据没有太多的经济含义和实际指导意义,故在此不做具体的计算。

二、分项计量结果

为了更深入了解社会转型是如何影响城镇化质量的,我们考察这四部分政策是如何分别影响生产效益、生活效益与生态效益,进行影响城镇化总体质量的。我们将城镇化质量三个子系统的得分作为因变量进行双向固定效应的双重差分计量,得到如表6-3所示的四组分项计量检验结果。

表6-3   社会转型提升城镇化质量的双重差分计量结果

	城镇化质量综合效益(2-6)	生产与经济效益(2-7)	生活与社会效益(2-8)	生态与环境效益(2-9)
Twos_po21	1.2117 (0.7636)	0.1930 (0.9225)	-0.8672* (0.4714)	3.1308** (1.4823)
Urbn_po22	2.1100* (1.1638)	2.1204 (1.4061)	0.6641 (0.7185)	2.4722 (2.2594)
Town_po23	1.9635** (0.9660)	2.0686* (1.1671)	-0.5802 (0.5964)	2.3030 (1.8754)
Bcou_po24	1.1297 (0.8065)	-0.1849 (0.9745)	0.4814 (0.4979)	0.2397 (1.5658)
C-term	Yes	Yes	Yes	Yes
Control Vars	Yes	Yes	Yes	Yes
Year-fixed effect	Yes	Yes	Yes	Yes
Reg-random effect	Yes	Yes	Yes	Yes
R^2	0.8040	0.8075	0.8583	0.6480
No of Obser.	1515	1515	1515	1515

注:***、**和*分别表示结果在1%、5%和10%的水平下显著。

如上表所示,我们可以发现:虽然两型社会建设、新型城镇化试点、特色小镇试点和美丽乡村试点都在一定程度上对城镇化质量综合效益产生了积极的影响,但是从其分项的作用情况来看,与我们预期的还是有较大差异。一是两型社会建设显著提升了生态与环境效益,但对生产效益的提升作用仍然不显著,甚至对生活效益来说是有轻微降低的,这说明两型社会建设从总体上看仍属于政府行为,能直接提高建成区绿化率、污水处理率、人均水环境支出等,而企业与家庭虽然逐渐认可两型社会理念,但尚未将其转化成实际行动,甚至不少个人会认为既然政府做了大量工作,那我们就随便点也无所谓了,这个问题值得引起重视。二是新型城镇化的生产、生活与生态效益均为正,特别是生产与生态效益相对较大,但均非特别显著。三是特色小镇建设显著地提升了生产与经济效益、美丽乡村建设的生活与生态效益为正但不显著。

三、共同时间趋势检验

如前文所述,为双重差分估计参数的无偏性,我们必须对对照组与处理组是否具有共同时间趋势项进行检验。

首先,我们看两型社会政策实施前处理组与对照组的时间趋势情况。在洞庭湖区,国家级两型社会建设试点政策是从 2008 年开始获批并实施的。因此,我们统计了 2001—2007 年处理组——15 个两型社会县市,和对照组——86 个非两型社会试点县市的城镇化质量发展趋势(见图 6-2)。可以清晰看到,两型社会建设试点的 15 个县市在政策实施前,其城镇化质量水平比对照组 86 个县市要低 5 个绩点左右,显然对照组与处理组的水平差异比较大。不过值得庆幸的是,我们发现这两个组的城镇化质量在 2001—2007 年的发展趋势是高度 ·致的。因此我们认为,对照组与处理组虽然存在较大水平差异,但具有共同时间趋势,使用二次差分可以得到“干净”“无偏”的参数估计。

其次,我们来分析新型城镇化政策实施前处理组与对照组的时间趋势情况。新型城镇化在洞庭湖区试点是在较晚的 2015 年。因此,我们统计了 2001—2014 年处理组——23 个新型城镇化试点县市,和对照组——88 个非试点县市的城镇化质量发展趋势(见图 6-3)。可以看到,新型城镇化试点县市在政策实施前的城镇化质量水平与对照组呈交替上升的态势,时间趋势比较一致。因此,我们认为对新型城镇化政策效果使用二次差分可以得到相对“干净”“无偏”的参数估计。不过,这一趋势与两型社会政策两个组的时间趋势相比,相似的程度有所下降,因此两型社会的参数估计会更加干净一点。

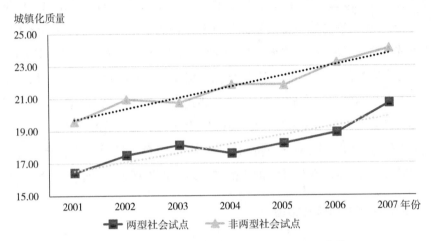

图 6-2　两型社会试点前处理组与对照组的时间趋势

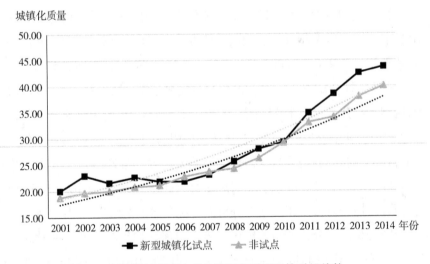

图 6-3　新型城镇化试点前处理组与对照组的时间趋势

　　然后,我们来看特色小镇试点实施前处理组与对照组的时间趋势情况。洞庭湖区的农业现代化试点是在 2013 年,因此我们做了 2001—2012 年试点前的时间趋势检验。统计结果表明,16 个农业现代化试点县市在政策实施前,其城镇化质量水平与对照组 95 个县市发展趋势比较类似但不完全一致。因此,我们认为对照组与处理组不存在较大的水平差异,具有基本类似的时间趋势,因此使用二次差分是可以得到相对"干净"的参数估计的。更严格一点看,由于对照组与处理组的水平差距有所缩小,因此特色城镇化的估计参数略是有高估的。

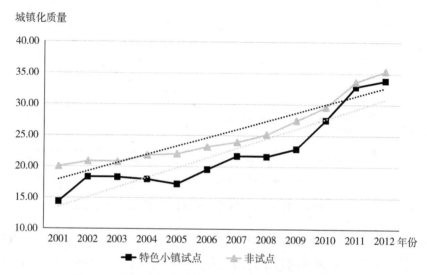

图6-4　特色小镇试点前处理组与对照组的时间趋势

最后,我们来看美丽乡村试点实施前处理组与对照组的时间趋势情况。洞庭湖区的美丽乡村试点从2013年开始,由此我们做了2001—2012年试点前的时间趋势检验。统计结果表明,20个美丽乡村试点县市在政策实施前,其城镇化质量水平与对照组81个县市水平基本保持了完全一致的发展趋势。因此,我们认为对照组与处理组不存在较大的水平差异,并且具有共同的时间趋势,因此使用二次差分是可以得到"干净""无偏"的参数估计的。

四、基本结论

一是在其他条件不变的情况下,新型城镇化、特色小镇建设在总体上对城镇化质量起到了显著的提升作用。按本文估计,新型城镇化与特色小镇试点县市比非试点县市的城镇化质量要分别提升2%左右。新型城镇化对城镇化质量的提升是全方位的,可以通过内生增长机制、人水关系协调机制和外部生态调控机制立体式地提升城镇化质量,特别是对生产效率与生态效率的提升

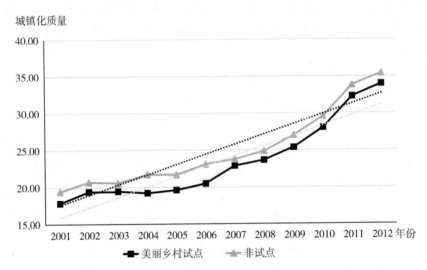

图 6-5　美丽乡村试点前处理组与对照组的时间趋势

较为明显。特色小镇建设也主要是通过生产效益与生态效益来提升城镇化质量的,而社会效益则未起到很好的提升作用。由此,我们得到了关于新型城镇化试点提升城镇化质量的理论假设 6.2 和特色小镇提升城镇化质量的假设 6.3 的肯定性检验结果。

二是两型社会与美丽乡村试点总体上对城镇化质量具有积极的作用,但该作用尚不够显著。根据回归结果,两型社会与美丽乡村对城镇化质量的作用系数为 1.2% 和 1.1% ,但是在统计意义上没有达到足够的显著程度。从分项结果来看,两型社会因政府投入较大而产生了显著的生态效益,但企业与家庭的实际行动还不显著。同时,以提升居民环保意识为目标的美丽乡村试点,其社会效益却反而不显著。因此,我们认为我们没有得到足够显著的关于两型社会与美丽乡村提升城镇化质量理论假设 6.1 和 6.3 的实证证据。

第七章　提升湖区城镇化质量的
生态调控机制检验

第一节　洞庭湖区水污染治理的背景

从全国范围来看,洞庭湖区(湖南省)属于水资源丰富区域。2016 年底洞庭湖区地表水资源总量为 1792 亿立方米,在全国 31 个省市自治区中排名第四位,仅次于西藏、四川和广西。不过由于人口基数大,洞庭湖区人均水资源数量为 2680 立方米,在全国 31 个省市自治区中排名第十一位。分"四水一湖"的不同水系来看,湘江水系拥有 909 亿立方米的水资源数量排在第一位,其次是沅江水系拥有 529 亿立方米排在第二位,然后是资江水系的 268 亿立方米排在第三位,再者是澧水水系 179 亿立方米排在第四位,最后是环洞庭湖区的 118 亿立方米排在第五位。其中,澧水水系的水资源密度最高,达到 116 万立方米/平方公里;环洞庭湖区虽然是四水汇集之地,但其水资源密度仅为 71 万立方米/平方公里,排在所有"四水一湖"中的最末位。环洞庭湖区在水资源总量与水资源密度方面均处于全流域末位的主要原因是,环洞庭湖区由于泥沙淤积其年均径流深仅为 600mm—800mm,而湘江上游特别是郴州部分地区的年均径流深为其 2—3 倍。即,我们直观看到的是环洞庭湖区水面开阔,但由于其水深不如上游"四水",因此水资源总量与密度上还不如上游"四水"区域。从不同地区来看,水资源总量排在前三位的分别是怀化、郴州和永州,分别为 276 亿立方米、249 亿立方米、247 亿立方米;排末位的分别为衡阳、娄底和湘潭。水资源密度排在前三位的分别是郴州、张家界和长沙,分别为

128亿立方米/平方公里、126亿立方米/平方公里和117亿立方米/平方公里；排末位的分别是岳阳、邵阳和衡阳。同理，岳阳作为洞庭湖的核心区域，其水资源总量与密度排名不靠前的主要原因仍然是年均径流深偏小，所以水资源数量和密度与水面面积有较大差异。

得天独厚的水资源是洞庭湖区最突出的自然禀赋，这给洞庭湖区改革开放以后的工业化、城镇化与经济快速增长提供了很好的支持和承载。改革开放以来，洞庭湖区的用水发展过程可分为三个阶段。第一阶段是改革开放头十五年的用水急速增长期（1978—1994）。在市场经济体制改革背景下，这一时期的工业经济增长主要是由私营经济成分快速增长带来的，新增的工业企业数量多、规模偏小、增长模式粗放。因此，这一时期湖区工业用水出现了急剧的上升势头。1984年洞庭湖13个地级城市（地级城市市区本级，不含吉首市）的工业用水为4.46亿立方米，1994年增长到20.79亿立方米，年均增长速度为16.6%。第二个阶段是改革开放中期的用水高位稳定期（1995—2005）。1994年全国实施了分税制改革，各地方政府在税收红利的驱动下改变了区域经济的增长方式，更加青睐培育纳税能力强的大中型企业。这一时期的工业增长较之前速度更快，但因为规模、技术有所上升，因此13个城市的工业部门用水量下降到15亿立方米左右的水平。不过，这一时期是洞庭湖区城镇化的快速发展期，13个主要城市1994年的生活用水总量在5.72亿立方米，到2001年增长到13.40亿立方米，年均增长速度为13%。因此，从总体用水量上来看，1994—2005年基本维持在25亿立方米的历史最高水平。第三阶段是近十年来的用水转型发展期（2006—2016）。从2007年开始，长株潭两型社会试点被党中央国务院批示启动，湖南从总体上开始产业转型升级。2005年，13个地级城市的工业用水为16.03亿立方米，2007年快速下降到8.25亿立方米，之后再缓慢回升至2016年的9.29亿立方米。这一时期，城镇居民生活用水也基本历经了类似的过程。

在改革开放头30年，洞庭湖区用水量及废污水数量剧增的同时，其工业废水和生活污水的处理却远未跟上。如图7-2，13个地级市城区的工业废水达标率到1998年才开始达到50%，生活污水处理率到2008年才达到50%。

虽然洞庭湖区有着丰富的水资源，但由于人类活动的过度干预，使洞庭湖

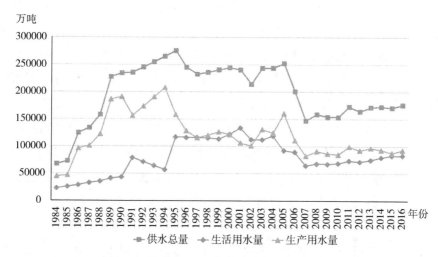

图7-1　洞庭湖区13个地级城市用水结构变化

数据来源:《中国城市统计年鉴1985—2017》。

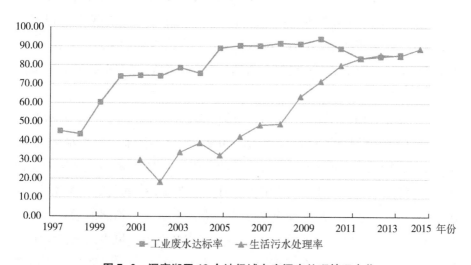

图7-2　洞庭湖区13个地级城市废污水处理情况变化

数据来源:《中国城市统计年鉴1998—2016》。

区地表水资源质量直线下降。2000年开始公布的水质监测数据[1]显示,洞庭湖区地表水质量在Ⅴ类以下的河流长度占总数的2.8%,主要分布在湘江中

———————

[1]　数据来源于湖南省水利厅发布的历年《湖南省水资源公报》。

游涟水河的湘乡市境内河段,以及洞庭湖畔新墙河的临湘和岳阳县境内河段。另外,地表水质量在 IV 类的河流长度占总数的 20.3%,主要分布在湘江上游郴江河的郴州市区境内河段,湘江上游湘江与春陵水河的常宁市境内河段,湘江中游涞水河茶陵县与攸县境内河段,湘江中游浏阳河长沙县下游与芙蓉区境内河段,资水上中游的新宁县、武冈市、隆回县、邵阳县、新邵县、邵阳市和冷水江市境内河道,沅江上游辰水河辰溪县与泸溪县境内河段,沅江上游武水河吉首市境内河段,以及沅江上游猛洞河永顺县境内河段。其中,湘江河上游的主要污染物是汞超标,中下游是镉、砷等重金,以及氨氮、石油类和大肠杆菌群超标,主要污染源是采矿、钢铁类工业企业的废水直排,以及城乡居民的生活污水直排和生活垃圾处理不当。资水的主要污染物为氨氮、挥发酚等超标,主要污染源是造纸类工厂的废水排放。沅江的污染物主要为汞、化学需氧量、氨氮和挥发酚等超标,主要污染源是采矿与造纸类工业企业的废水排放。

通过对比可以发现,洞庭湖区的河流污染在 2000 年开始加速,到 2004 年左右河流污染达到了高峰期。2004 年洞庭湖区地表水质量在 V 类及以下的河流长度占比骤升至近 20%、IV 类水河流长度占比也有 11%左右。长沙、株洲、湘潭、娄底、衡阳、常德、益阳全面飘红,IV 类和 V 类水增加到历史最高水平。

其中,湘江中游长株潭、娄底与衡阳是河流污染的重灾区。长沙市境内的湘江全河段,浏阳河、捞刀河入湘江的 100 公里河段,全部为 V 类水;宁乡县沩水入湘江的 150 公里河段全部为 IV 类水。从涟源市下游、娄底市区一直到湘潭市入湘江的涟水流域及湘江干流全河段的 300 多公里全部为 V 类水,其中大型饮用水源地水府庙水库全部水质下降为 V 类水。株洲的醴陵市和株洲县境内渌水全河段为 V 类水。衡阳的常宁市和衡阳市境内的湘江干流全河段全部为 V 类水,蒸水衡阳县境内河段为 IV 类水。另外,郴州市区还有100 公里左右的 V 类水,益阳市区有 150 公里左右的 V 类水,常德市区有 100公里左右的 V 类水和 200 公里左右的 IV 类水。吉首市有 100 多公里的 V 类水,辰溪县下游也有 80 多公里的 V 类水。而河水质量相对较好的地区只剩下张家界、怀化、邵阳、永州和岳阳五个地级市。

第二节　生态调控提升城镇化质量的理论假设

一、直接管制与城镇化质量

洞庭湖区水生态危机的高峰期在 2004 年前后,因此湖南省政府在 2005 年紧急发布《湖南省主要地表水系水环境功能区划》(以下简称《水功能区划》)。《水功能区划》对洞庭湖与湘资沅澧四水干流及二三级支流的水功能区进行了详细规定,将河湖地表水按功能划分为:源头水域(执行 I/II 类水标准)、自然保护区(执行 I/II 类水标准)、饮用水源保护区(执行 II/III 类水标准)、渔业用水区(执行 III 类水标准)、农业用水区(执行 III 类水标准)、景观娱乐用水区(执行 III 类水标准)、工业用水区(执行 IV 类水标准)、混合区等类型功能区(执行 V 类水标准)八大类。《水功能区划》将洞庭湖区的河湖划分为 836 个水生态功能区,其中源头水域 10 个、自然保护区 21 个、饮用水源保护区 338 个、渔业用水区 283 个、农业用水区 86 个、景观娱乐用水区 45 个、工业用水区 52 个以及混合区 1 个。《水功能区划》强调,区划的全部技术内容为强制性,从 2005 年 7 月 1 日起在湖南省全省范围推行。

假说 7.1:水生态文明建设中的水功能区红线划定等直接管制措施,能强制各地减少污染源、加强污水处理,提升城镇化质量。

二、排污税与城镇化质量

2005 年,在长株潭、娄底、衡阳成为全省河流污染重灾区的背景下,省委省政府组织相关工作人员到欧洲特别是德国学习莱茵河的治理经验。2008 年,提出了"把湘江打造成东方莱茵河"的实施方案,将排污税和许可证交易等市场机制作为未来河流污染治理的基础性制度。2010 年,湖南省政府出台《湖南省主要污染物排污权有偿使用和交易管理暂行办法》之后,在长株潭城市群首先开展化学需氧量(COD)、氨氮(NH)、总磷(TP)和重金属等主要污染物排污权的有偿使用。要求污染企业(特别是对火电、采矿、冶炼、造纸、食品等污染大户)在满足环境质量要求的前提下,通过缴纳排污权有偿使用费来获得主要污染物排污权。该税收在 2014 年从长沙、株洲和湘潭开始试点征收，2015 年开始在全省全面推广征收。2014 年征收总额为 6250 万元，缴纳率为 93.88%；2015 年征收总额为 1.26 亿元，缴纳率为 90.15%；2016 年征收总额为 1.32 亿元，缴纳率为 87.93%；2017 年征收总额为 1.39 亿元，缴纳率为 86.42%。污染税征收，使企业承担了污染的部分社会成本，促使那些过度开发、生产落后的企业因难以承受污染税收而逐渐被淘汰，在存活下来的企业中形成了一种尽少污染、保护环境的企业文化与社会责任。

假说 7.2：水生态文明建设中的征收排污税措施，能将外部性内部化，使各地自觉地减少污染排放、加强污水处理，从而提升城镇化质量。

三、许可证交易与城镇化质量

2012 年成立了湖南省排污权储备交易中心，负责实施排污权交易相关的组织、管理与协调等服务事项，正式开始污水排放总量控制与许可证交易机制。2012 年 3 月 14 日，长沙恰恰食品有限公司从宁乡县新化造纸厂手中以 10000 元/吨的价格购得化学需氧量 12.6 吨，标志着洞庭湖流域水污染物排放交易正式拉开序幕。2012 年水污染物排放许可证总交易额为 41.48 万元，2013 年成交额为 1025.46 万元，2014 年成交额为 266.82 万元，2015 年成交额为 2799.40 万元，2016 年成交额为 3403.46 万元，2017 年成交额为 1082.55 万元。总体上呈波动式上升的趋势。从交易数据可以发现，大部分排放许可证的转出来源为造纸、水泥、印染、煤矿、化工、化肥、冶炼等污染严重行业的中小企业，购买单位大部分为食品、石化、新材料、新能源等行业的大型企业，这与科斯理论关于资源向效率更高单位转移的预期是一致的。

假说 7.3：水生态文明建设中的总量控制与许可证交易措施，能通过同时降低总体污染水平和优化资源配置，提升城镇化综合质量。

四、生态补偿与城镇化质量

生态补偿制对水污染控制的作用机制主要是缓解上下游的空间外部性：将上下游河流污水转移的外部性内部化，进而从总体上控制河流污染问题。2013 年 8 月，湖南省政府发布了以"一湖四水"保护与治理为核心的"一号重点工程",提出"不搞大开发、共抓大保护、恢复大生态、提升大协作"思路,同时制定了三个"三年行动计划",减轻洞庭湖与湘资沅澧四水的负担,治理与修复洞庭湖区水生态文明。2014 年,湖南省政府出台《湘江流域生态补偿(水质水量奖罚)暂行办法》,提出了基于"以罚为主、改善优先、适当奖励"原则的"两奖两罚":水质优质奖励、水质改善奖励、水质劣质惩罚、水质恶化惩罚。该生态补偿办法将湘江流域长沙、株洲、湘潭、衡阳、娄底、邵阳、郴州、永州八市的 42 个主要县市纳入了考核范围。其中,2014 年奖金总额 2997 万、罚金总额 3500 万元,奖金最多的是永州市 600 万元,罚金最多的是郴州市 1050 万元;2015 年奖金总额 3689 万、罚金总额 2550 万,奖金最多的是湘潭市 958 万元,罚金最多的是长沙市 1050 万元。

假说 7.4:水生态文明建设中的上下游生态补偿措施,能缓解空间外部性,促进河流生态改善,提升城镇化综合质量。

第三节 模型构建与数据

一、模型构建

根据以上四项理论假设,我们设计如下 DID(双重差分)基准模型:

$$urbq_{it} = c + \beta_1 Wcon_{it} * Po_{it}^{11} + \beta_2 Pfee_{it} * Po_{it}^{12} + \beta_3 Capt_{it} * Po_{it}^{13} + \beta_4 Rivc_{it} * Po_{it}^{14} + \mu$$

其中,$urbq$ 为城镇质量,$Wcon$ 为水环境直接管制,Po^{11} 为水环境直接管制以后,$Pfee$ 为排污费试点,Po^{12} 为排污费试点以后,$Capt$ 为许可证交易试点,Po^{13} 为许可证交易试点以后,$Rivc$ 为生态补偿试点,Po^{14} 为生态补偿试点以后,i 表示县域,t 表示年份。

值得注意的是,各试点政策大部分都是分不同批次在不同的时间实施的,因此我们考虑直接使用叉乘后的数据更为方便。即:

$$urbq_{it} = c + \beta_1 Wcon\_Po_{it} + \beta_2 Pfee\_Po_{it} + \beta_3 Capt\_Po_{it} + \beta_4 Rivc\_Po_{it} + \mu$$

其中,$Wcon\_Po_{it}$ 表示水环境直接管制实施后,$Pfee\_Po_{it}$ 表示排污税试点后,$Capt\_Po_{it}$ 表示许可证交易试点后,$Rivc\_Po_{it}$ 表示生态补偿试点后。

同理,参考城镇化质量相关研究文献及课题组的实践认识,模型拟从地理区位、水文条件、人口规模、经济状况与政府投入五个方面来控制除兴趣变量以外的其他重要变量,这些变量都对湖区城镇化质量有重大的影响。具体的作用方向见上一章相关内容,这里不再赘述。

这样,我们就得到最终的计量模型:

$$urbq_{it} = c + \beta_1 Wcon\_Po_{it} + \beta_2 Pfee\_Po_{it} + \beta_3 Capt\_Po_{it} + \beta_4 Rivc\_Po_{it}$$
$$+ \alpha_1 Log(dist + 1) + \alpha_2 Log(wata) + \alpha_3 (^L og(popu))2 + \alpha_4 Log(popu)$$
$$+ \alpha_5 (^L og(cons))2 + \alpha_6 Log(cons) + \alpha_7 Log(expd) + \mu$$

二、数据来源与统计描述

本检验模型使用的2001—2015年洞庭湖区101个县市10项平衡面板数据,主要来源于相应年份的《湖南统计年鉴》《湖南农村统计年鉴》《湖南省水资源统计公报》《湖南省主要地表水系水环境功能区划》以及国家及湖南省各职能部门的网络版公文。下面,我们对如表7-1所示的四项数据进行逐一详细说明,其余变量的说明见第四章相关内容,这里不再赘述。

(1)水环境直接管制Wcon_po11。该数据为最严厉水环境直接管制且政策已经实施的哑巴变量。我们对照《湖南省主要地表水系水环境功能区划(2005)》的详细内容,如果某县市辖区内水功能区水质要求全部在III类及以上,则定义该县市实施了严厉的水环境管制政策,否则我们认为管制政策不严厉。即若Wcon_po11=1表示该县市实施了严厉的水环境管制政策,且政策已经实施,反之Wcon_po11=0。在洞庭湖区101个县市中,我们得到了69个县市实施了严厉的水环境管制政策,另外32个县市则允许IV类及以下水质存在而被界定为未执行足够严厉的水环境管制政策(作为严厉水管制的对照组)。

(2)排污税试点Pfee_po12。该数据为分两批次进行的排污税试点实施的哑变量,2014年为第一批长株潭城市群,第二批为全洞庭湖区。若Pfee_po12=1表示该地区在该年份已经成为排污税试点县市,反之,Pfee_po12=0。

(3)许可证交易试点Capt_po13。该数据为从2012年起逐年试点推广的排污许可证交易实施的哑变量。若Capt_po13=1表示该地区在该年份已经实施了排污许可证交易试点,反之,Capt_po13=0。

（4）生态补偿试点 Rivc_po14。该数据为生态补偿制试点哑变量。若 Rivc_po14＝1 表示该地区在该年份已经试点生态补偿制，反之，Rivc_po14＝0。

表 7-1　本计量模型相关指标的统计性描述

	含　义	年　份	最大值	最小值	平均值	标准差
因变量						
Urbq	城镇化质量	2001	35.4710	4.9271	19.1092	5.5581
		2015	71.6314	27.6016	43.6481	7.6167
兴趣变量						
Wcon_po31	水环境管制	2005	1.0000	0.0000	0.6832	0.4676
		2015	1.0000	0.0000	0.6832	0.4676
Pfee_po32	污水排放税	2014	1.0000	0.0000	0.3663	0.4842
		2015	1.0000	0.0000	1.0000	0.0000
Capt_po33	排污证交易	2012	1.0000	0.0000	0.1089	0.3131
		2015	1.0000	0.0000	0.9703	0.1706
Rivc_po34	水生态补偿	2014	1.0000	0.0000	0.5743	0.4969
		2015	1.0000	0.0000	0.5743	0.4969
控制变量						
Log(Dist)	与省会的距离	2001	2.7501	0.0000	2.4139	2.1208
		2015	2.7501	0.0000	2.4139	2.1208
Log(Wata)	地表水面面积	2001	5.1121	1.6117	3.7586	4.1573
		2015	5.1121	1.6117	3.7586	4.1573
Log(Popu)	城镇人口规模	2001	2.2571	0.4800	1.2710	1.3556
		2015	2.5086	0.7490	1.5347	1.5702
Log(Cons)	社零消费总额	2001	4.1741	2.6873	3.3010	3.3054
		2015	4.9063	3.5263	4.1247	4.0376
Log(Expd)	财政支出规模	2001	5.5555	3.7276	4.4675	4.6115
		2015	6.4619	5.0218	5.5826	5.4801

注：大部分数据按数据不全为零的年份开始统计描述。

第四节　双重差分计量检验

该建模主要目的是考察水环境直接管制、排污税收取、许可证交易和生态补偿等水生态调控措施对洞庭湖区城镇化质量的具体影响。针对以上四个方面，我们考虑到使用简单的多元线性回归因忽略重要变量而存在的内生性问题，因此采取如下两个措施来缓解这个问题，以得到更可靠的回归结果。

一是尽可能多地增加其他能观测到的重要因素，作为控制变量加入回归模型，其中就包括了地理区位、水文条件、人口规模、经济水平和政府投入。二是使用双重差分方法来处理其他不可测因素带来的内生性问题。先对政策实施前后进行第一次差分，然后对有无政策试点的相似区域进行第二次差分，这样就将不可测因素的影响从结果中差分掉。本研究使用的直接管制、排污税、许可证交易和生态补偿数据刚好符合这一双重差分的要求。不过，使用双重差分法时还需要注意，所选对照组与处理组在政策实施前的发展趋势要基本一致。本研究将针对时间趋势一致性问题，在后面给出相应的检验。

一、总体计量结果

如前两章所述，面板数据回归有双随机效应、混合效应和双固定效应三种模型设定可供选择，如对数据没有太多把握，一般要先做豪斯曼检验，从统计意义上看哪种设定更加合理。正如豪斯曼本人所说，任何检验都不能保证绝对正确，而事实上并不是所有的模型都需要在这三种模型中进行非此即彼的选择，特别是当这三种模型设置得到的结果差别不大的时候，复杂的检验与模型选择就显得多余了。因此，本研究同时使用三种模型设置进行回归，除非结果差别非常大，否则我们选择一般认为更加可靠的固定效应模型。

同时，还有许多计量学者跳出技术分析从更高的理论需求层面来看这个问题。他们认为，当我们想用一个抽样数据来反推总体样本的结论时，要尽量使用随机效应模型设置，也即表明我们的样本虽然小、但属于随机抽样，因此具备代表总体特征的功能，所以回归结论是无偏的；否则就是用一个特异性的小样本来代表总体,结论显然是站不住脚的。所以当数据本身就是总体,就没有必要使用随机效应模型,而考虑了样本异质性的固定效应模型可能才是最好的选择。本研究的数据是洞庭湖区 101 个县市的全体样本数据,因此从这个层面考虑,如果我们不急着将洞庭湖区的实证结论向所有湖区推广的话,我们确实应该更偏向于选择固定效应模型。

根据以上分析,我们首先基于洞庭湖区总体数据,运用双随机效应模型、混合效应模型和双固定效应模型三种不同设置,对产业升级提升城镇化质量的边际贡献进行双重差分计量回归。每一组回归都包括单纯的双重差分结果,以及包含控制变量的双重差分结果。需说明的是,由于与省会城市的距离和地表水水面面积不随时间变化,因此控制变量 Log(dist+1)和 Log(wata)在双向固定效应模型中与个体固定效应部分会产生完全共线性的问题,因此为实现双向固定效应我们不得不剔除了这两个控制变量。从表 7-2 的情况来看,双向随机效应模型、混合效应模型和双向固定效应模型的结果除了在系数数量上存在些许区别以外,这几组模型没有根本性的区别,因此我们可以从回归结果中获得如下重要信息(如表 7-2)。

表 7-2　环境治理提升城镇化质量的双重差分计量检验结果

	双向随机效应		混合效应		双向固定效应	
	(3-1)	(3-2)	(3-3)	(3-4)	(3-5)	(3-6)
C-term	28.3358 *** (1.0855)	73.5200 *** (15.0314)	28.7659 *** (0.3302)	121.2026 *** (14.9682)	28.7659 *** (0.3302)	137.4962 *** (14.9454)
Wcon_po31	−1.7203 *** (0.5704)	−1.0604 ** (0.5225)	−2.3155 *** (0.5678)	−1.5194 *** (0.5759)	−2.3155 *** (0.5678)	−2.6443 *** (0.6355)
Pfee_po32	3.5698 *** (1.1808)	2.5665 *** (0.9040)	2.3820 ** (1.926)	1.6013 (1.1660)	2.3820 ** (1.1926)	1.5795 (1.1701)
Capt_po33	3.2550 *** (0.7989)	2.1247 ** (0.8303)	3.1698 *** (0.7815)	1.8437 ** (0.7852)	3.1698 *** (0.7815)	1.9357 ** (0.7931)
Rivc_po34	1.7472 ** (0.8261)	2.0354 ** (0.7944)	1.4905 * (0.8108)	1.6317 ** (0.7939)	1.4905 * (0.8108)	1.4665 * (0.8009)
Log(Dist+1)		3.8676 *** (0.6739)		1.7546 *** (0.6718)		

续表

	双向随机效应		混合效应		双向固定效应	
	(3-1)	(3-2)	(3-3)	(3-4)	(3-5)	(3-6)
Log(Wata)		0.6300* (0.3714)		0.5330 (0.3506)		
Log(Popu)^2		-0.9868*** (0.3616)		-0.4374 (0.3457)		-0.8240** (0.4172)
Log(Popu)		3.0184 (2.0963)		2.2216 (1.9915)		8.0388*** (2.4401)
Log(Cons)^2		2.3143*** (0.2180)		1.7243*** (0.2190)		1.9569*** (0.2341)
Log(Cons)		-33.6942*** (3.8236)		-29.1042*** (3.7522)		-33.6707*** (4.0379)
Log(Expd)		4.2512*** (0.4127)		1.1270* (0.5841)		1.6489*** (0.6348)
R²	0.0854	0.5296	0.5652	0.6008	0.7947	0.8068
Num.of Obs.	1515	1515	1515	1515	1515	1515

注：***、**和*分别表示结果在1%、5%和10%的水平下显著。

一是水生态调控中的总量控制与许可证交易（Capt & Trade），在总体上对城镇化质量产生了显著的积极影响。从模型结果来看，在其他条件不变的情况下，许可证交易能提升城镇化质量1.9—3.2分左右，并且这一结果在考虑区域差异之后仍然非常显著。其中许可证交易对城镇化质量促进作用比较明显的地级城市包括长沙市、株洲市、湘潭市、衡阳市与岳阳市，县级城市包括长沙县、宁乡市、望城区和浏阳市。其中，湘潭市从2013年开始实施许可证交易试点，2013—2015年三年水排放许可证平均交易规模达到200万元，相应的城镇化质量年均增加3.77分；长沙县也是从2013年开始实施许可证交易试点，2013—2015年三年水排放许可证平均交易规模也达到了180万元，相应的城镇化质量年均增加4.31分。不过，也有如益阳市、茶陵县、平江县等少数县市实施了许可证交易，但城镇化质量仍然是下降的情况。

二是水生态调控中的上下游生态补偿机制，在总体上能显著地提升洞庭湖区城镇化质量。在其他条件不变的情况下，生态补偿试点县市比非试点县市的城镇化质量综合表现要平均高 1.4—2.0 分左右。其中,效果较好的地级市包括衡阳市、湘潭市和株洲市,县级城市包括炎陵县、常宁县、衡山县、涟源市与衡南县。以衡阳市为例,2013 年城镇化质量为 32.82 分(全湖区排第 78 名),2015 年城镇化质量综合评分上升为 44.04 分(全湖区排第 51 名),排名上升了 27 位。炎陵县的情况更有代表性:2013 年城镇化质量为 34.17 分(全湖区排第 71 名),2015 年城镇化质量综合评分上升为 50.61 分(全湖区排第 12 名),排名上升了 59 位。另外,常宁县也上升了 59 位,衡山县、涟源市、衡南县、湘潭市和株洲市则分别上升了 37、36、33、19 和 6 位。

三是水生态调控中的排污税,在总体上看能提升洞庭湖区的城镇化质量,但在考虑区域异质性后显著性变得较弱(17%)。在其他条件不变的情况下,排污税试点县市比非试点县市的城镇化质量综合表现要高 1.5—2.5 分左右。其中,效果较好的有常宁市、炎陵县、石门县、衡南县、衡山县与涟源市,得分在 2013—2015 年分别提升 17.73、16.44、14.65、14.43、13.39 与 11.91 分。与此同时,效果较差的有东安县、醴陵市、郴州市、江永县、娄底市与湘乡市,排名在 2013—2015 年分别下降 21、21、14、13、11 与 7 位。这表明,排污税的正向作用仍然不够显著,对偏远地区的作用尤其不够。

四是水生态调控中的更严厉水环境直接管制,意外地对城镇化质量存在显著的负向影响。在其他条件不变的情况下,更严厉水环境管制县市比其他县市的城镇化质量综合表现要低 1.0—2.6 分。2005 年开始实施严厉管制的县市共有 77 个,实施 10 年后排名上升的县市有 27 个,而排名下降的则达到了 49 个。排名上升较多的有张家界市、韶山市等少数城市,他们在 2005—2015 年全省排名分别上升 78 和 47 位。排名下降的如平江县、洞口县、安化县、茶陵县、华容县和绥宁县,他们在十年时间里城镇化质量分别仅提升了 7.89、7.42、3.16、6.05、0.76 和 1.18 分,在全省排名分别下降了 57、71、72、76、84 和 90 位之多。我们认为,其主要原因可能是在政策落实与生态经济协同发展等方面存在一定问题,详细分析见 6.4.2 分项回归部分的相关内容。

另外,各项控制变量的结果与上一章基本类似:(1)与预期不同的是离省会城市距离越近,城镇化质量反而显著越低;这可以理解为:虽然长株潭城市群近几年来的城镇化质量越来越高,但从 2001 年至 2016 年的 15 年总体来看,长株潭城市作为城镇化质量洼地的总体格局仍然比较显著;(2)与预期一致的是水面面积越大,城镇化质量都会显著性地越高;(3)城镇人口规模与城镇化质量呈现与预期一致的倒 U 型关系,规模偏下和规模偏大都不利于城镇化质量的提升,当人口规模达到某个特定规模时,城镇化质量达到极大值;(4)消费水平与城镇化质量的关系与预期完全一致,呈现显著的 U 型关系;即人均消费水平相对较低时,消费水平的提高会显著降低城镇化质量,当消费水平高于某数值时,消费水平的提高则能提升城镇化质量。值得注意的是,由于本文未区分地级城市、县级城市与县城,因此(3)和(4)涉及的极值数据没有太多的经济含义和实际指导意义,故在此不做具体的计算。

二、分项计量结果

为了更深入了解生态调控是如何影响城镇化质量的,我们考察这四部分政策是如何分别影响生产效益、生活效益与生态效益,进而影响城镇化总体质量的。我们将城镇化质量三个子系统的得分作为因变量进行双向固定效应的双重差分计量,得到如表 7-3 所示的四组分项计量检验结果。

表 7-3　环境治理提升城镇化质量的分子系统计量结果

	城镇化质量综合效益(3-6)	生产与经济效益(3-7)	生活与社会效益(3-8)	生态与环境效益(3-9)
Wcon_po31	−2.6443 *** (0.6355)	−3.2841 *** (0.7646)	−0.9574 ** (0.3948)	−0.4332 (1.2431)
Pfee_po32	1.5795 (1.1701)	1.2214 (1.4079)	−0.2416 (0.7271)	−2.6146 (2.2891)
Capt_po33	1.9357 ** (0.7931)	2.1186 ** (0.9543)	0.2201 (0.4928)	3.7419 ** (1.5516)
Rivc_po34	1.4665 * (0.8009)	2.7219 *** (0.9637)	−0.6275 (0.4976)	−0.2305 (1.5668)
C-term	Yes	Yes	Yes	Yes
Control Vars	Yes	Yes	Yes	Yes
Year-fixed effect	Yes	Yes	Yes	Yes
Reg-random effect	Yes	Yes	Yes	Yes

续表

	城镇化质量综合效益(3-6)	生产与经济效益(3-7)	生活与社会效益(3-8)	生态与环境效益(3-9)
R^2	0.8067	0.8118	0.8585	0.6477
No of Obser.	1515	1515	1515	1515

注：*** 、** 和 * 分别表示结果在1%、5%和10%的水平下显著。

　　总体回归结果表明直接管制、排污费、许可交易和生态补偿对城镇化质量的影响是不同的,其主要原因我们不难从上表的分项回归发现,它们的产业与经济效益、生活与社会效益、生态与环境效益是有差异的,甚至有部分结果与我们的预期有较大出入。一是许可交易工作显著提升了生产与经济效益、生态与环境效益,但对生活与社会效益的提升作用仍然不显著。这个结果与我们预期的结果非常吻合,2012年开始的湖南省排污权许可证发放与交易确实直接提升了生产与经济效益,并且由此产生了良好的生态与环境效益;但其与生活活动相关度不是太高,因此自然对生活与社会效益的提高就不甚显著。二是生态补偿产生了较好的生产与经济效益,但是对后两者特别是我们预期中的生态与环境效益却为负,不过这一结果并不显著。我们分析其主要原因是生态补偿(包括奖励和惩罚)的规模太小,难以对地方政府的决策产生足够的影响。三是污染费政策对生产效益、生活效益和生态效益分别为正、负、负,且均不显著,我们认为这可能是污染费率过低,并未对排污企业造成足够的污染成本所致,这从足额缴纳率偏低的实际情况也可以得到印证。四是水功能区管制对城镇化质量的负向作用主要是通过降低生产与经济效益、生活与社会效益发生的,而其对生态与环境效益则尚不显著。主要原因包括:一方面是没有相关的奖惩机制将该水功能区规划落实到位,导致大部分地区的污染仍然继续;另一方面是只有一小部分地区(如张家界、韶山、望城等),将水生态环境改善转化成为经济增长与社会发展的动力,更多地区虽然改善了水生态环境,但没能将其与经济社会发展联动起来,导致经济增长又落后了其他地区更多。

三、共同时间趋势检验

使用双重差分估计的必须满足重要前提假设,即对照组与处理组具有共同时间趋势,才能保证估计参数的无偏性。在自然科学实验(如细菌样本培养)中可以做到处理组与对照组在绝对水平、发展趋势方面的完全一致,从而保证它们的唯一区别是处理组受到人为干预、而对照组没有受到人为干预;但在社会科学中无法做到对照组与处理组的完全一致,因此退而求其次地要求两组必须有共同的时间趋势,这样在绝对水平被二次差分处理掉的情况下仍然是可以保证参数估计是无偏——仅包含人为干预措施(政策)对处理组的影响。

首先,我们来看地表水质量管制政策实施前处理组与对照组的时间趋势情况。在洞庭湖区,地表水质量直接管制政策是从 2005 年开始实施的。因此,我们统计了 2001—2004 年处理组——69 个实施最严厉水质管制县市,和对照组——32 个未实施最严厉水质管制县市的城镇化质量发展趋势(如图7-3)。

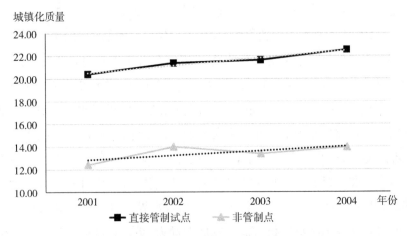

图 7-3　直接管制前处理组与对照组的时间趋势

可以清晰看到,实施了最严厉水质量管制的 69 个县市在政策实施前,其城镇化质量水平比对照组 32 个县市要高 8 个绩点左右,显然对照组与处理组的水平差异较大。不过我们发现,这两个组的城镇化质量在 2001—2004 年的发展趋势是高度一致的。因此我们认为,对照组与处理组虽然存在较大水平差异,但具有完全一致的时间趋势,使用二次差分可以得到"干净"的参数估计。

其次,我们来分析污染税政策实施前处理组与对照组的时间趋势情况。洞庭湖区的污染税试点是自 2014 年开始的。因此,我们统计了 2001—2013 年处理组——37 个排污税试点县市,和对照组——64 个非试点县市的城镇化质量发展趋势(如图 7-4)。可以看到,新型城镇化试点县市在政策实施前的城镇化质量水平比对照组要略低。不过,我们发现这两个组的城镇化质量在 2001—2013 年的发展趋势是基本一致的。也即,我们认为对照组与处理组虽然存在差异,但因其具有基本类似的时间趋势,因此使用二次差分可以得到相对"干净""无偏"的参数估计。当然,这一趋势与直接管制政策的时间趋势相比,相似的程度是有所下降的,特别是当我们取相对短的观察期,这一共同趋势是相对脆弱的。因此,我们认为直接管制的参数估计相对新型工业化来说会更加干净。

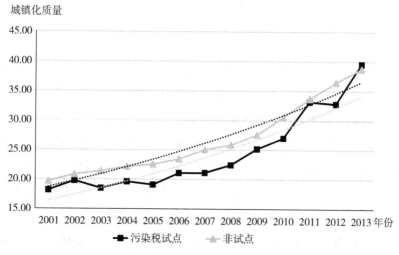

图 7-4　污染税征收前处理组与对照组的时间趋势

然后,我们来看排污许可证交易政策实施前处理组与对照组的时间趋势情况。洞庭湖区自 2011 年开始了排污许可证交易试点,因此我们统计了 2001—2010 年处理组——15 个排污许可证交易试点县市,和对照组——86

个非试点县市的城镇化质量发展趋势(如图7-5)。可以看到,排污许可证交易试点县市在政策实施前的城镇化质量水平比对照组要略低。不过,我们发现这两个组的城镇化质量在2001—2010年的发展趋势是高度一致的。也即,我们认为对照组与处理组虽然在水平上存在差异,但它们具有高度一致的时间趋势,因此使用二次差分可以得到"无偏"的参数估计。

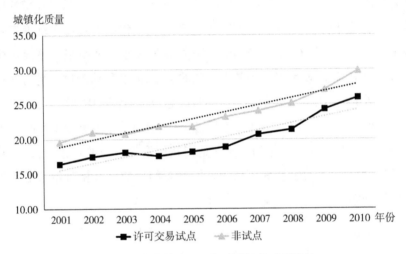

城镇化质量

图7-5　许可交易前处理组与对照组的时间趋势

最后,我们来看生态补偿试点实施前处理组与对照组的时间趋势情况。洞庭湖区的生态补偿试点在2014年开始,因此我们做了2001—2013年试点前的时间趋势检验。统计结果表明(见图7-6),58个生态补偿试点县市在政策实施前,其城镇化质量水平与对照组的43个县市水平基本保持类似的发展趋势。因此,我们认为对照组与处理组虽然存在一定的水平差异,但它们具有共同的时间趋势,因此使用二次差分是可以得到相对"干净"的参数估计的。

从以上四个共同时间趋势的检验结果来看,最严格通过检验的是排污许可证交易政策和直接管制政策,其次是污染税政策,最后是生态补偿政策。所以,我们认为最终估计结果的可靠程度也可以按这个次序进行判断。

四、基本结论

一是总量控制与排污许可证交易对洞庭湖区各县市的城镇化质量在总体

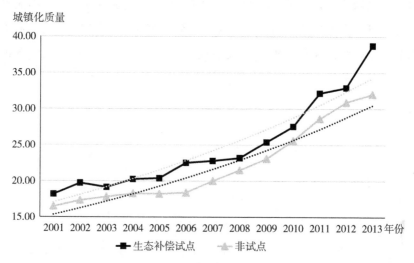

图7-6　生态补偿前处理组与对照组的时间趋势

上起到了显著的提升作用。按保守估计,许可证交易试点比非许可证交易试点县市的城镇化质量要显著提升2%左右。并且,许可证交易行动对城镇化质量的提升,主要是通过显著减少单位GDP用水量、降低采矿业比重等产业升级机制,以及增加污水处理率、提高人均水环境支出和提升河水质量等生态保护机制实现的,特别是生态机制作用最大、也最为显著。由此,关于排污许可证交易提升城镇化质量的假设7.3得到了肯定性的检验。

二是生态补偿政策对新型城镇化质量也有显著的提升作用。按保守估计,参与了生态补偿试点能使相应县市的城镇化质量显著提升1.5个百分点左右。进一步地,这一提升主要是通过提升生产效益实现,包括减少了万元GDP用水量、降低采矿制造业比重、减少化肥施用强度等途径提升了城镇化质量;而社会效益和生态效益则不显著。因此,我们认为获得了关于生态补偿政策提升城镇化质量的理论假设7.4的部分肯定性实证证据。

三是排污税政策对城镇化质量有提升作用但不显著,而直接管制对城镇化质量甚至出现了显著的负面作用。前者的主要原因是:排污税的生产效益是正的但不显著,同时其社会效益与生态效益却出现了负面影响,虽然这一结果也不显著。后者的主要原因是:直接管制的经济效益与社会效益均出现了显著的负值。直接管制的经济效益和社会效益损失是容易解释的,这也是管制的天生缺陷;但出乎意外的是管制的生态效益也是负的(虽然不显著),这可能是管制在污染严重的地方并没有得到严格执行导致的。因此,我们没有得到关于排污税和直接管制政策能提升城镇化质量的理论假设 7.3 的实证证据。

第八章　湖区城镇化质量提升的
国内外案例分析

第一节　洞庭湖区望城的案例

一、望城城镇化与水生态概况

长沙市望城区(原望城县,2011 年设区),地处洞庭湖南畔、长沙市北部,是湘江干流注入洞庭湖的入湖口,也是全国人民的楷模——雷锋同志的故乡。望城区下辖雷锋、大泽湖、铜官等 10 个街道,靖港、乔口等 5 个镇,辖区面积969 平方公里。其东面是长沙县,南面是长沙市开福区和岳麓区,西面是宁乡市,西北面是益阳市赫山区,北面是岳阳市湘阴县和汨罗市。境内主要交通干线包括南北走向的京港澳高速复线(G4W2),以及东西向的长张高速(G5513)。望城区在 1981 年的总人口为 67.62 万人(含 2008 年划入岳麓区的含浦、莲花、坪塘、雨敞坪四镇),城镇化率仅为 6.92%;2016 年总人口为60.13 万人,城镇化率快速上升至 60.17%。

2001 年,望城的人均 GDP 为 7765 元,在全省 101 个县、县级市和地级市城区中排名第 12 位,但仅为长沙县的 1/2,不到长沙市区的 1/3。第二、第三产业占比分别为 0.43 和 0.34。此后,望城进入工业化与城镇化的快速发展阶段。2009 年,望城首次进入全国百强县、排名第 99 位。到 2016 年,在全国百强区榜单中排名第 78 位。人均 GDP 上升为 90319 元,达到了长沙县的70%、长沙市区的 63%,在全省 101 个县、县级市和地级市城区中排名第 7 位。第二、第三产业占比分别为 0.72 和 0.22。

　　由于地处洞庭湖畔,望城区拥有丰富的水资源。境内有湘江干流 26 公里,江面最宽处达到 1.3 公里;从湘江西岸注入湘江的河流有:靳江河、沩水河、柳林江、撇洪河、八曲河、马桥河、大泽湖水系、龙王港、观音港和百泉河;从湘江东岸注入湘江的河流有霞凝河、黄龙河和石渚河;主要湖泊包括团头湖、千龙湖、天井湖和格塘水库等。水资源总量约 40.46 亿立方米,全省排名第十位左右。2000—2015 年间,湖南省水利厅与环保厅联合对湖南省 101 个县市区的主要河流水质量进行了系统的跟踪监测。其中,望城区 26 公里湘江主干流全部纳入了监测范围。如图 8-1 所示,2000 年湘江干流望城段的河水质量仍然全部为 III 类水,此后 V 类水横空出世、并呈逐年增多的趋势。在 2005 年至 2010 年这五年时间里,望城辖区内 26 公里湘江干流已经全部下降为 V 类水。

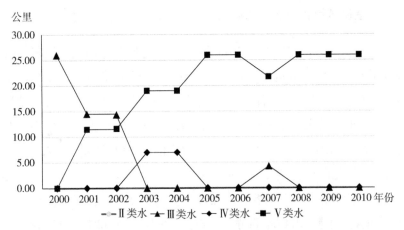

图 8-1　2001—2010 年长沙市望城区河水质量的变化趋势

　　不可否认,这种状况与上游长沙、株洲、湘潭的水污染转移有一定的关系。其中,对湘江望城段水质影响较大的是上游不远的长沙市辖区浏阳河和捞刀河入湘江口,由于长沙县、浏阳市的工业粗放发展,这两个河口的水质长期处于劣 V 类,直接影响到长沙市下游的岳麓区乃至下游望城区的河水水质。

　　不过,望城区本地的污染源增多仍然是湘江望城段水质下降的主要原因。望城区的传统工业主要以建材、食品加工、机械电子、化工、水泥、印刷、造纸、纺织、皮革等行业。这些工业行业基本上都属于 2015 年党中央国务院公布的

《水污染防治行动计划（水十条）》划定的"对水生态文明威胁最大"的十大行业。望城工业化的粗放发展产生了大量废水，未经妥善处理就直接排入河流；同时，还有粗放发展的禽畜养殖业，也生产了大量的粪便废水，大部分都是直接排入湘江（如图8-2）。

图8-2　2011年湘江望城段黄金镇养猪场污水直排湘江

来源：绿网，URL：http：//www.czt.gov.cn/Info.aspx？ModelId＝1&Id＝19861。

城镇化的快速发展，城镇管网缺乏、污水处理能力有限等导致大量的生活污水也一同直排到江河湖泊中。因此，望城的河水质量在这10年时间里由Ⅲ类水迅速下降为Ⅴ类水甚至劣Ⅴ类水，水生态文明遭到严重破坏。

粗放的发展虽然给望城区的城镇化进程带来了一定的经济效益与社会效益，但是，生态效益的明显下降却影响了望城的城镇化综合质量。如图8-3所示，望城区2003—2008年的生态效益处于一个显著的下降区间，这成为制约其综合城镇化质量增长的根本原因。水生态环境的恶化给人民生产生活带来了极大的负面影响，人民群众对此满意度不断降低。望城的水生态环境恶化，成为湘江流域乃至整个洞庭湖区水生态文明破坏的一个缩影。而这便为望城区政府、长沙市政府乃至湖南省政府下定"壮士断臂"的决心来治理湘江流域和整个洞庭湖区的水污染，让"三湘四水"重新清澈起来。

二、望城的具体做法

由于望城区地处湘江入洞庭湖的入湖口，河水径流量大、更新速度快，多

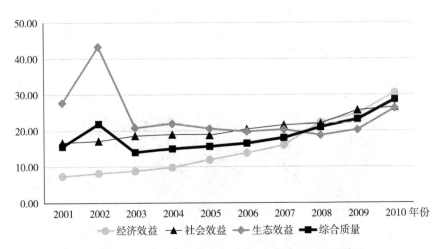

图 8-3　2001—2010 年望城区城镇化质量及其分项得分情况

年的污染尚未对望城的水生态文明造成不可逆性的后果。因此,望城近年来的水生态文明与新型城镇化建设的主要做法与经验是对工业、生活与农业等污染源进行分类控制,由此较快地恢复了原本的水生态文明。这也是后来望城推进洞庭湖生态环境整治"五大计划"(2017)的主要来源①。

(一)贯彻落实新型工业化战略

从 2011 年起,望城区开始实施在《望城区经济社会发展"十二五"规划》中制定的新型工业化发展战略。

一是更加重视工业经济增长质量。经过十多年粗放快速的增长,望城的第二产业占比从 2001 年的 42%一路飙升到 2010 年的 71%。此后,望城并没有一味地扩大第二产业的份额,而是将其基本保持在 70% 左右,更加重视工业增长质量,将主要精力放在工业行业结构调整上面。

二是推进工业规模化与集聚化发展。2010 年,望城工业经济总量约合400 亿元,其中规模工业产值为 298 亿元,约占总量的 75%;到了 2014 年,全区工业总产值共 941 亿元,其中规模工业总产值 844 亿元,占比从 75% 上升到90%。在工业规模化发展的同时,要求所有的工业企业都必须进园区,形成集

---

① "五大计划"包括:工业污染防治计划、城乡生活污水处理计划、农业农村污染治理计划、河湖水域治理计划、城乡生活垃圾分类减量计划。

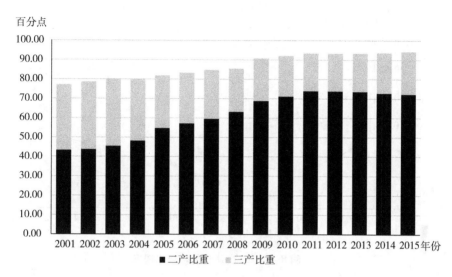

图 8-4 长沙市望城区非农产业结构变化趋势

聚发展。

三是剔除高污染、高排放的工业企业。望城在 2011—2015 年依法关闭了一批造纸、电镀、水泥、化工、黏土砖等高污染与高耗能工业企业,园区也实施了严格的准入制度,不管产值多大,以燃煤为原料等高耗能高污染企业一律不准进。2018 年 1 月,望城经济技术开发区入选国家新型工业化产业示范基地(第八批)。

如图 8-5 所示。2008—2012 年望城区的综合能耗量从 115 吨标准煤/万元 GDP 上升到 164 吨标准煤/万元 GDP,排在全长沙市之首。经过新型工业化与节能减排的努力,望城区综合能耗自 2012 年开始下降,2015 年为 75 吨标准煤/万元 GDP,为全长沙市之最低。

(二)就地城镇化与城乡设施改善

从 2011 年开始,望城区政府提出把望城作为整体打造成"望城大公园"的新型城镇化发展战略,包括城区大公园和乡村特色小镇两个方面。

一是将望城区以高标准建成花园式中心城区。在"大公园"里推进新型工业化,所有新开工的工业项目一律进工业园区,老企业也逐步向园区实现转移;同时,将工业园区建设成绿树成荫、芳草遍地、宜居宜业的公园式园区;工

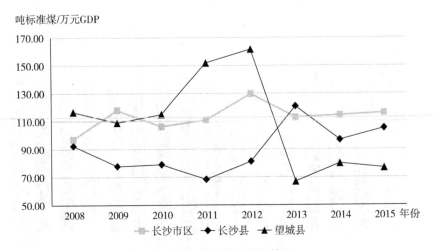

图 8-5　单位 GDP 能耗变化情况

业企业踊跃承担环境保护的社会责任,广泛开展清洁、美化、绿化行动。建成望城第一污水处理厂、第二污水处理厂,将工业废水与生活污水统一进行处理。在中心城区建成包括金桥国际商贸城、高星(钢铁)物流园、湾田国际商贸城、环球奥特莱斯等在内的现代服务业体系。

二是将下属各镇建成各具特色的风情小镇,鼓励农民实现就地城镇化。例如,靖港镇抓住"古镇"特色,围绕古镇建成了一批具有明清特色的商业铺面,将本地文化与旅游餐饮有机联系起来,使古镇成为国家 4A 级文化旅游景区。并借机促成本地居民在古镇开商铺、在古镇集中居住,形成了本地城镇化的一个特色。类似的案例还有如铜官镇以"陶瓷"为核心特色形成了一个休闲、体验和旅游的产业链,并由此促成本地居民的城镇化;另外还有如桥驿镇将黑麋峰创建成国家森林公园 4A 景区,乔口镇以水为主题创建了长沙柏乐园、以鱼为主题建设了"乔口渔都"。望城之所以没有走"放弃农村乡镇"的西方城市化道路,正是意识到唯有城市与乡镇形成协调统一的新型城镇化格局,才是破解经济建设与水生态文明矛盾冲突的关键。望城这些星罗棋布的特色小镇,无一不是走"以水生态保护促进水经济建设、以水经济建设反哺水生态保护"的协调发展道路,通过做活水文章、盘活水经济、促进人口集中、改善基础设施、进而反哺水生态文明。

(三)农业规模经营与三产融合发展

望城较早地依托长沙市广阔的消费市场开展了生态休闲农业的实践,如光明村就是其中的典型代表。早在 2008 年,光明村就采取村民入股、合作开发等形式有效推进了农村土地集中与流转,形成了省内较早的农村土地专业合作社。将光明村整个村庄规划成谷地休闲养生区、农业观光体验区、山地旅游度假区以及滨水生态休闲区等若干个生态休闲功能区,区内建有葡萄基地、万荷园、景西都苗圃等大型农业基地。在加强农业规模化与专业化经营的同时,加强畜禽养殖污染治理,实施河湖两岸 500 米范围内畜禽规模养殖场退出的措施,加强水产养殖污染治理,禁止水产投饵、投肥养殖。实施农业规模化、专业化经营与环境管制政策后的望城,面貌焕然一新。2010 年,光明村被评为"湖南省社会主义新农村建设示范村"。2012 年,中国(望城)第四届休闲农业与乡村旅游节在长沙望城举行。

目前,望城区拥有 1 个国家休闲农业与乡村旅游示范点(光明村),12 家国家级五星级农庄(千龙湖度假村、百果园农庄、锦绣生态农庄、鹿饮泉农庄等等),以及 40 多家三星级以上休闲农庄,累计接待游客超过 2000 万人次,实现年均综合收入 60 亿元以上。望城将传统农业与休闲旅游业融合发展、形成生态休闲农业的"望城模式",已经成为全省争相学习的典型。与此同时,望城还在 2001 年批准成立的望城国家农业科技园区基础上,大力开展一、二产业的融合发展。园区早在 2011 年就吸纳了以农业新技术、新品种、新设施为主营业务的工业企业 137 家,实现总产值 62.9 亿元,财税收入 2.76 亿元。2011—2015 年,望城的第三产业比重从 19.49% 上升至 22%。

(四)水污染综合治理

2005 年《湖南省主要地表水系水环境功能区划(DB43/023-2005)》公布,望城区共有 6 个河段进入水功能区规划。其中,湘江河段县水厂取水口上游 1000 米至下游 200 米共 1.2 公里河段被规划为"饮用水水源保护区",水质标准被划定为不低于 II 类水;其余 20 多公里湘江河段被划定为"渔业用水区""景观娱乐用水区",水质标准划定为不低于 III 类水。另外,55 公里靳江河段被划定为"农业用水区"——III 类水、34 公里霞凝港被划定为"农业用水区"——III 类水、55 公里沩水河被划定为"工业用水区"和"农业用水区"——

Ⅲ类水、2公里沩水八曲河被划定为"工业用水区"——Ⅳ类水。从规划可以看出在近200公里的河段中仅允许2公里的Ⅳ类。不过可惜的是,这一水功能区出台后基本被束之高阁,直到"十二五"时期才开始重新起作用。随后,在"湘江环保世纪行"和"把湘江打造成东方莱茵河"环保行动中,包括晶天科技望城分厂等在内的部分造纸、水泥、化工类污染大户被陆续拆除。2014年,望城制定了《长沙市望城区环境保护局行政处罚裁量权基准》,加大了对废污水违法违规排放行为的处罚力度。

同时,加快了废污水管网的铺设。2014年建成了望城区第一污水处理厂,日处理污水能力达到4.00万立方米。将长沙虹桥混凝土有限公司、亚华乳业、望城一中、东马重建地、长沙医学院等重点排污单位接入污水管网,经污水处理厂处理达标后再排放;将高塘岭西侧、黄桥大道以东片内的污水接入县城污水处理厂处理,全面提升县城的生活污水处理率。2015年在铜官镇建成了望城区第二污水处理厂,日处理污水能力为1.50万立方米,将铜官集镇污水管网接通至铜官污水处理厂。截至2015年末,望城全区在下辖的各乡镇陆续建成了包括靖港、乔口渔都、桥驿集镇、白箬友仁、杨桥、茶亭、东城、格塘、靖港新镇、新康、乌山、白箬铺等12家乡镇污水处理厂。

另外,望城第一批进入了湘江与洞庭湖区排污费试点区域。2014年,包括华电长沙(火力)发电有限公司在内的62家排污企业共缴纳273万元排污费。2015年缴纳了277万元,2016年缴纳了440万,2017年缴纳了443万元。污染费增加了排污企业的排污成本,使其在排污过程中不得不考虑社会成本,从而减少了排污的数量,倒逼企业引进清洁技术或者转型转行发展。

三、望城取得的主要成效

(一)经济效益

随着新型工业化的持续推进,望城人均GDP从2001年的7765元/人大幅上升到2015年的90319元/人,与此同时万元GDP用水量从462吨下降到44吨。不过,从图8-6万元GDP用水量随人均GDP变化的情况来看,下降速度最快的时期出现在2001—2009年,第二个时期是2010—2015年。第一个时期,从462吨/万元下降到100吨/万元,下降幅度为362吨,人均GDP从

7765 元上升到 35495 元,增加幅度为 27730 元,每减少一吨用水增加人均 GDP 为 76 元;第二个时期,从 84 吨/万元下降到 44 吨/万元,下降幅度为 40 吨,人均 GDP 从 46393 元上升到 90319 元,增加幅度为 43925 元,每减少一吨用水增加人均 GDP 为 1098 元。因此从总体上看,2010 年("十二五"规划)实施新型工业化战略以后,望城的国民经济生产大大提升了绿色、低碳、生态技术含量,使单位 GDP 用水的下降产生了更大的经济效益。

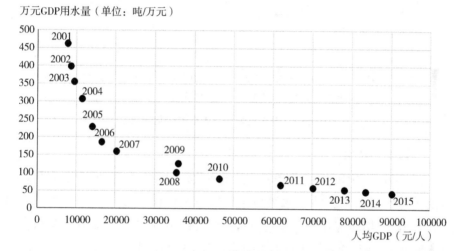

图 8-6　万元 GDP 用水量随人均 GDP 变化的情况

　　另外在农业生产领域,化肥的使用强度也在持续下降,并产生了较好的经济效益。如图 8-7,为 2001 年以来望城化肥施用强度的变化情况。

　　望城的化肥施用强度在 2001—2006 年保持了较平稳的 48 千克/亩的水平,在 2007—2011 年则历经了一个较大的上升区间,最高水平为 54 千克/亩。2012 年以后,我们看到了一个明显的回落过程。2015 年下降为 45 千克/亩。可以看到,2001 年望城的化肥施用强度虽然在全省平均水平以下,但比长沙市区和长沙县的强度都要高,而到了"十二五"时期,望城的化肥施用强度比全省平均水平、长沙市区水平和长沙县水平都要低。这一个重要的变化,与望城区的水生态文明保护与建设有着密不可分的关系。在农业产出持续强劲增长的同时,望城的化肥施用强度持续下降,这从根本上降低了农业面源污染的程度,对减轻河流水污染、保护与建设水生态文明起到了积极的作用。

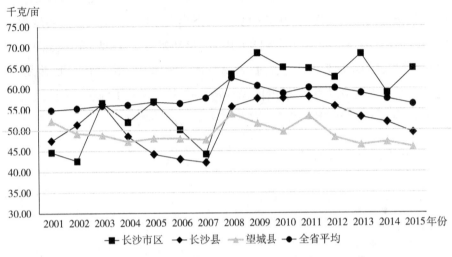

图8-7　望城化肥施用强度的变化情况

（二）社会效益

在2001—2010年期间,望城区的城乡收入差距排在全省平均水平以上,以及在长沙市区和长沙县水平以上。这也是传统城镇化的必然结果。自2011年开始,望城区开始实施主动的新型城镇化发展战略,加快望城区经济社会发展的同时,启动了下辖各乡镇的特色小镇建设工作。

特色小镇建设的龙头项目一方面极大改善了居民的生产、生活基础设施,另一方面更重要的是为小镇带来了大量游客,给居民带来了许多的创业与就业机会,包括开设店铺、农家乐、旅馆等等。这让新型城镇化与特色小镇建设突破了传统城镇化成果难以惠及百姓的难题、真正让其成为普惠性的建设工程。例如,乔口镇的柏乐园水上世界、乔口渔都餐饮业、垂钓竞赛体验项目,铜官古镇的陶瓷文化街区、制陶体验店、各式农家乐,靖港古镇的农家休闲驿站,桥驿镇的黑麋峰国家森林公园等等,无一不是当地百姓创业就业的典型样板。由此,望城区城乡收入差距从高于全省平均水平、长沙市区水平和长沙县水平快速下降到低于全省平均水平和长沙市区水平,与长沙县水平保持一致(见图8-8)。

（三）生态效益

在2001年,望城废污水处理率仅有10%,其余90%的工业废水和生活污

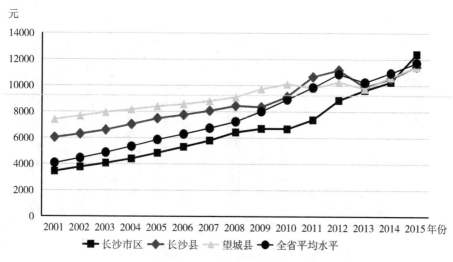

图8-8 望城区2001年来城乡收入差距的演变过程

水均直接排入湘江干流和支流,这些工业化和城镇化产生的污染物在河流湖泊中集聚与沉积,导致了河流水质的迅速恶化。此后望城的废污水处理率缓慢上升,到2009年才达到70%的水平。在新型工业化与新型城镇化战略的框架下,望城废污水处理率自2010年开始快速上升到90%以上的水平,并在2013年左右一度达到了100%的处理率(见图8-9)。

如前文所述,由于废污水的直排,湘江望城段水质从2001开始迅速恶化,2005—2010年间,湘江干流已经全部下降为Ⅴ类水,许多境内未纳入水质监测的支流河段更是成为劣Ⅴ类水。自2011年起在新型工业化与新型城镇化的作用下,一方面废污水排放数量得到基本的控制,另一方面污水处理率开始上升到90%—100%的较高水平,因此Ⅴ类水逐渐改善为Ⅳ类和Ⅲ水,并于2013年开始出现Ⅱ类水。2015年,望城区湘江干流河水中有12公里为Ⅱ类水、14公里为Ⅲ类水,水质较之前有了非常大的改善(见图8-10)。

(四)综合效益

从望城区城镇化质量分项效益和综合效益提升过程与轨迹(如图8-11)来看,我们可以将其分为2001—2010年和2011—2015年这两个截然不同的阶段。在第一个阶段,城镇化综合质量从15.66分上升到28.62分,十年间年

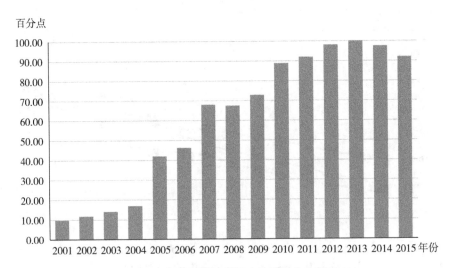

图 8-9　2001 年来望城区废污水处理率变化情况

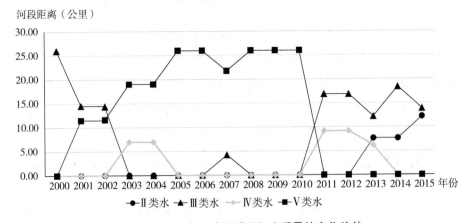

图 8-10　2001 年以来望城区河水质量的变化趋势

均仅增长 1.44 分。在这个城镇化质量增长缓慢的阶段,经济效益从得分滞后快速增长为得分第一,生态效益则从得分第一逐渐下降为得分滞后。这就是习近平总书记讲的"牺牲生态环境来发展经济""用绿水青山换取金山银山"的粗放城镇化发展阶段。第二阶段是 2011 — 2015 年,城镇化综合质量从 39.65 分上升为 58.05 分,五年间年均增长 4.60 分。在这个城镇化质量快速增长的阶段,生态效益从得分落后快速上升为得分第一,经济效益也与生态效益保持了齐头并进的发展态势。这就是习近平总书记讲到的"既要绿水青山又要金山银山"的新型城镇化发展阶段。

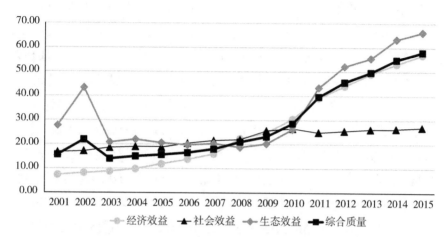

图 8-11 望城区城镇化质量提升的基本过程与轨迹

值得注意的是,相对于生态效益与经济效益来说,社会效益的提升与改善相对缓慢。另外,生态保护方面也还存在一些新的问题。如 2015 年湖南省人大常委会水污染防治法执法检查发现,望城区铜官窑镇废污水直排严重。主要原因包括两个方面,一方面是镇上的望城区第二污水处理厂——循环经济工业园污水处理厂,污水处理能力不足以支撑全镇的废污水排放量(仅日均 1.5 万立方米),约有 50% 的重金属工业废水在夜间直排入湘江。导致铜官窑循环经济工业园污水处理厂排水口的氨氮浓度超过国家标准的 15 倍之多。另一方面,因截污管网不配套的原因,镇上万余人每天排放的生活污水无法全部集中到污水处理厂进行处理。另外,华电集团长沙电厂作为省管龙头企业,存在不少废水超量、超标排放等问题,并且极不配合省市相关管理部门调查。

第二节 太湖无锡的案例

一、无锡水生态治理的背景情况

无锡市,地处长江南岸、太湖北滨,东连苏州、西接常州,辖区面积 4628 平方公里,另有太湖水域 398 平方公里。无锡是江苏省最南端的地级市,改革开放后这里曾诞生了全国争相学习和借鉴的"苏南模式"（包括苏锡常）。

"苏南模式"是我国经济学与社会学研究先驱——费孝通先生（1983）对江苏南部的苏州、无锡和常州三地经济社会发展模式的高度总结，主要是指通过发展乡镇企业，走"先工业化、再市场化"的经济发展道路。改革开放初期，无锡在社队企业的基础上，抓住本地劳动力富余、工业化基础薄弱的市场机遇，大力发展乡镇企业，从而推动了长三角乃至中国的工业化与城镇化进程。乡镇企业主要以乡镇政府为资源组织的核心力量，通过政府实现土地、资本和劳动力等生产资料的组织，并指派能人（包括政府官员、社会乡绅等）担任企业的经营负责人。将政府信用、企业家才能与社会闲散资源结合起来，快速跨越了最艰难的资本原始积累阶段，在乡镇企业引领下实现了工业化的跨越式发展。这也为后来长三角成为继珠三角之后的第二个中国制造业增长极打下了坚实的工业基础。

如图 8-12 所示，1996 年无锡市 GDP 为 870 亿元，2006 年 GDP 为 3300 亿元，10 年年均增长 14%；1996 年工业化率为 59%，2006 年增长到 60%，10 年间一直维持在 60% 的高位水平。在 2006 年的城市 GDP 总量排名中，无锡市仅次于上海市、北京市、广州市、深圳市、苏州市、天津市、重庆市和杭州市，排名全国第九位。除去副省级市和省会城市，仅排在同省的苏州市之后，在全国普通地级城市中排名第二。

然而，在 2007 年 5—6 月期间，不少无锡市市民发现无锡太湖水一夜之间变绿了，人们从来没有见过这种景象，但只需目测就能感觉到这是极其不正常的现象。无锡市全城自来水也受到了污染，人们于是疯狂抢购瓶装、罐装饮用水，超市饮用水一度脱销。后来人们才明白，这就是长期以来无锡粗放式工业化的后遗症，湖水富养化——总氮、总磷过高，导致的蓝藻危机。

早在 1997 年，无锡运河体系中就大面积出现 Ⅴ 类水，并开始有部分河段水质降到了劣 Ⅴ 类水，该时期虽然湖心区域水质仍算较好，但临近湖岸的五里湖（蠡湖）水体已经开始出现富养化问题，各种有机物严重超标。如图 8-13 为 2001—2006 年无锡市 GDP 与废污水排放总量增长的轨迹。2001 年总排放数量为 3.8 亿吨，2006 年增长到 7.18 亿吨，年均增长率达到了 14%。这个速度与 GDP 的年均增长速度保持了高度一致。

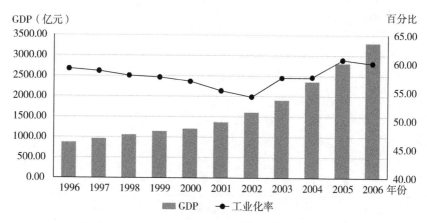

图 8-12　1995 年以来无锡市 GDP 和工业化率的变化

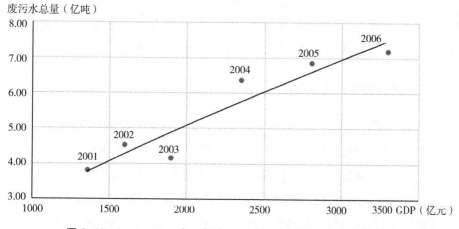

图 8-13　2001—2006 年无锡市废污水排放量随 GDP 变化趋势图

如图 8-14 为 2000—2006 年无锡市 GDP 与 COD（化学需氧量，表征单位水体中的有机物污染程度）排放总量增长的轨迹。2000 年 COD 总排放数量为 1.912 万吨，2006 年增长到 8.51 万吨，年均增长率达到了 28%。这个速度是年均 GDP 与年均污水排放量增长速度的两倍，这说明 2000—2006 年间，无锡市不但污水排放量在快速增加，排放浓度则在以更快的速度增加。

1999 年开始，无锡运河总体平均水质已经全部下降为 V 类水，并开始出现越来越多的劣 V 类水。由于长期、大量、高浓度的废污水直接注入太湖，除

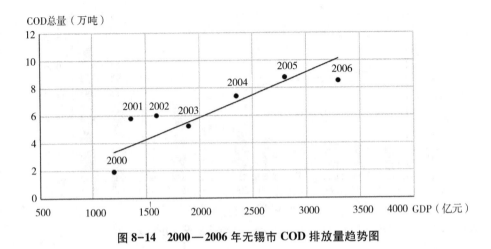

图 8-14　2000—2006 年无锡市 COD 排放量趋势图

了五里湖常年处于 V 类水以外,2000 年往外拓延到更大面积的梅梁湖也开始下降为 V 类水,并快速继续往外延伸到贡湖、竺山湖和太湖湖心。终于在 2007 年 5—6 月在整个太湖形成了全面爆发的蓝藻危机。

二、无锡治水的主要策略

2007 年太湖蓝藻危机暂时平息后,省市各级党委和政府对太湖过去十年以来太湖治理方略进行了深刻的反思。1996—2006 年,政府层面零散性、突击性、运动式太湖治理策略对蓝藻危机的形成负有很大责任(朱玫,2016)。政府高层逐渐认识到,在污染压力日益增加的情况下,简单的大投入很难从根本上解决问题,也不存在足够低廉的先进技术能让问题一劳永逸,体制机制方面的制度创新才是太湖蓝藻治理的现实出路。痛定思痛,2007 年江苏省委省政府和无锡市委市政府联合提出"铁腕治污、科学治太"的新战略。

(一)创新性提出和实施了"河长制"

为克服部门之间、区域之间"九龙治水"、多头管理的问题,2007 年 8 月无锡市委市政府发文《无锡市河(湖、库、荡、氿)断面水质控制目标及考核办法(试行)》,明确将全市近 80 个河流断面水质监测结果纳入市县区主要负责人(河长)政绩考核。截至 2010 年 8 月,河长制覆盖到全市所有村级以上河道总计 6519 条(段)。各级河长的职责不仅要改善水质,恢复水生态,而且要全面提升河道功能,包括河道清淤与驳岸建设、控源截污、企业达标排放、产业结构升级、企业搬迁、农业面源污染治理等方面。河长制的提出是基于对河湖污染"问题在水中、根子在岸上、关键在人上"的深刻认识,这一文件成为我国"河长制"的起源。一方面,"河长"具有统领和综合协调发改、水利、环保、工信、建设、农业等职能部门的能力;另一方面,平级河长之间为同一上级河长负责,上级河长可以协调下级河长之间的责任与义务。"河长制"使地方政府对水生态文明建设有了具体落实的载体和责任人,订立的责任书让年终考核有了明确的实施依据。考核优秀可给予政策性奖励,考核合格可进行表彰,如考核不通过则依据严重程度分别进行约谈、质询、通报批评、新建项目限批甚至追究领导责任。同时,还为相应河段任命了民间河长,以充分利用民间河长广泛的群众基础,辅助政府河长以完成对河流污染的全方位监督与建设。

(二)制定了最严厉的管制与最灵活的机制

从管制与机制入手,制定了软硬兼施的组合拳治理策略。一方面是出台最严厉的管制——排放标准与法规。2007 年 7 月 8 日,江苏省环境保护厅和江苏省质量技术监督局联合发布了《太湖地区城镇污水处理厂及重点工业行业主要水污染物排放限值(DB32 / 1072-2007)》,并于 2008 年 1 月开始实施该标准。这是同期在全国范围内关于污水中总磷、总氮排放限值的最严厉标准。同时,着重修订了《江苏省太湖水污染防治条例》,提出了最严厉的产业准入条件、最严格的污水排放监控体系和最昂贵的违规污水排放成本。这些最严厉的地方标准和法律法规,给太湖流域污水排放单位戴上了紧箍咒,从源头上限制了企业排污的冲动。另一方面,制定了最灵活的机制——市场定价。在出台最严厉排放标准与法规的同时,省市政府高层还陆续推出了差别化的排污费征收政策、排污总量控制许可证核发与交易、河流水生态补偿(区域补偿、上下游补偿等)以及污染控制和水生态环境目标实现或未完成的奖惩机制等等。

(三)坚持了生产、生活与生态综合治污思路

在反思之前零散式、突击性、运动式太湖治理策略的基础上,提出了全面综合治污的思路,主要就体现在从生产、生活与生态("三生")多个方面、立体角度对太湖水污染进行综合、系统的治理。一是全面整顿生产企业的排污行

为。包括限制不符合最严厉排放标准的新企业进入，整治不符合最严厉排放标准的旧企业、不达标不开工，以及彻底关闭整治达标无望的排污企业。据统计，2008—2017年的十年间共关闭6000多家整治无望的污染企业，包括4000多家化工企业和1000多家造纸、印染和电镀企业。二是全面治理城乡生活污水排放行为。包括新增城镇生活污水处理厂200多座，日均处理污水能力接近千万吨，配套和铺设雨污分流管网2.5万公里，推进5000多个村庄的小型生活污水处理工程。三是同时推进农业面源污染行为的治理。包括完成乡村3000多处大中型禽畜养殖基地的改造治理，关闭5000多处治理无望的养殖场；拆除湖面围网水产养殖面积近3万公顷；新增有机农业工程300多处，同时建设农业面源氮磷流失截污工程（主要指草地、湿地等生态拦截）1000多万平方米。

三、无锡取得的若干成效

一是实现了从速度型工业化到质量型工业化的成功转型。无锡作为"苏南模式"的代表，是以快速工业化闻名国内的。如前文所述，1996—2006年无锡全市GDP从870亿元快速上升到3300亿元，增长速度达到14%，工业化率也一直保持在60%的高位运行。不过集体经济的弊端也非常明显，乡镇企业规模小、布局散、污染大的特点决定了其对水生态文明的巨大破坏性。如《1998年无锡市环境状况公报》中就提到，无锡市工业废水排放较多的行业包括纺织业、化工原料及化工制品制造业、黑色金属冶炼及压延工业、造纸及制品业等等。因此无锡市从2007年开始限制污染型工业企业进入，并整顿和关停本地污染型工业企业近万家，主要包括了化工、印染、造纸、电镀、皮革、水泥、制药和食品加工等重度污染型企业。如图8-15所示，无锡的工业化率从2007年近60%的水平开始回落到2015年的52%，2007—2015年的八年间，每年下降1个百分点。难能可贵的是，在工业化率逐年下降的情况下，无锡市GDP仍然从2007年的3858亿元上升到2015年的8518亿元，八年间GDP年均增长率仍然高达10%。这与无锡市从2008年开始的新型工业化战略是分不开的。省市党委和政府高层经过近十年的努力，将无锡市江河湖泊系统水生态文明的最主要威胁——传统工业，成功转型为以质量为导向的新型工业体系。

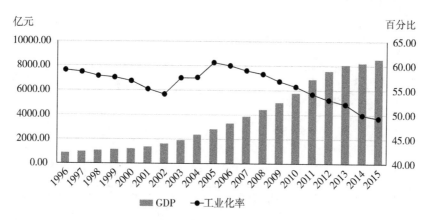

图 8-15　1995—2015 年无锡市工业化进程演进

　　无锡工业化质量提升的事实,也可以从工业 COD 排放强度的演进来得到佐证。如图 8-16 所示,为工业 COD 排放量随着工业产值变化而变化的情况,倒 U 曲线是对它们关系的一个二次拟合。可以看到,从 2000 年到 2015 年,无锡市工业 COD 排放量是关于工业产值的一个标准倒 U 型二次曲线,其中 1500 亿元系倒 U 曲线的顶点坐在位置(2003—2004 年间),极大值约为 4.5（万吨）。其含义是,当工业产值小于 1500 亿元时,工业 COD 排放总量是随着工业产值的增加而快速上升的;当工业产值大于 1500 亿元时,工业 COD 排放总量是随着工业产值的增加而较少的。如果我们将曲线的斜率视为工业 COD 排放强度,那么该强度随着工业产值的增加先出现递增,达到极值点以后则开始出现递减。可以看到,2005 年和 2006 年 COD 排放强度已经开始进入递减,蓝藻危机发生在 2007 年说明了污染物 COD 是有累计特性的一种污染物。而从 2008 年开始,无锡市的工业 COD 排放量(以及排放强度)打破了常规上下波动的发展趋势,直接向更低水平稳定下行(2011—2015 年稳定在 1.1 万吨左右),这说明了无锡的工业体系已经从传统粗放的工业化成功转型为质量型的新型工业化体系。

　　二是放缓了城镇化速度并有效降低了生活污水污染物排放密度。无锡市的城镇化进程也是走在全国前列的。2000 年,无锡市的总人口为 435 万,其中城镇人口为 213 万,城镇化率达到了 48.8%;到 2004 年,城镇化突破 50%,

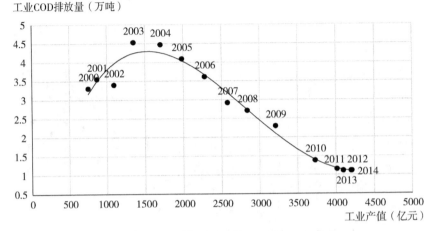

图 8-16　2000—2015 年无锡市工业废水 COD 排放强度的演进

而全国总体城镇化率突破 50% 是在 7 年后的 2011 年。如图 8-17 所示,无锡的快速城镇化一直持续到 2007 年,2000—2007 年年均城镇化率增加 0.32 个百分点。而自 2007 年蓝藻危机后,城镇化率增长速度开始放缓和调整。到 2015 年,无锡城镇化为 51.77%,比全国平均水平 56.1% 低 4.67 个百分点。放缓速度、提升质量,这正是无锡市在 2007 年蓝藻危机以后形成的新型城镇化发展战略。

　　我们还可以从生活污水的 COD 排放密度的演进(如图 8-18)来分析无锡从传统城镇化向新型城镇化的转变。2000 年,无锡生活污水排放总量虽然仅为 1.04 亿吨,但是 COD 排放密度却高达 23.88 千克/吨;此后 7 年排放密度也保持在 21 千克/吨左右上下波动。而自 2007 年蓝藻危机后,生活污水的排放密度一路下降到 2015 年的 3.7 千克/吨,这是无锡市新型城镇化的一个重要表现。

　　三是全面降低了总体污染物排放强度并最终提升了河湖水资源质量。工业废水与生活污水是江河湖泊水体最主要的污染源,由于其排放的固定性和集中性,我们常称之为点源污染。事实上除了点源污染,还有一类叫"面源污染"的污染源是常常被我们忽视的重要污染源。面源污染主要是指农业化肥、农药的过度施用和被雨水冲刷,禽畜粪便处理不当以及投饵式水产养殖等

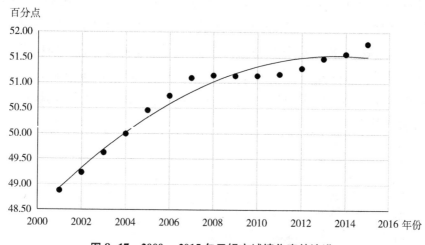

图 8-17　2000—2015 年无锡市城镇化率的演进

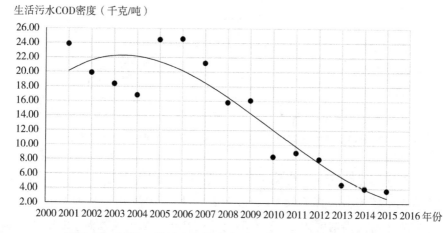

图 8-18　2000—2015 年无锡市生活污水 COD 排放密度的演进

产生的大量水体污染物,由于其散、乱、广等特征被称为面源污染;面源污染的治理相对点源污染来说难度更大。从前述两点我们可以看到,无锡市通过实施新型工业化和新型城镇化在点源污染治理方面取得了显著的成效。同时,其也在面源污染治理上做了许多努力,如前文所述的有机农业工程、生态滞留工程、养殖场拆除工程等等,这些努力取得了一定的成效。2011 年无锡市农业氨氮(NH)排放总量为 1210 吨,是生活污水氨氮排放量的一半,2015 年这一排放量进一步下降到 1110 吨。农业 COD 排放量也仅占工业 COD 的 1/2 和生活 COD 的 1/3 左右。如图 8-19 是 2000—2015 年无锡市废污水总体 COD 排放强度及其变化趋势。在蓝藻危机爆发前,无锡市总体 COD 排放强度在 3 千克/万元 GDP 左右,而在 2007 年以后该强度有出现明显下降,直到 2015 年下降为 0.421 千克/万元 GDP。这是无锡"铁腕治污、科学治太"战略的主要成效之一。

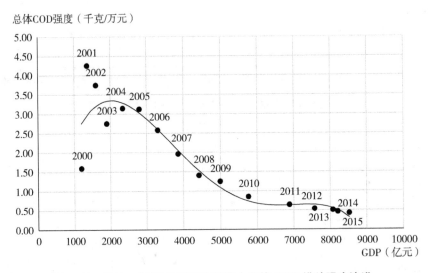

图 8-19　2000—2015 年无锡市废污水总体 COD 排放强度演进

在蓝藻危机后各种污染物排放指标全面下降的作用下,无锡市入湖河流以及太湖水域的水质有了较大改善,如表 8-1 是 2008 年以来的水质变化趋势。首先来看无锡辖区内 13 条入湖河流的情况。如前文所述,2007 年以前无锡市辖区内 13 条入湖河流基本上全部为 V 类和劣 V 类水,其中劣 V 类水质河流就达到 9 条之多(朱玫,2017)。2008 年,除了社㳎港、殷村港、漕桥河和直湖港这 4 条河流仍停留在 V 类和劣 V 类水以外,其余 9 条河流均好转为 II-IV 类水质;2009 年和 2010 年除了直湖港仍为劣 V 类水以外,其余 12 条河流均为 II-IV 类水质;再后来,II-III 类水质河流增加到 2—4 条左右,IV 类水质河流稳定在 7—10 条左右,V 类水质河流在 2 条左右,而劣 V 类水质河流从 2011 年开始得到全面消除。到 2016 年,V 类水质河流也得以全面消除,

Ⅱ-Ⅲ类水质河流增加到 6 条。

表 8-1　2008 至今无锡入湖河流及太湖水域水质变化

水质 \ 年份		2008	2009	2010	2011	2012	2013	2014	2015	2016
入湖河流水质	Ⅱ	9	12	12	4	4	3	2	3	6
	Ⅲ									
	Ⅳ				7	7	9	10	7	7
	Ⅴ	4			2	2	1	1	3	
	劣Ⅴ		1	1						
太湖水质	富养化	中度	轻度	轻度	轻度	轻度	轻度	轻度	轻度	轻度
	高锰酸钾	Ⅲ	Ⅲ	Ⅲ	Ⅲ	Ⅲ	Ⅲ	Ⅲ	Ⅲ	Ⅲ
	总磷	Ⅳ	Ⅳ	Ⅳ	Ⅳ	Ⅳ	Ⅳ	Ⅳ	Ⅳ	Ⅲ
	氨氮	Ⅵ	Ⅵ	Ⅵ	Ⅵ	Ⅵ	Ⅵ	Ⅴ	Ⅴ	Ⅴ

数据来源:《无锡市环境状况公报》2008—2016 年;上半部表格单位为"条"。

　　然后,我们来看无锡太湖水域的水质改善情况。2007 年蓝藻危机期间,太湖水质富养化程度达到高峰(重度富养化),太湖总体水质为劣 Ⅴ 类。2008 年,太湖总体水质提升为中度富氧化(约 Ⅴ 类水质),从 2009 年开始则一直持续向好,总体富养化水平控制在轻度水平,相当于 Ⅳ 类水水质。从具体的污染物指标来看,氨氮浓度过高(劣 Ⅴ 类水质)一直都是太湖水质变差的主要原因,该指标直到 2014 年才好转为 Ⅴ 类水质;同时总磷污染指标也比较高,一直维持在 Ⅳ 类水质附近,直到 2016 年才好转为 Ⅲ 类水质。由此来看,虽然 2009 年以来太湖水质富养化程度仍然是轻度和 Ⅳ 类水质,但具体指标从 2014 年特别是 2016 年开始有明显好转,总体水质状况已经开始接近 Ⅲ 类水水质。从劣 Ⅴ 类水质到 Ⅴ 类水质,再到 Ⅳ 类水质,以及近年进一步接近 Ⅲ 类水质,无锡太湖水域的水质在蓝藻危机以后不断得到提升,水生态文明建设取得了卓著成效,并与新型工业化和新型城镇化形成了协调发展的良好局面。

第三节　瑞典伦讷河流域的案例[①]

一、伦讷河流域的基本情况

伦讷河(Rönneå River),是位于瑞典南端斯科讷省(Skåne County)境内的瑞典第二大流域。该流域地表水通过伦讷河、灵湖(Lake Ringsjön)及其相关支流向西面注入谢尔德海湾(Skälderviken Bay)。伦讷河流域总面积1900平方公里,干流长度约90公里,地表水水面面积50平方公里,其中灵湖面积40平方公里。流域从西北往东南方向按中线分成东、西两个部分,东部主要为山区林地,占总面积48%;西部主要为农业用地,占总面积31%,另外还有6%的牧草地,以及各类建设用地。流域共有居民10万人,其中70%居住在14个城市市区;53人/平方公里的人口密度在瑞典已经属于人口密集区(瑞典全国平均人口密度是22人/平方公里)。

截至19世纪末,伦讷河流域经济以农业为主,包括种植、牛羊畜牧、水产养殖等等。自20世纪初伦讷河开始引入工业部门,同时还发展了休闲旅游、涉水运动等服务业部门。目前伦讷河流域的用水结构大概为:城市居民生活用水占总取水量的67%,工业部门用水占24%,农业用水占6%,乡村家庭用水占3%。由于现代产业部门的不断引入,伦讷河流域水生态系统开始遭到不同程度的破坏。从20世纪中叶开始,伦讷河水质开始下降,包括灵湖在内的多个子流域相继出现富养化问题和蓝藻危机。以灵湖(伦讷河流域最大湖泊)子流域为例,1985年以前它一直都是周边若干城市的主要饮用水源地,但后来灵湖水质逐年下降,直至1985年爆发了严重的蓝藻危机后,其已经从“饮用水源地”下降为“备用饮用水源地”。伦讷河流域的水污染也由之前纯粹的经济问题,逐步演变成为关系到政治稳定与社会和谐的政治问题。

---

① 本节内容主要参考了 Jöborn A., Danielsson I., Arheinmer B., Jonsson A., Larsson M.H., Löwgren M., Lundqvist L.J., Tonderski K.等学者发表在国际期刊 *AMBIO*(2005年第34卷第7期专刊)的系列论文,在此向学者们表示感谢。

二、伦讷河水生态治理过程与对策

面对伦讷河流域水质量的不断下降,斯科讷省政府的应对策略分为三个阶段:管理变革阶段、环境立法阶段与公众参与阶段。

一是点源污染治理阶段(1965—1985年)。从1965年开始,流域水污染问题开始引起瑞典国家政府的关注与重视,于1967年成立了全世界第一个环境保护局,并于1969年通过了当时全球最全面的《环境保护法》。该法案主要聚焦了工厂、城镇等大型点源污染排放单位的核减标准及惩罚措施。1978年,斯科讷省政府成立了"伦讷河委员会",主要负责对伦讷河流域内的江河湖泊断面(特别是污染相对严重的河段)进行水质监控。1980年,省政府又成立了"灵湖委员会",重点针对灵湖流域水污染的具体问题,制定积极的治理计划并将其付诸行动。这两个委员会之间相互独立,以平等的地位对省政府负责。

二是面源污染治理阶段(1985—2000年)。在灵湖爆发了大规模的蓝藻危机以后,1985年斯科讷省政府紧急出台了《灵湖法案》,在继续加强工厂、城镇点源污染的管制以外,着重要求减少农业与农村面源污染的排放。后来,瑞典政府还采取了几项更为严厉的管制措施——发布了15项国家环境质量目标,其中关于水质量和水管理的目标就有6项之多,这些目标具体地讲就是水体"去营养化"。国家以严厉的奖惩制度,强制要求各省、市政府采纳该系列目标,并采取相应措施付诸行动。具体来说,地方政府主要使用财政补贴的方式,采取了包括引入生物控制(增加鱼类种群)、生态滞留(建设湿地缓冲区)、改变作物耕作方式(休耕期间种和早种晚收等)以减少农田的氮和磷淋溶量。例如,间种计划鼓励农户在休耕期间种植油菜等作物,以免耕地裸露而增加淋溶量。该计划在1995年发起,补贴标准是每公顷62.50美元,由于补贴较少农民都不太愿意加入计划。后来将补贴提升到每公顷112.5美元,参与水平仍然不够理想。最后放松了多项参与规则,且对延迟耕种和春天耕种同时进行50美元/公顷的补偿,这使该计划迅速被农户接受。

三是公众参与治理阶段(2000—2015年)。2000年,瑞典国会通过了《欧盟水框架指令(WFD)》,并制定了2015年总磷减少20%、总氮减少30%的战略目标。瑞典政府对《欧盟水框架指令》的采纳,主要是意识到了其中的一个重要策略正是瑞典水污染治理半个世纪以来没能取得决定性胜利的关键——缺少公众参与。他们反思了之前使用的法律法规、行政命令等水污染治理措施,认为公众参与可能是一条新的有效途径。公众参与不但可以使改善公众的环保观念、使治理方案更合理高效,可以减少各利益主体的冲突从而节约社会成本,还可以此为渠道改善民主进程。2004 年,在斯科讷省和伦讷河委员会的支持下,Jöborn A.博士课题组首先从理论上对实现总氮减少目标的各种策略组合的效果及其相关成本进行了估算,从理论上评估了这些治理策略的有效性与经济性。然后,以电话随机访问的方式招募了近 30 人参加了为期两天的结构性会议——“伦讷河流域对话”。会议参与者分别代表该流域 5 个不同的利益团体:监测机构、种植农户、畜牧农户、点源污染者和休闲旅游业。结果发现:a.所有参会者均认为农业面源污染是伦讷河流域富营养化的重要原因,但农户倾向于用时间外部性作为借口回避;b.人们都认为污染者支付原则(PPP)和综合性方案是最可行的治理方式;c.人们普遍欢迎更多的补贴方案,但不欢迎更多的市场制度(如收取排污费、发放可转让排污许可证等管理者与专家们比较推崇的方案)。

三、伦讷河的治水成效

(一)点源污染治理的成效

从 1969 年《环境保护法》出台以后,斯科讷省和下辖各市政府投入了大量的人力、物力和财力(公共资金),于 80 年代初对所有工厂、市镇和其他类型点状污染源安装了废污水处理设备,极大地减少了点源向地表集水区的各种养分排放。这一做法取得了不错的效果,特别是水体总磷浓度得到了有效控制,尽管总氮浓度似乎未能得到有效控制。但是仍然有部分地区,特别是水流速度较缓慢、累积效应较严重的灵湖流域(水的滞留期达到 1 年以上),治理效果十分不理想。1985 年,灵湖流域爆发了严重的蓝藻事件,直接将灵湖从“饮用水源地”降级为“备用饮用水源地”。

(二)面源污染治理的成效

《灵湖法案》的出台,标志着伦讷河流域水污染治理从点源污染转入面源污染。由于农业面源污染监控成本极高,当地政府主要还是以财政补贴的方式来实施治理,包括前文讲到的生物控制、生态滞留和改变作物耕作方式等等。这些支持与补偿计划需要大量的财政资金,这让瑞典财政背上了沉重的负担。可喜的是,这些策略在短期内就取得了较好的成效,由于切中了问题的关键,灵湖流域再没有发生过大规模的蓝藻危机。不过监测部门很快发现,这一效果是短期的:总磷浓度下降较快,总氮浓度仍居高不下,只要政府的补偿政策稍有放松,流域随时都有可能再次爆发蓝藻危机。

(三)公众参与治理的成效

吉德林法则告诉我们"认清了问题就等于解决了问题的一半",然而伦讷河流域的实践告诉我们不一定。经过半个世纪的实践与讨论,人们对伦讷河流域水污染的来源已经非常清楚,"伦讷河流域对话"的所有参会者均表示:农业面源污染是当前伦讷河流域富营养化的主要原因。然而,当真正要面临如何解决这个问题时,问题变得异常复杂。A.直接管制:管制需要有完善的排放监测机制,而面源污染的监测成本非常高,高到不可能落地实施。B.庇古税:大部分利益相关者都赞同"污染者支付原则(PPP)",但农户以"PPP实质上是'污染者后代支付原则'"为由消极合作。C.产权交易:政府与专家推崇面源污染可交易排放许可证制度,但大多利益相关者特别是农户以"产权难以界定"为由极力反对。在诸多不确定性影响下,人们直接选择"不学习"和"保持现状",这是伦讷河流域水污染治理的"囚徒困境"(Galaz,2005)。最后的办法仍然是财政补贴(属于庇古税的一种),采用"晚收牧草+在春季谷物和油菜作物中种植覆盖作物+春季施用有机肥+调整作物品种"的综合措施来继续缓解伦讷河流域的富养化问题。该方案的最乐观结果是:2015年总磷削减20%的目标可以达到,但总氮削减目标最多只能做到21%,达不到30%的目标。因此,Galaz(2005)认为公众参与流域水污染治理是非常困难的,其中伦讷河流域就是非常好的一个"失败的案例"。由于缺乏伦讷河流域水污染发展现状的一手资料,我们这部分的成效阐述属于理论分析,这是本研究的一个遗憾。

第九章　加快提升洞庭湖区城镇化质量的主要对策

第一节　围绕水生态文明建设强力推进产业结构升级

一、坚定不移走新型工业化道路

（一）充分认识新型工业化对水生态文明建设的关键性

在传统粗放的城镇化发展阶段，人们一般都将高污染高排放的工业企业建在江河湖畔；国内外实践证明，即使是大江大湖也无法承载没有限制的工业污染物排放。工业用水虽然一般来说数量占比不会很高，但由于其污染物浓度高、强度大，工业废水可以在短短十年左右就造成江河湖泊难以逆转的系统性污染和水生态破坏。重度污染后的流域治理将花费巨额的成本、漫长的时间，并且收效不一定乐观。我国洞庭湖、太湖和瑞典伦讷河的案例都说明了这一点。因此大湖流域水生态文明建设应从源头上抓起，更坚定地走新型工业化道路。

（二）全面禁止高污染高排放新企业进入流域空间

我国若干重要流域和瑞典伦讷河流域的案例均表明，一旦工业企业落户流域空间，污染既成事实且地方政府对其税收形成了路径依赖，其讨价还价空间将变得非常大而使污染治理难上加难。因此，设置最严厉的环保门槛，全面禁止高污染高排放新企业进入，是洞庭湖乃至其他大湖流域水生态文明建设的首要措施。根据国务院 2015 年发布的《水污染防治行动计划》（水十条），严重威胁水生态文明的工业行业包括造纸、制革、印染、染料、炼焦、炼硫、炼砷、炼油、电镀、农药等等,此外还包括采矿、有色冶炼、火力发电、化工、制药、食品等工业行业。以上各行业的新项目,应该成为禁止进入的主要对象。

(三)全速推进污染企业转型发展和落后产能淘汰

对既成事实的污染型工业企业,要按不同行业和不同规模,分阶段进行差别化管理和引导。当前洞庭湖已经基本完成第一阶段工作,即运用行政命令对严重污染行业的小微企业进行全面淘汰。第二阶段还需大力推进,即对中型企业进行转型引导和政策支持,对实在无法转型的企业进行末位淘汰;这一阶段的淘汰工作因涉及较多的利益相关者,可主要由排污许可证交易等市场机制来实现。如今天还可以在西洞庭湖湖畔看见不少的水泥、造纸和制药等重度污染工厂。第三阶段则是责令大型污染企业负担起环保义务,并加大对其落实情况的监控、监管和监督。如前文提到的望城华电集团长沙电厂,作为省管龙头企业存在不少废水超量、超标排放等问题。类似情况是第三个阶段应该着力解决的问题。

二、大力推进农业现代化进程

(一)深入理解农业面源污染治理的艰巨性

从国际经验来看,水生态文明建设基本是按"先点后面"的逻辑顺序进行的。洞庭湖区与太湖流域的农业用水量分别占总用水量的57%和25%左右,比瑞典伦讷河流域的6%占比高了很多。这决定了在未来很长一段时间里,我国的农业面源污染治理将成为流域水生态文明建设一个重要的领域。从瑞典伦讷河流域的案例来看,这一阶段的工作才是最难、最具有决定性意义的攻坚任务。特别是对尚未真正启动的洞庭湖区,这一领域的工作将更加艰巨。

(二)加快农业产业化和规模化进程

实践证明,经营规模是影响农业用水数量和质量的关键因素:小规模农业通常使用大水漫灌、强力施肥等方式进行包产和增产,而大规模农业则可以使用滴灌暗管、合理施肥等方式进行科学管理。洞庭湖区农业现代化试点县市到目前为止也仅有长沙县、浏阳市、汨罗市、攸县、醴陵市、常德市、益阳市、华容县和冷水滩市等少数县市。下一阶段,要加快推广长沙县和汨罗市统一建立现代农业产业园区统一招商的做法,以及益阳市草尾镇以土地信托流转加快农业规模化经营的经验,发挥农业科学院和农业大学等科研机构在粮食种业、油菜、柑橘、葡萄、水产等领域的国内乃至全球领先优势,积极支持有助于规模化经营的农业科学技术试验、落地、应用和推广。

(三)依托品牌努力开展有机农业试点

传统农业对水生态文明的损害主要体现在过量施用化肥、农药和饲料,除去小部分被作物吸收利用以外,剩余的氮、磷和各种重金属,以及大量饲料残余经过雨水冲刷、溶淋大部分都流向江河湖泊,成为水体富养化和重金属污染的重要源头。2014年发生在广州的镉大米事件,已经给洞庭湖区传统农业敲响了警钟。因此,洞庭湖区应该抓住人民群众对有机食品需求增加,依托隆平高科、新五丰、唐人神、金健、舜华等具有市场号召力、科技软实力和资本集聚力的农业品牌,大力创新引导与激励机制,在土地使用、人才支持和税收减免等方面给予政策倾斜,有计划、有步骤地开展有机农业的试点工作。

第二节　按照海绵城市标准构建城镇人水和谐关系

一、严控城市生活污染源对水生态文明的威胁

(一)全面认知城市生活污染治理的挑战性

人们通常会认为河流污染该由污染企业负责,但事实上是我们每个人都需要对此负责。产生判断偏差的主要原因是,我们未全面认知各种生活污染源对水生态文明的严重破坏。随着日用化工用品的普及,生活污水中含有越来越多的氮、磷等养化成分,再加上人类排泄物中的大肠杆菌群,生活污水直排将严重污染河流水质。另外,生活垃圾的随意焚烧、简单填埋、甚至堆积暴露,也直接污染了地表水和地下水。随着我国各级城市规模越来越大,这些污水和垃圾只会越来越多,因此全面认知其挑战性,是科学处理各类生活污染源的开始。

(二)加快城市污水管网配套与雨污分流

洞庭湖区城市污水处理中的一个软肋是管网配套率还不够高,导致许多生活污水不能进入污水管网,得不到妥善处理而被迫直接排放。特别是中小

城市,要加大财政投入力度,加快从居民小区到污水厂的管网建设。另一方面,不少城镇暴露了污水处理厂处理能力不足的问题。其中的部分原因是,我们将雨水当成了污水接入了污水管道。这样一来,不但污水处理厂不堪重负,而且雨水未能按海绵城市的要求渗入地下从而补充日益短缺的地下水。因此,在管网配套的同时就要考虑雨污分流的设计:一是让生活污水通过封闭的专用管道进入污水管网,二是让雨水与生活污水隔离并正常渗入城市地下。

(三)加强城市生活垃圾分类与无公害处理

当前,洞庭湖区大中城市与小城镇在生活垃圾处理中面临着不同的问题与挑战。其中,小城镇主要面临处理率不高的困难。洞庭湖区大部分小城镇是通过焚烧和就地填埋的粗放方式进行处理,甚至还有不少城镇将生活垃圾直接堆在山里、河边和湖滨①,严重影响地表水和地下水的质量。因此,要通过让有条件的就地处理、无条件的压缩转运等措施,加大对小城镇生活垃圾的无公害处理力度。另外,大中城市和小城镇同时都面临着垃圾分类问题。要大力宣传、创新机制并提供条件让城镇居民自觉地参与到垃圾分类中来,保证可回收利用部分资源化利用、有毒有害部分得到无害化妥善处理。

二、依托乡村振兴战略加快推进特色小镇建设

(一)把握特色小城镇建设的战略意义

近些年来,包括洞庭湖区在内的全国各地掀起了一波特色小城镇建设的热潮,但在具体实施过程中出现了不少亟须解决的问题。这些问题的出现与对特色小镇建设的战略意义把握不透有直接的关系,因此导致思路不清、定位不明。要充分理解特色小镇建设的战略意义,必须在乡村振兴的国家战略下、结合小城镇"城市之尾、农村之首"的城乡连接点特殊地位来理解。事实上,乡村振兴必须依靠城市"反哺"农村来实施,因此要充分发挥小城镇对广大农村的核心引领作用,最终实现乡村振兴、破解城乡二元的战略目标。

(二)着力加大对特色小镇的产业扶持与引导

特色小镇建设,最容易出现的问题是仅提供基础设施、没有产业软实力支

---

①　如笔者在2015年暑期对益阳市大通湖农场的实地考察中就发现,在大通湖紧邻省道S202的湖滨,露天堆满了臭气熏天的生活垃圾,面积达到上千平方米。

撑。前者可以在短期内通过投钱来快速实现，并且容易出政绩，因此成为不少基层政府的优先选择。与一般小镇"生存型"的定位不一样，特色小镇从一开始就被定义为一个"发展型"经济体，因此培育产业竞争力是其基本要义。如望城"乔口古镇"、邵东"中药小镇"等已初具规模，但产业竞争力还有待加强。另一个要注意的问题是，在特色小镇招商引资、培育产业的过程中，必须保持环保门槛不降低、保证不发生环境损害事件。

（三）激发特色小镇辐射力形成纵横多维协作网络

强调将特色小镇建成城乡社会发展重要支点的战略目标，加强与下游乡村与附近其他乡镇的纵横多维联系，以点带面地形成在生产协作、生活配套和生态治理等方面融合发展的多维协作网络。从洞庭湖区特色小镇的发展现状来看，特色小镇孤立发展是普遍存在的问题。其中发展得比较好的有如廉桥的"中药小镇"，其在纵向、横向均形成了强大的辐射力，药材产业越做越大、越做越强，带动了下游乡村乃至周边乡镇开始从事药材种植和生产。不过，如长沙"初恋小镇"等更多新建特色小镇的辐射带动能力则尚待加强。

第三节　加快制度创新推动高效率的水生态环境保护

一、深入推进排污许可证交易制度改革

（一）客观认识洞庭湖污染治理的所处阶段

习总书记在谈生态文明建设时用了"用绿水青山换取金山银山""既要金山银山也要绿水青山"和"绿水青山就是金山银山"三个阶段做了生动的比喻。从总体上来看，洞庭湖区工业化与城镇化在全国范围处于平均水平，污染治理也主要处于"既要金山银山也要绿水青山"的第二个阶段。另外，我们不否认有如张家界市、资兴市、望城区等部分区县已经开始进入"绿水青山就是金山银山"的第三个阶段。要引起高度重视的是，还有不少县市仍然停留在"用绿水青山换取金山银山"的第一阶段，执着地走"先污染后治理"的老路。对于这种做法，要坚持引导优先，但对执迷不悟的做法也一定要坚决惩戒。

（二）继续推进工业企业排污许可证交易改革

经济实践与研究结果均表明，从2012年在长沙与株洲开始实施并逐步推广的水体污染物排放总量控制与许可证交易制度，对洞庭湖区相应市县的城镇化质量有显著的提升作用，且在多种污染治理政策中效果最为显著。因此，要进一步改革污染物排放交易制度，使其在洞庭湖流域水生态文明建设中最大化发挥作用。改革主要可以从以下三个方面入手。一是继续扩大水体污染物排放许可证交易规模，力争到2025年突破亿元大关。二是将许可证交易范围从当前的市内交易延伸到全省范围交易，以在全省范围内进行资源的重新配置，进一步提高许可证交易的效率。三是有计划地逐步减少水体污染物排放总量的额度，在配置效率得到保证的同时提升其对水生态文明的贡献度。

（三）试点农业面源污染许可证交易

瑞典等工业化国家的经验表明，流域点源污染治理相对容易，但农业面源污染治理则是世界难题。洞庭湖区的农业用水量大、化肥和农药施用强度高，并且绝大部分农户仍然使用传统化肥和农药，不愿意购买和使用更加环保的有机肥料和生物农药。因此有必要使用总量控制和许可证交易的方法对农业面源污染——传统化肥和农药的滥用进行有效治理。一是核算允许使用的传统化肥和农药总量并发放购买许可证，只有拥有许可证才能购买相应产品，许可证允许交易；同时，每年按一定的比率减少许可证的核发总量。二是放开有机化肥和生物农药的购买和使用，鼓励农户和农场使用有机化肥和生物农药。

二、加快建成有效的河长制监管体系

（一）科学认识河长制的作用机理

河长制起源于江苏无锡，后被许多省市效仿采用，并于2016年被党中央和国务院上升为国家战略在全国层面推广实施。对洞庭湖区等"自上而下"被动式采用河长制的地区来说，科学认识河长制的作用机理，是充分发挥其在水生态文明建设进程中作用的基本条件。从理论上看，河长制主要是缓解了流域水污染的外部性问题，即多部门九龙治水的部门外部性、后人不买前人账的时间外部性、上游搭下游便车的空间外部性等等。因此，在河长制具体设计与实施过程中，一定要为其缓解这些外部性提供相应的制度保障。

(二)确保各级党政一把手担任河长

由党政主要领导担任区间河流的河长,能有效缓解九龙治水的部门外部性,这也是河长制的第一目标和首要贡献。不过,有些地方和基层政府并未深入理解河长制的这一要义,大面积地由副职领导担任河长。由于副职领导在区域各类资源调配上并无最终决定权,导致职能部门不能全力配合河长工作,从而治水效率难以得到保证。在落实党中央、国务院关于全面实行河长制的政策要求中,洞庭湖区不少地方与基层也广泛存在这个问题。因此,必须对基层政府在河长制的落实提出具体要求,确保各级党政一把手(首长)担任相应河长,才能从根本上保证河长制对部门外部性的有效缓解。

(三)配备民间河长并构建公众平台

江河湖泊是典型的公共物品,而是河长是公众利益的代言人,河长制是面向这一代言人的约束与激励。显然,要根本解决河流污染问题单靠河长是不足够的,还必须激活公众作为河流最终所有人的积极参与。这在瑞典的水体富养化治理中也得到了证明,公众参与积极的艾姆河流域的治理效果明显好于缺乏公众参与的伦讷河流域。洞庭湖流域河长制需要在设计阶段就考虑将公众参与纳入制度框架的重要性,从如下两个方面进行具体实施。一是为各级党政河长配备一位专职的民间河长,在党政河长与公众之间构建一条通畅的信息沟通桥梁、更好地接纳公众监督与建议,提升党政河长的工作效率;民间河长可以考虑由本地社会威望高的退休乡绅来担任,并给予合理的工作补贴。二是由河长制办公室(含党政河长和民间河长)牵头构建微信公众平台,及时报道、披露和公布河流污染治理相关的举报、调查、处理以及常规的工作信息,给民众参与河长制污染治理提供便捷、高效、低成本的参与途径。

附录一　作者相关研究论文

基于空间计量的洞庭湖区城镇化动力研究[①]

一、问题的提出

前世界银行首席经济学家、副行长、诺贝尔经济学奖获得者斯蒂格利茨2000年在世界银行的一次会议上说:"21世纪影响人类社会进程的最主要的两件大事,一是美国的新技术革命,二是中国的城市化。"这充分说明,我国城镇化进程是一项影响到全国人民福祉,甚至世界经济发展轨迹的伟大工程。然而,随着城镇化进入快速发展期,我们遇到的问题和矛盾也越来越多、越来越激烈。这些问题和矛盾涉及了经济社会发展的各个方面,但无一不直接危及我国城镇化战略的可持续性。笔者认为,为城镇化提供持续不断的动力,是我们解决遇到问题和矛盾的基本条件,这就要有赖于我们对城镇化动力来源与结构有深刻的认识。基于这个观点,本文构建了一个城镇化动力的理论模型,并以我国两型社会建设实验区核心腹地——环洞庭湖区域为例,对其最近十年来的城镇动力来源与结构进行实证研究。下文将按如下逻辑展开:一是相关文献回顾,二是城镇化动力理论模型,三是实证研究,最后是针对性地提出若干政策建议。

---

① 该论文发表在《财经理论与实践》2011年第4期。

二、文献回顾

城镇化动力是城镇化研究的核心问题,学术界对其研究由来已久,但似乎到今天为止也还没有一个令所有人都满意的结果。总的来说,学者们较普遍接受的城镇化动力来源可概括为总体经济发展、产业结构升级、人力资本积累以及地方政府推动等几个方面。一是认为分工演进与经济发展是城镇化的根本动力。如马克思(1847)认为,"某一民族内部的分工,首先引起工商业劳动和农业的分离,从而也引起城乡的分离和城乡利益的对立",因此,农村城镇化也应该有赖于分工的进一步深化与经济总体水平的高度发展。杨小凯和黄有光(1998)则使用超边际分析方法对分工演进与城市出现的动态过程进行了模型化。二是认为产业发展与产业结构升级是城镇化的主要驱动力,该观点主要以 Adam Smith(1776)以及 Button(1920)、Christaller(1933)、Losch(1954)等学者为代表,他们认为城市的形成与农业、工业以及服务业的充分发展及其结构优化关系密切;我国学者费孝通(1998)也认为工业化是城镇化的直接动力。三是认为人力资本提升是城市可持续发展的反馈作用力,该观点的代表是人力资本理论创始人 Lucas(1988)以及学者 Glaeser(1995);国内学者蔡昉、郭剑雄、范剑勇、赖明勇和李宪宝(2007)等人也持有相似观点。

笔者认为,城镇化的过程是一个"投入—产出"式复杂系统,投入要素包括各种基础设施的建设、人力资本的投入、产业结构的升级以及总体经济水平的不断提高,并且它们之间具有不可或缺性以及不可替代性;这些投入要素对城镇化都有积极的促进作用,因此我们可以把城镇化水平的提升视为该复杂系统的一种产出。一方面,各种投入要素促进城镇化的作用机理是基本一致的:即通过增强城市对各种生产要素的吸引力,促进要素在城市空间的集聚来实现的,具体的就表现为城市人口规模的增长以及城市空间规模的扩张;另一方面,它们对城镇化的边际贡献率却是有差别的,并且这种差别会因时、因地而发生波动。如此一来,对城镇化贡献率进行实证研究就有非常大的实践意义,实证的结论(即各要素的边际贡献率)可以成为特定区域优化要素投入结构的理论依据,因为边际贡献率低的要素就相对应于本地城镇化的瓶颈所在。本文以下部分将对环洞庭湖区域 29 个(区)县级空间单位的城镇化水平进行了(空间)计量分析,考察上述各种要素在城镇化过程中的贡献情况,进而得出提升城镇化水平与质量的政策建议。

三、模型设定与数据来源

关于城镇化动力与影响因素的研究,学者们一直没有寻找到一个合适的数学模型来加以表达。本课题组认为,我们实质上可以把城镇化的过程看作是一个生产过程,即投入一定的要素组合得到一定产出水平的过程。按前文所述,投入要素可以分为基础设施、人力资本、产业结构与经济总体水平等,而产出则主要表现为城镇化水平。于是,我们可以柯布道格拉斯生产函数的形式构造如下的城镇化影响因素分析模型。

$$U = A \cdot I^{\alpha} \cdot H^{\beta} \cdot S^{\gamma} \cdot E^{\lambda} \tag{1}$$

其中,U 表示城镇化总体水平,A 表示总体技术水平,I 表示基础设施建设情况,H 表示人力资本投入情况,S 表示产业结构升级情况,E 表示总体经济水平,α、β、γ 和 λ 分别表示以上四方面投入对城镇化水平的边际贡献率;若 $\alpha + \beta + \gamma + \lambda > 1$ 表示规模报酬递增,若 $\alpha + \beta + \gamma + \lambda = 1$ 和 λ 表示规模报酬不变,若 $\alpha + \beta + \gamma + \lambda < 1$ 表示规模报酬递减。需要指出的是,一般的柯布道格拉斯生产函数假定各期的技术水平不变,即 A 为常数;在本研究中,我们可以假设 A 是一组向量,即假设各期的技术水平是不同的,这将更符合城镇化实践。

(一)不考虑空间效应的模型

对公式(1)两边取对数,得

$$\ln U = c + \beta_1 \ln I + \beta_2 \ln H + \beta_3 \ln E \tag{2}$$

在指标选取方面,经济发展总体水平 E 用人均 GDP 来衡量,基础设施 I 拟用固定资产投资来衡量,人力资本 H 拟用在校学生数量来衡量。于是我们根据公式(2)建立城镇化影响因素的计量模型如下:

$$\ln U = c + \beta_1 \ln I + \beta_2 \ln H + \beta_3 \ln E + \mu \tag{3}$$

根据课题组的调研,我们将进一步考察流通产业对城镇化的特殊影响,具体地用"批发零售"产值衡量流通产业的发展情况。即将批发零售 D(Distribution)纳入回归方程,得到:

$$\ln U = c + \beta_1 \ln I + \beta_2 \ln H + \beta_3 \ln E + \beta_4 \ln D + \mu \qquad (4)$$

一般来说,计量经济模型分析可以采用时间序列方法、面板数据分析方法。本文将首先用时间序列方法估计公式(4),以测度环洞庭湖地区城镇化的总体情况,再用面板数据分析方法估计公式(4)洞庭地区城镇化的,其中用变固定效应度量了将技术水平视为变量时城镇化情况,变系数则度量不了不同地区的城镇化情况差异。

(二)考虑空间效应的模型

以上经典计量方法完全忽略了样本之间的空间关联效应,若样本之间存在明显的空间互动,则这种忽略空间关联效应的估计结果显然是有偏的。由于区域间存在学习、效仿与辐射等诸多空间互动行为,区域城镇化水平存在空间关联的可能性。下面我们将考虑环洞庭湖地区 29 个(区)县城镇化水平的空间关联效应及所形成的空间关联模式,然后根据该结果进行模型设定,将空间关联效应以适当的形式包括到模式设定中去,使模式的设定更加符合客观实际情况。

在空间计量经济学中,描述空间关联性的统计量主要有 *Moran's I*、*Geary's C*、*G* 等等,其中 *Moran's I* 统计量的应用最为广泛。*Moran's I* 统计量还可细分为全局 *Moran's I* 与局部 *Moran's I*(简称 LISA),可分别用来描述总体空间关联状况与识别局部空间关联模式。全局 *Moran's I* 期望为 $-1/(n-1)$,值域为 $[-1,1]$;I 越接近期望值,就表示样本在总体上的空间关联性越小;I 越接近 1,就越表示样本在总体上的存在正的空间关联,即同类的值倾向聚集在一起;I 越接近 -1,就越表示样本在总体上的存在负的空间关联,即异类的值倾向聚集在一起。局部空间关联指标 LISA 值 I_i 则表示地区 i 的空间效应大小:若 I_i 值为零,我们说它与邻区之间不存在空间关联,若 I_i 值为正,表示区域 i 与邻区间存在类型为高高集聚(或低低集聚)的空间关联关系,若 I_i 值为负,我们说区域 i 与邻区之间存在类型为高低集聚(或低高集聚)的空间关联关系。

进一步,空间计量模型的设定可以根据空间关联效应的来源不同而分为空间滞后模型(SLM)与空间误差模型(SEM)两种;其中,SLM 描述了区域间通过学习与效仿、扩散与辐射等机制产生关联的情况,而 SEM 则描述了由于数据测量或模式考虑的因素不周导致的空间关联情况。因此,本文以传统城镇化贡献因素为调节变量、以公路基础设施为重点考察变量,建立如下的SLM 与 SEM 模型:

$$\ln U = c + \beta_1 \ln I + \beta_2 \ln H + \beta_3 \ln E + \rho W \ln U^L + \varepsilon \tag{5}$$

$$\begin{cases} \ln U = c + \beta_1 \ln I + \beta_2 \ln H + \beta_3 \ln E + \mu \\ \mu = \lambda W \ln U^L + \varepsilon \end{cases} \tag{6}$$

其中,W 是空间权重矩阵,$\ln U^L$ 是权重矩阵 W 所定义"邻区"的城镇化水平的对数,ρ是空间滞后项的弹性系数,ε与 μ都是服从正态分布的随机干扰项。

同样地,根据项目组的调查实践与研究兴趣,我们将进一步考察第三产业中"批发零售""住宿餐饮"等流通产业对城镇化的特殊影响。即将批发零售 D(Distribution)纳入回归方程,得到:

$$\ln U = c + \beta_1 \ln I + \beta_2 \ln H + \beta_3 \ln E + \beta_4 \ln D + \rho W \ln U^L + \varepsilon \tag{7}$$

$$\begin{cases} \ln U = c + \beta_1 \ln I + \beta_2 \ln H + \beta_3 \ln E + \beta_4 \ln D + \mu \\ \mu = \lambda W \ln U^L + \varepsilon \end{cases} \tag{8}$$

空间计量经济模型分析同样有截面数据(Cross-Section)分析方法和面板数据分析方法之分,但空间面板数据分析方法在各方面仍不甚成熟,因此本报告仅对代表性年份的截面数据进行分析。

(三)数据来源及描述

本部分回归方程中作为因变量的"城镇化水平"数据主要来源于前面部分的城镇化水平评价结果;其他自变量数据主要来源于历年《湖南统计年鉴》中"各县、市(区)主要经济和社会统计指标"数据。其中,各项数据的具体计算方法详细如下:(1)人均 GDP 直接选取"人均 GDP(单位:万元)"数据;(2)固定资产投资 I 直接选取"城镇固定资产投资"(单位:万元)数据;(3)在校学生数量 H 直接选取"中等学校(在校学生)"(单位:人)数据;(4)批发零售业发展情况直接选取"社会消费品零售总额"项目中的"批发零售贸易业总额"(单位:万元)。

如表 1 所示,2000 年至 2009 年的十年间,环洞庭湖 20 个区县中城镇化水平平均值最大的是岳阳市区,达到 0.657,水平最低的是安化县,仅为 0.158;

十年间变化最大(标准差)的是临湘市,为 0.092,最小的是澧县,为 0.028;也就是说,临湘市的城镇化总体水平不高,但从 2000 年到 2009 年的提升速度是相对比较快。

表 1　2000—2009 年环洞庭湖各区县城镇化水平统计描述

区县名称	平均值	中间值	最大值	最小值	标准差
岳阳市	0.657	0.657	0.744	0.561	0.066
岳阳县	0.303	0.303	0.385	0.201	0.060
华容县	0.306	0.306	0.385	0.219	0.057
湘阴县	0.309	0.277	0.543	0.240	0.089
平江县	0.246	0.246	0.307	0.181	0.041
汨罗市	0.320	0.325	0.408	0.190	0.076
临湘市	0.293	0.309	0.405	0.150	0.092
常德市	0.565	0.565	0.626	0.483	0.043
安乡县	0.320	0.320	0.396	0.254	0.042
汉寿县	0.236	0.236	0.278	0.182	0.034
澧县	0.260	0.260	0.290	0.211	0.028
临澧县	0.256	0.252	0.350	0.201	0.045
桃源县	0.240	0.240	0.271	0.191	0.029
石门县	0.212	0.212	0.271	0.161	0.036
津市市	0.604	0.602	0.689	0.532	0.063
益阳市	0.509	0.491	0.580	0.465	0.039
南县	0.257	0.245	0.350	0.189	0.049
桃江县	0.203	0.166	0.324	0.133	0.071
安化县	0.158	0.144	0.219	0.130	0.033
沅江市	0.359	0.359	0.437	0.283	0.047

数据来源:《湖南统计年鉴》

四、实证结果与解释

我们首先利用 2000 到 2009 年环洞庭湖区域二十个区、县的面板数据对公式(4)进行经典计量模型的回归。其中,一般设定下的面板回归结果显示,截距项与固定资产投资项均不能通过计量检验;因此考虑将其剔除,由此得到表2Model(1)的较优结果。Model(1)显示,人均GDP、流通产业发展情况以及人力资本情况对城镇化水平有显著的影响,其中人均GDP每增长1000元可使城镇化水平增长0.67个百分点;流通产业人均每增长1000元可使城镇化水平增长2.1个百分点;人力资本方面,万人大学生数每增长一个百分点可以使城镇化水平增长0.028个百分点。不过,模型的总体拟合优度并不是非常高,仅达到58%左右,这表明GDP、流通产业发展以及人力资本提升三个方面在解释环洞庭湖区域城镇方面并不完全,仍然有40%左右的残存未被以上指标合理解释。因此,我们用一般面板数据模型设定经典计量回归所得模型性能并不是非常好。因此,我们接下来尝试使用固定效应以及随机效应设定做进一步的模型回归探索。

表2　面板数据经典计量回归结果

	Model(1)	Model(2)	Model(3)
C	—	—	24.064***
lnGDP	0.671***	0.982***	0.991***
lnINV	—	—	—
lnCON	2.093***	—	—
lnSTU	0.028***	—	—
R^2	0.579	0.965	0.959

注:***、**与*分别表示在1%、5%和10%的水平下显著。

固定效应设定的回归结果如Model(2)所示,其中固定资产投资、流通产业发展以及人力资本与城镇化水平的提升都没有显著的关联性,仅经济发展水平一项与城镇化有显著的关联关系;结果显示,人均千元GDP每增长1%可以使城镇化水平提升0.982个百分点,且仅此一项指标就可以在解释96.5%的城镇化水平提升。随机效应设定的回归结果如Model(3)所示,其情况与Model(2)非常相似,仅经济发展总体水平一项与城镇化水平有显著的相关关系,相关系数逼近 1,且此一项就能解释城镇化水平变化的绝大部分原因。

我们下面继续考虑假设环洞庭湖区域内部区县之间的城镇化进程存在空间依赖等空间互动行为情形下的回归结果。首先,我们考察 2000—2009 年环洞庭湖区域内部 20 个区县的城镇化水平空间分布情况。

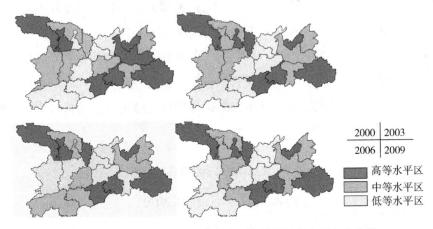

图 1　2000—2009 年洞庭湖区域主要年份城镇化水平三分位图

数据来源:《湖南省统计年鉴(2001—2010)》。

如图 1 所示,在 2000 年至 2009 年的 10 年间,环洞庭湖区域城镇化水平较高的区域主要集中在湖区的西北部(常德市区)与东南部(岳阳市区与益阳市区),中部地处环洞庭湖的核心地区的城镇化水平长期以来都处于较低水平的状态,且这一状况正在逐步强化。造成以上现象的主要原因是,中心地区是洞庭湖湖区的核心部分,大部分都是城镇化低水平区,因此人口都依水散居,并且随着近几年来湖南省委省政府关于退耕还湖的政策出台,越来越多的居民都从湖区中心地区搬迁到湖边地区定居。这对于环洞庭湖区域的长期发展来看是有好处的。

如图 2 所示,2000 至 2009 年的 10 年间,环洞庭湖区域城镇化水平的空间关联一直都存在,且在 2003 年前后达到最大的状态。因此,在回归模型中考虑空间关联效应是必须的,有助于我们得到更好地回归模型、更好地描述环洞庭湖区域城镇化水平的变化来源。

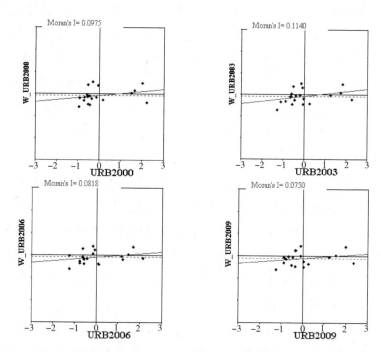

图2　2000—2009年洞庭湖区域主要年份城镇化水平LISA散点图

表3　2000—2009年间主要年份空间截面数据计量回归结果

	SEM(2000)	SLM(2003)	OLS(2006)	SEM(2009)
C	—	−43.088 ***	—	—
lnGDP	3.680 ***	2.177 ***	2.757 ***	1.073 ***
lnINV	—	—	3.897 ***	1.256 * *
lnCON	4.751 ***	2.698 ***	—	1.008 ***
lnSTU	—	0.041 ***	—	—
W	—	0.680 ***	—	—
Lambda	0.563 ***	—	—	0.815 ***
AIC	143.596	140.132	153.023	147.731

注：*** 、** 与 * 分别表示在1%、5%和10%的水平下显著。

　　如表3所示,2000年环洞庭湖城镇化水平存在较为明显的空间关联,考虑空间效应后的模型估计结果如SEM(2000)所示。其中仅经济发展总体水平与流通产业与城镇化水平有显著的正相关关系,而固定资产投资与人力资本对城镇化水平之间均无显著的相关关系。在 2003 年,城镇化水平的空间关联效应增强,人力资本对城镇化水平的影响也开始有所显现。在 2006 年,环洞庭湖区域内部的空间关联效应变得非常小,从而使用经典 OLS 模型回归的结果相对更加好,结果显示固定资本投资对城镇化水平产生了较大的正向影响,人力资本与流通产业的影响作用反而不甚显著。到了 2009 年,流通产业的影响作用逐步恢复,且与 GDP、固定资产投资等因素的影响力逐步拉近。

从经典时间序列分析与空间截面数据分析的结果总体来看,环洞庭湖区域城镇化水平受到各方面影响的主要情况可以归纳为如下几点:

(1)经济发展总体水平(人均 GDP)对城镇化的正向影响比较稳定的,但影响力由 3%逐渐下降到 1%左右;即在 2000 年左右的初始阶段,人均 GDP 每上升 1 千元,可以带动城镇化水平上升 3 个百分点,这个影响逐年下降,到今天大概稳定在 1 个百分点左右。

(2)人力资本对环洞庭湖区域城镇化水平影响力总体不显著。结果表明,仅在 2003 年达到 0.041%的影响,该影响力是非常微弱的;而其他年份则根本作用不显著。

(3)人均固定资产投资对城镇化的影响总体上看不稳定,主要表现在考察期初期投资的作用不显著,直到 2006 年以后,人均固定资产投资对城镇化的影响才开始显现,且在 1%到 3%的水平之间上下波动。

(4)流通产业发展对城镇化水平的影响总体显著,但不是很稳定。如在 2000 年,流通产业发展对城镇化水平的影响力达到 4.75%之高;到 2003 年下降为 2.67%,特别是在 2006 年变为不显著;而到了 2009 年重新恢复到 1.01%的水平。

五、政策建议

实证的结果与我们在环洞庭湖区域调查考察时看到的情况基本是一致的:作为"长株潭"城市群的核心腹地,环洞庭湖区域城镇化水平在近几年有较大的提升,但是推动城镇化可持续发展的动力仍然不充足、不稳定,其仍然处于"粗放城镇化"的运转模式之中。因此,要促进环洞庭湖区域从当前"粗放城镇化"向"新型城镇"转型,就必须从以下几个方面着手,着力解决城镇化动力不充足与不稳定的问题。

一是必须主动对接"长株潭"城市群,增强"长株潭"对洞庭湖区域城镇化的带动与示范效应。"长株潭"是湖南省的核心经济区,具有较为发达的工业与商贸流通产业,2008年年底其城镇化率达到55.04%。湖南省政府适时地提出将岳阳、常德、益阳、娄底和衡阳融入"长株潭",构筑建设长株潭"3+5"城市群的方案,这对洞庭湖区的城镇化进程来说是一个巨大的发展机遇。该对接主要应该通过以下几个方面来实现:一是加大洞庭湖区与"长株潭"间交通、通信等基础设施的投入,为两区对接提供基本条件;二是增强洞庭湖区域主动承接产业转移的能力,加快承接"长株潭"城市群的产业转移,实现洞庭湖区与"长株潭"区域的产业对接;三是清除洞庭湖区与"长株潭"之间的贸易壁垒,增强人口、资金与技术等生产要素的流动性,实现农村富余劳动力的顺利转移以及资金、技术的不断引进;四是加强政府部门间的经验交流,学习与借鉴"长株潭"城市群城镇化的成功经验,实现两地政府工作模式的对接。

二是必须高度重视深化分工、拉长产业链和夯实现代产业基础。环洞庭湖区域城镇化动力不足的一个重要原因就是其产业基础不够扎实,表现为两个方面。一是工业基础薄弱,湖区城镇化没有足够的工业带动,导致了诸如城镇就业机会不足、人均收入不高和政府税源不足等系统性问题;二是农业产业化水平仍需提升。洞庭湖区域自古以来就是农业特别是水产业非常发达的地区,这对农业产业化来说是一个很好的基础。但是我们的实地考察表明,洞庭湖区域农业产业化在分工深化和产业链延伸方面仍然做得不够。当前的农业产业化仍是以出卖初级农产品为主的粗放式产业化,很少能够深化产业分工、对农产品进行深加工和延伸其产业链。在湖区必须加大农业现代化力度,发展一批农业产业化龙头企业,则湖区的城镇化动力就会在产业基础方面更加扎实。三是加大湖区旅游业商贸服务业发展,努力建设环湖旅游产业带、环湖城乡一体化商贸流通服务业体系,广开创业就业渠道,既适应扩大消费内需的要求,又促进农村剩余劳动力向非农产业转移。

三是必须高度重视人力资本的积累。我们在洞庭湖区域调研过程中感受最深的是关于农村劳动力素质结构恶化的问题,湖区现在年轻人少了、男人少了、有才智和有技能的人才更加少了,能走的基本上都到广东、江浙和长沙打工去了,农村现在只留下了老弱病残和小孩。这对城镇化建设可谓是巨大的打击,因为说到底,城镇化必须依靠人特别是有才能的人来推动,而缺少人才甚至缺少劳动力的城镇化是不可想象的。应该说,这个问题在全国都比较普遍,但是在环洞庭湖区域则由于本身产业基础薄弱和交通条件有了巨大的改善而更显突出,因此必须高度重视人力资本培育、人才培育和使用问题。主要的解决办法是必须用政策吸引人才、善用人才、留住人才且提升人才。在这一方面做得比较好的有湖南省宁乡县,它从 2008 年开始"'5127'高素质人才引进工程",计划用 5 年时间,引进 100 名博士、200 名硕士和 700 名本科生,并为这些"人才"们提供了比公务员还要优厚的待遇,极大地改善了宁乡的人力资本短缺问题。环洞庭湖区域也可以采用类似的成功经验、结合自身情况进行人力资本积累方面的改革,为湖区新型城镇化人力资本打好基础。

四是必须加大固定资产投资。在环洞庭湖区域的考察过程中,我们发现近几年该区域城镇化的基础设施虽较以前有了不小的提高,但仍然不能满足人民群众生产、生活的需要。例如垃圾处理设施就是其中最为突出的问题,当前绝大部分县区和乡镇主要依靠传统的填埋方式处理生活垃圾,还很少有现代化的垃圾处理设施。又如生活用水方面,现今由于工业发展与农业产业化的发展,洞庭湖水污染问题越来越严重,地下 70 米深的水源都已经不能直接饮用,但是当前污水处理设备比较陈旧、技术比较落后、产能也非常有限。此外,城镇农贸市场设施普遍简陋、原始,大多是马路市场。至于公共文化体育、广场、公园、绿地等公共设施在县城以下农村重点城镇更是奇缺。像这些与人民群众生活息息相关的重大问题若得不到妥善解决,必然会阻碍城镇化推进和经济社会的发展。解决的方式事实上有很多,例如草尾镇利用民间资金解决村际交通基础设施投资方面就有很好的经验。2007 年底,在草尾镇政府的支持下,居民朱曙军成立了协力公交公司;目前,公司拥有 66 台中巴车,开通 8 条线路连接 6 个乡镇,15 分钟一趟的班车,村民白天什么时候都可以坐公交车。

五是必须充分发挥流通产业的先导作用。新型城镇的根本目标是要让农民增收、生活改善,而实现这两个目标的重要载体就是城乡流通体系的构建与农村流通产业的发展。一方面,洞庭湖区是古今闻名的"鱼米之乡",自古以来物产丰富,若能把这些富庶的物产顺利流通到城市去,那农民增收自然是水到渠成的事情;另一方面,洞庭湖区域离"长株潭"城市群核心区还有一定的距离,很难方便地享受到各种现代消费品,因此还应该将连锁店、专卖店、购物广场等现代流通业态延伸到农村去。有了城乡双向的流通体系,城镇化必然会更加充满活力。在这方面做得比较好的有南大镇。在消费品流通方面,南大镇积极响应国家"万村千乡"市场工程,建设一批农村连锁加盟店,极大地疏通消费品从城市到农村的流通渠道,满足了人们对更优消费品、更高生活品质的追求;在农产品流通方面,南大镇针对本地经济的特色,设立了以水产品和其他农副产品为主的南大镇农贸(批发)市场。该批发市场成为当地水产品和农副产品的集散地,经过此市场将南大镇的柴鱼、黄鳝、甲鱼、小龙虾以及各种蔬菜等优质水产品和农产品销往全国各地甚至世界各地。农村工业化及其带动的农业产业化为南大镇的城镇化奠定了坚实的产业基础,农村流通产业的发展则为南大经济增添了活力,从而更进一步地推动了南大镇的城镇化进程。农村工业化、农业产业化和农村流通产业的迅速发展为当地经济注入了强大的活力,2009年南大镇财政收入约为1亿元,预计在"十二五"期间,财政收入可达1.5亿元。

农村城镇化动力缺乏是当前我国在新的发展阶段遇到的新问题,环洞庭湖区域也不例外。但环洞庭湖区域具有良好的区位条件、资源与物产丰富,且面临着利好的历史机遇。若能从以上多个方面进行改进,我们在不久的将来会看到环洞庭湖区域新型城镇化面貌焕然一新,经济与社会发展同时进入新的历史轨道。

洞庭湖区农民集中居住意愿及其影响因素^①

一、问题的提出

在新型城镇化与新农村建设"双重战略"同步推进的新时期,农民集中居住问题越来越成为农村城镇化的关键环节。农民集中居住的根本目的在于降低农村公共产品和公共服务的单位成本,促进城市基础设施向农村覆盖,把村庄建设成新型农村社区,实现村容村貌的整洁化、农村管理的社区化、居民生活的现代化,最终实现城乡一体化,使农村居民共享现代文明成果。然而在促进农民集中居住过程中,地方政府却常常出现超越市场角色、违背农民意愿甚至侵犯农民权益地强制要求农民"上楼"和"被城镇化",由此造成了严重的经济与社会问题。那么,到底该如何缓解地方政府的"心急如焚"与农村居民的"无动于衷"甚至是"分庭抗礼"呢?

事实上,这个问题的解决还有赖于我们充分了解农民对集中居住的意愿及其影响因素,通过针对性政策来调节、控制这些因素,最终达到以市场力量来促进农村居民集中居住的战略目标。为此,我们对洞庭湖区板江乡的100多户农村居民进行实地问卷调查,了解当地农民对集中居住的认可程度,实证分析影响因素的具体作用,并进一步探讨提升农民集中居住意愿的若干政策切入点。

二、研究回顾

一是关于农民集中居住重要性与必要性的研究。贾燕等人(2009)在"可行能力"分析框架下,构建了一个包含经济状况、居住条件、发展空间、心理指标、社会保障、社区生活以及生态环境等指标的农民福利构成指标体系,实证分析了江都市12个自然村集中居住对农民福利的影响效应;研究结果表明,集中居住使农户总体福利水平的模糊评价值从0.1443上升到0.1471。李鹏

---

① 该文发表在《南方农村》2014年第11期。

和瞿忠琼(2010)分析认为,农民集中居住是我国社会经济发展的必然趋势,是社会主义新农村建设的重要方面。适时、合理地推进农村集中居住,对于节约利用土地资源,为农村居民提供良好的居住环境,实施社区化管理,丰富农民的精神文化生活具有重要的作用。马贤磊(2012)也认为,农民集中居住对耕地资源及农村生态环境的保护具有积极的作用。杨成(2014)则分析认为,农民集中居住可以节约出大量的农村宅基地,并可以通过与城镇建设用地的"增减挂钩"产生丰厚的土地增值收益,这从整个社会的角度来看是一个节约土地资源、提高土地资源利用效率和增进社会总体福利的好事情。

　　二是关于农民集中居住意愿影响因素的研究。白莹和蒋青(2011)认为,不同区域的农民所处区位、就业状况和经济条件不同,他们对参加集中居住的意愿和需求也不同。在对成都市郫县农民集中居住意愿的调查中发现,农民选择何种方式集中居住还要以生产方式的现状为基础、受既得利益价值补偿的影响。何雯雯、李偲等人(2012)研究认为,阻碍农民集中居住意愿的两大主要因素是自有住房较好和补偿标准过低、农民自身利益与政府统一行政规划存在较大矛盾;因此对住房条件好的农户来说,对目前住房的满意度较高,安土重迁的情结比较明显。谢正源等人(2012)认为,区域经济社会发展水平对农民集中居住意愿影响很大。

　　三是关于农民集中居住问题及对策的相关研究。冯志平和丁国军(2006)认为,要实现农民集中居住,必须具备两个基本条件:一是制订并实施正确的土地政策,二是农村经济发展达到一定水平。郑风田(2007)认为,在是否集中居住的问题上,政府应该扮演引导者的角色,而不是替农民决策,更不能简单地依靠国家行政力量强制农民就范。张颖举(2011)认为,农村集中居住是一个长期的、艰巨的任务,应做好长远规划和政策准备,避免只着眼于当前利益的短视行为。叶继红(2012)认为,要改善移民集中居住环境,激发社区参与热情;引入农民在集中居住过程中的决策参与机制;拓宽移民社区参与渠道,提高社区参与积极性。杨成(2014)分析认为,中央政府应该通过土地制度改革来促成拆迁农民与地方政府"共享"集中居住带来的土地收益,从根本上缓解农民集中居住的矛盾。

　　关于农民集中居住的研究文献日益增多,成果主要集中在必要性、意愿影响因素、主要问题和对策方面。其中农民集中居住意愿及影响因素的研究是薄弱环节,主要体现在实证研究偏少、数据来源有限和案例分析不足等方面。本文以板江乡100名农民作为研究对象,首先分析集中居住的意愿表现,然后使用计量回归方法分析年龄、家庭人口和受教育水平等对集中居住意愿的影响作用,并进一步提出地方政府促进农民集中居住的政策着力点。

三、样本采集与统计描述

洞庭湖区位于长江中游以南,主要包括湖南省的岳阳、常德和益阳三市,系典型的江湖冲积平原区域,也是我国典型的欠发达农村区域。板江乡是岳阳市平江县的一个典型农村区域,在洞庭湖区具有一定的代表性。在板江乡一共随机发放调查问卷105份,有效回收问卷100份。问卷内容主要包括集中居住的意愿程度、性别、年龄、受教育年限、家庭常住人口、耕地面积、年均收入等项目。以下是对此次问卷调查基本结果及其主要特征的统计分析(见表1)。

一是集中居住的整体意愿不是很高。调查结果显示,集中居住意愿低于40分的调查者有24人,占总人数的24%。在这100人中,给出0—20低分的有9人,基本分布在15分左右;给出21—40分的有15人,平均分在28分左右;介于同意与不同意的中间区段41—60分的人数是最多的,达到38人,其中60分的就有28人,平均分为58分;给出61—80分的有33人,其中80分的有16人;81—100分的有5人,其中有4人直接给出100分。从这些数据来看,农民对集中居住的意愿总体是偏低的,其中极力赞成(80以上)的人非常少,大部分人还处于赞同与反对的边缘位置(50分左右)。

表1　农民集中居住意愿的基本情况

意愿分值区间	人数(人)	备　注
0—20	9	给0分的有0人
21—40	15	
41—60	38	给60分的有28人
61—80	33	给80分的有16人

续表

意愿分值区间	人数(人)	备 注
81—100	5	给 100 分的有 4 人

数据来源:2014 年 4 月在洞庭湖区的实地调研。

二是不同年龄层次的居民表现出不同的意愿。在调查问卷中我们设计了四个不同的年龄段,40 岁以下、40—49 岁、50—59 岁、60 岁及以上。从表 2 可以看出,40 岁以下、40—49 岁、50—59 岁这三个年龄段的农民集中居住意愿都比较强,比例都在 75%以上。但年龄段在 60 岁及以上农民的集中居住意愿就大大减少了,只有 50%。从这组数据可以看到,农民年龄不断增大,其赞成集中居住的意愿就不断减弱。究其原因,可能与老年人落叶归根观念意识相吻合,年龄大的农民对原来的居住地更有感情,不愿意离开世代居住的老宅。还有一种可能的原因是因为老人进入城镇后交际能力弱,不容易重新建立人际圈,因此更加愿意在到处都是熟人的农村终老。

表 2 农民年龄与集中居住意愿

年龄区间	愿意(50 分及以上)		不愿意(50 分以下)	
	选择人次	比例(%)	选择人次	比例(%)
40 岁以下	4	80.00	1	20.00
40—49 岁	44	83.02	9	16.98
50—59 岁	21	75.00	7	25.00
60 岁及以上	7	50.00	7	50.00

数据来源:2014 年 4 月在洞庭湖区的实地调研。

三是不同文化程度居民表现出不同的集中居住意愿(见表 3)。"无文化程度"和"高中文化程度及以上"的农民集中居住的意愿偏低,最低的只占了33.33%。而恰恰相反的是"小学文化程度"和"初中文化程度"的农民集中居住意愿分别高达 88.76%和 85.19%。从中可以反映的一个问题就是,无文化程度的农民对于集中居住认识的概念程度不深,从中没有考虑到农民集中居住会带动农民生活水平的提高,而高中及以上文化程度的所占的比例相对偏小。这可能是文化程度高的农民在家里往往由于水平高而从事比较体面的工作或者获得的待遇会比在城市更好。

表3 文化程度与集中居住意愿

文化程度	愿意（50分及以上）		不愿意（50分以下）	
	选择人次	比例（%）	选择人次	比例（%）
无	1	33.33	2	66.67
小学	48	82.76	10	17.24
初中	23	85.19	4	14.81
高中及以上	8	66.67	4	33.33

数据来源：2014年4月在洞庭湖区的实地调研。

　　四是家庭常住人口数量不同的居民会表达出不同的集中居住意愿（见表4）。其中来自常住人口数量最大的6口人家庭的两个样本，其年龄分别为45岁和48岁，教育年限分别为高中和初中；而来自家庭常住人口只有1人的4个农民中，基本都是教育年限低、年龄偏大的对象；他们的集中居住意愿主要受前述两个因素的影响，因此可以刨去这两个数据。因此，农民集中居住的意愿基本上与其所在家庭常住人口的数量成负相关关系，即家庭人口越多越不愿意集中居住。其主要原因可能有两方面，一是家庭规模较大导致了较高的迁移成本，二是家族人丁兴旺，更有可能是村集体的土地、房产等固定财产的未来继承和获益者，对农村的未来有着更高的期望值。

表4 农民家庭常住人口数量与集中居住意愿

家庭常住人口数量（个）	愿意（50分及以上）		不愿意（50分以下）	
	选择人次	比例（%）	选择人次	比例（%）
1	3	75	1	25
2	26	81	6	19
3	34	83	7	17
4	11	55	9	45
5	0	0	1	100
6	2	100	0	0

数据来源：2014年4月在洞庭湖区的实地调研。

四、农民集中居住意愿影响因素的计量

(一)计量模型与数据描述

为进一步实证解释农民集中居住意愿的变化,建立如下线性模型来分析年龄、受教育水平、耕地面积、年均收入、家庭房屋面积和家庭常住人口数对农民集中居住意愿的影响(见表5)。

$$Y_i = C + \beta_1 Age_i + \beta_2 Edu_i + \beta_3 Land_i + \beta_4 Inc_i + \beta_5 Hou_i + \beta_6 Pnum + \varepsilon$$

其中,Y为集中居住意愿(量化到分数),包括了板江乡100名农民集中居住意愿。C为常数项,Age_i表示第i个农民的年龄;Edu_i表示第i个农民的文化程度,用所受的教育年限来衡量;$Land_i$表示第i个农民家庭农田耕种的土地面积;Inc_i表示第i个农民的年收入;Hou_i表示第i个农民现有家庭房屋面积;$Pnum_i$表示第i个农民常住家庭人口数量。β_1、β_2、β_3、β_4、β_5为待估计参数。

表5 各项指标的统计性描述

指　标	最大值	最小值	平均值	标准差
集中居住意愿 Y	100	10	57.89	20.99442
年龄 Age	83	25	49.20	8.84548
教育年限 Edu	16	0	7.27	3.17138
耕地面积 Lan	7.5	0	2.58	1.44141
年收入 Inc	5	1	3.55	1.31444
房屋面积 Hou	300	60	125.60	43.52498
常住家庭人口 Pnum	6	1	2.88	0.94580

数据来源:2014年4月在洞庭湖区的实地调研。

(二)实证结果及解释

从表6的回归结果可以看到,农民的年龄与农民集中居住意愿呈负相关,即农民的年龄越大,迁移的意愿会随之减弱;农民受教育的程度与农民集中居住的意愿呈正相关,即农民的受教育程度越高,文化水平就会越高,集中居住的意愿也就会越大;农民在家庭耕种的农田面积与农民集中居住的意愿负相

关关系不显著;农民家庭年收入与农民集中居住意愿呈正相关关系不显著;农民常住人口与农民集中居住意愿呈负相关,即农民家庭人口数越多,集中居住的意愿就会越少。以上回归结果与问卷的统计分析结果基本符合。

表6　农民集中居住意愿的回归结果

	模型1	模型2	模型3
常数项 C	98.89838 ***	97.48773 ***	100.6215 ***
Age	−0.577889 **	−0.59174 ***	−0.677803 ***
Edu	0.229412	0.231326 *	0.2549214 **
Lan	−1.533094	−1.723177	—
Inc	1.732552	1.2997471	—
Hou	−0.048920	—	—
Pnum	−3.381482	−3.521641	−3.053782 *
F 检验系数	2.019450	2.176823	2.245313
可决系数 R^2	0.128741	0.120486	0.101270

注:* 代表在10%检验水平上显著;** 在5%水平上显著;*** 在1%水平上显著。

五、提高农民集中居住意愿的对策

一是要高度关注集中居住过程中老年人的诉求。从年龄这影响因素来提出相应的对策,年龄越大的农民迁移的意愿越小,是因为不乏一些老年人有一定的恋土情节,不愿离开自己的故居,因此集中居住小区的规划及其小区内的房型、户型要保留一定的风俗习惯。最好让老年人自己参与到集中居住小区的规划和建设中去,调动他们参与集中居住区建设的积极性和主动性。在调查中,在选择最关键的配套政策时大多数年龄大的农民都比较倾向于有养老和社保政策。不难理解,农村的老年人基本上已经没有收入来源,养老和社保政策可以更好地保障老年人的利益,让老年人更加相信政府集中居住是惠民、利民,加强农民对集中居住区的认同感。所以,在集中居住过程中要高度关注老年人,那样政府进行集中居住时难度系数就会减少。

二是应着重引导留守人数多的家庭。从常住家庭人口数的影响因素来分析政府应该做出的对策。一般而言,农村不同于城市,城市很多家庭都是独生子女,而农村抱着"多生多育"的传统观念,所以农村常住家庭人口数明显地高于农村。农民家庭人口数越多,迁移费用就越大,农民就越不易做出迁移决策。因此政府应该考虑到这方面的影响因素,应着重引导留守人数多的家庭,针对常驻家庭人口数多且家庭负担重的家庭应该提供更多的征收补偿政策,在问卷调查统计中,对于那些家庭人口数 5 人以上的农民认为最关键的配套政策大部分选了征收补偿政策,因此在迁移过程中,政府应当重视征收补偿政策,以农民的需求为本。

三是可适当发挥有影响力人群的示范效应。综上所述,大部分农民对于集中居住是表示支持的,有些农民不愿意集中居住是既担心目前利益受损,也考虑到迁移的费用会导致负担过重,农民不同的自身特征,不同的家庭情况,导致了不同的集中居住意愿。农民迁居涉及方方面面的政策,政府的政策支持力度越大,农民迁居的意愿也就越大,所以政府可以适当地发挥有影响力人群示范效应,在当地一些有影响力人群中做好带头作用,政府发挥好领导作用,在农民群众中得到农民的支持与尊敬,有利于农村经济的发展依赖于农民和政府的共同努力,政府作为一个辅助性的角色协调各方利益,要尽可能最大限度地维护农民的利益。必须正视所有涉及集中居住中各方面要素的合理分配和整合,最大限度地做到合理公平,把握农民的意愿影响因素,通过政策引导协调各方利益,优化各项政策,以促进集中居住更好地实施。

洞庭湖流域生态质量评价及其时空演进[①]

一、问题的提出

随着我国工业化与城镇化的推进,大湖流域地区的生态平衡遭受了来自生产与生活等诸多方面的冲击,生态质量迅速下降到了不容忽视的地步。作为我国第二大淡水湖和长江"双肾"之一,洞庭湖流域也出现了严重的湖泊萎缩、水体污染等生态危机。本文以洞庭湖流域 14 个地级区域为分析样本,采集 2001—2013 年水、大气和气候等方面的统计数据,对其生态质量进行综合评价,并进一步讨论该流域地区生态质量的时空演进过程及其可能的原因。

二、理论基础与指标体系

联合国可持续发展委员会(UNCSD)基于 Rapport & Friend 的 PSR 概念框架,构建了一个评价区域可持续发展能力的 DSR 模型,包含"驱动力、状态和响应"三个部分,分别描述了人类生产生活行为、资源环境状况和环境保护政策,考察范围包括淡水、土地、森林和大气等多个方面。PSR 模型由此成为区域生态环境质量评价的标准框架,此后大部分相关文献均属对该模型的某种修正和延伸。如 Haase & Nuissl 结合了 PSR 和 DSR 模型的优点,增加了压力和影响子系统,将其扩展成 DPSIR 模型,还有研究增加了相应社会技术水平下人类改造环境系统的潜力指标,提了包含"压力、状态、响应和潜力"的 PSRP 模型;Ouyang 等则给出了一个基于环境信息熵的综合评价模型,并对模型的相对有效性进行了实证检验。

随着我国工业化与城镇化的负面环境效应开始显现,许多国内学者开始对其生态质量进行了大量的理论与实践研究。如王军等构建的由经济、社会、环境与自然灾害 4 个子系统、7 个二级指标和 29 个三级指标组成的流域地区生态环境质量评价指标体系,也使用了基于信息熵确立的客观权重进行实证

---

① 该文发表在《生态经济》2017 年第 8 期。

评价。曹琦等结合内陆河流域水资源供需调配、水质污染控制以及水资源安全管理理论，构建了流域水资源安全评价的 DPSIR 模型，并以黑河流域中游张掖市甘州区为例对其进行了实证检验。解雪峰等利用 DSR 模型、生态安全度模型和 RS 与 GIS 技术，建立了流域地区生态安全评价指标体系，对东阳江流域的生态安全及其空间分布规律进行了实证分析。侯鹏等系统梳理了生态系统评估的研究进展，将其归纳为"生态压力—政策响应""生态系统服务—人类福祉""服务价值—自然益惠""综合状况—变化趋势"四种评估模式。与此同时，洞庭湖生态质量相关问题也得到了较多的关注。张晴和孙彦骊[12]利用机会成本和影子工程等多种评价方法对洞庭湖湿地发展循环经济的生态经济价值进行了实证评估，结果表明其直接使用价值占总价值的 64% 之重。李姣等分析了洞庭湖区水资源的空间分布规律，并从资源、环境、经济和社会四个方面构建了水环境承载力评价指标体系对洞庭湖区水环境承载力进行了综合评价，结果表明整体水平并未有较好改善，洞庭湖区水资源承载力除益阳外其他地区均处于较差水平。熊建新等从生态弹性子系统、资源环境子系统和社会经济子系统等方面构建生态承载力系统动力学模型，对洞庭湖区生态承载力进行了综合评价和动态模拟等系统研究。

　　DSR 理论框架有着较强的理论张力，因而成为当前及今后地区生态质量研究的逻辑起点（包括本文）。不过，当前多数文献却出现了一个不易觉察的谬误，即实证评价与理论分析不一致。从系统理论来看，"驱动 D"是生态质量变化的直接原因，"状态 S"是结果，而"响应 R"是对结果的一种弥补或质量变化的间接原因，因而从严格意义上讲生态质量评价的对象应该是"状态 S"，而不能像大多数文献那样包括 D、S 和 R 三个层次的所有方面。本文则拟严格以"状态 S"为评价对象，构建一个流域地区生态质量综合评价指标体系，运用熵权法对洞庭湖流域四大水系、14 个地级区域生态环境质量进行综合评价，并对其时空研究进行探索性分析。

　　根据生态系统评价的 DSR 标准模型，同时考虑数据可获取性以及流域地区的特殊地理条件等原则，可以构建如图 1 所示包含 3 项一级指标（3 个子系统）和 10 项二级指标的流域地区生态质量评价指标体系。其中，一级指标包括水、大气和气候三个方面。这一指标体系与当前文献所使用指标体系的主

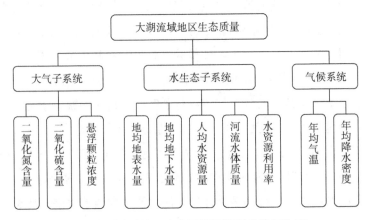

图 1　大湖流域地区生态环境质量评价指标体系

要区别是：一方面，严格区分指标的驱动、状态和响应属性，排除驱动和响应指标而仅选取状态描述性指标，客观、准确地反映流域地区生态质量的状态；另一方面，针对流域的特殊地理条件，指标选取以水生态系统为主要考察对象。其中，5 项水生态指标和 1 项年均降水密度指标为正向指标，3 项大气指标为负向指标，1 项气温指标为最优值指标。此外，森林覆盖和土壤质量状态指标本应进入评价范围，但由于各级官方并未公开其相关状态数据，故略去。

三、数据来源与综合评价

（一）数据来源与统计描述

本文数据来源包括省《湖南省统计年鉴》《湖南省环境状况公报》以及《湖南省水资源公报》等官方资料。水生态系统 5 项指标来源于《湖南省水资源公报》，其中河流水体质量的数据系根据公报中"湖南省主要河流水资源质量状况图"转换而来，由于其检测范围基本覆盖了流域的大部分河流，因此该数据具有较高的可靠度。大气数据和气候数据均来源于《湖南省环境状况公报》。由于各项指标的单位不一、方向不同，因此本文将这些数据进行标准化，处理成为 [0,1] 区间的无量纲数据，处理方法见下文熵权确定的第一步。表 1 为水体质量等若干标准化后主要指标在 2001 年和 2013 年的统计性描述，统计显示其标准差远小于平均值，因此该系列数据是正常和可靠的。

表1 生态质量指标在主要年份的统计性描述

指 标	年 份	最大值	最小值	平均值	标准差
水体质量	2001	1.00(益阳)	0.34(郴州)	0.64	0.19
	2013	1.00(张家界)	0.74(长沙)	0.90	0.09
悬浮颗粒	2001	1.00(郴州)	0.50(娄底)	0.80	0.15
	2013	1.00(张家界)	0.50(长沙)	0.63	0.14
降水密度	2001	1.00(郴州)	0.68(湘西)	0.84	0.10
	2013	1.00(永州)	0.60(衡阳)	0.76	0.20

注:本表系对相应原始数据进行[0,1]标准化处理后的无量纲数据。

(二)信息熵与指标权重确定

熵在最早属于热力学的概念,熵值越大表示系统的能量可利用程度越低,熵值越小表示能量可利用程度越高。同时,熵也是对不确定性的一种度量。信息量越大,不确定性越小,熵也就越小;信息量越小,不确定性越大,熵也就越大。因此可以通过计算熵值来判断一个事件的随机性及无序程度,也可以用熵值来判断某个指标的离散程度。指标的离散程度越大,该指标对综合评价的影响就越大,因而熵值法能够反映出指标信息的效用价值。

若需要评价的对象具有 l 个地区、m 年和 n 个评价指标,原始数据为多指标面板数据阵 $X = (x_{kij})_{l \times m \times n}$,其中 x_{kij} 表示第 k 地区第 i 年第 j 项指标的数据。

1. 数据无量纲化与归一化

令 $r_{kij} = x_{kij}/x_{max}$,当 x 为正向指标;$r_{kij} = x_{min}/x_{kij}$,当 x 为逆向指标;$p_{kij} = r_{kij}/\sum_k \sum_i r_{kij}$。

2. 指标信息熵值与信息效用值

第 j 项指标信息熵值为 $e_j = -\sum_k \sum_i (p_{kij} \ln p_{kij})/\ln(n \times m)$,信息效用值为 $d_j = 1 - e_j$。

3. 评价指标权重

第 j 项指标的熵权为 $w_j = d_j/\sum d_j$。

4. 计算综合评价得分

$$y_{ki} = \sum w_j \cdot r_{kij}。$$

根据以上面板数据信息熵权重的生成方法,基于2001—2013年洞庭湖流域14个城市12项面板数据的分布情况,分别生成如表2所示的一、二级指标的权重系数。

表2　各级指标的信息熵权重

一级指标	一级权重	二级指标	二级权重
水生态质量	0.278 93	地表水总量	0.148 83
		地下水总量	0.183 29
		人均水量	0.226 93
		河流水体质量	0.276 42
		水资源利用率	0.165 59
大气质量	0.455 83	二氧化氮含量	0.359 97
		二氧化硫含量	0.331 65
		悬浮颗粒浓度	0.308 38
气候质量	0.265 24	平均气温	0.078 31
		平均降水密度	0.921 69

注:本表数据四舍五入到小数点后五位。

(三)综合评价的结果

使用信息熵权重和多层次指标综合评价方法对洞庭湖流域14个地级地区历年的生态环境质量进行逐级核算,可以得到表3所示的综合得分,得分越高表明生态质量越好。结果表明:(1)2001—2013年,洞庭湖流域地区生态质量总体上处于中等水平,并在波动中略有提升;其中,流域地区生态质量最好的时期出现在2005年,最差的时期则出现在2007年;(2)流域地区生态质量的区域差异比较大,平均得分从高到低依次为张家界、湘西、怀化、郴州、益阳、永州、邵阳、株洲、常德、岳阳、娄底、湘潭、衡阳和长沙。

表3　2001—2013年洞庭湖各地生态质量的综合得分

年份\地区	长沙	株洲	湘潭	衡阳	邵阳	岳阳	常德	张家界	益阳	郴州	永州	娄底	怀化	吉首
2001	0.71	0.69	0.68	0.73	0.78	0.76	0.69	0.75	0.79	0.87	0.95	0.73	0.82	0.73

续表

地区 年份	长沙	株洲	湘潭	衡阳	邵阳	岳阳	常德	张家界	益阳	郴州	永州	娄底	怀化	吉首
2003	0.67	0.67	0.68	0.69	0.76	0.82	0.73	0.77	0.80	0.93	0.90	0.72	0.78	0.77
2004	0.64	0.58	0.61	0.67	0.71	0.73	0.79	0.87	0.76	0.79	0.83	0.70	0.78	0.76
2005	0.66	0.68	0.62	0.73	0.79	0.72	0.82	0.81	0.76	0.82	0.90	0.79	0.78	0.76
2006	0.66	0.71	0.65	0.73	0.79	0.72	0.74	0.83	0.75	0.77	0.88	0.74	0.79	0.73
2007	0.60	0.70	0.62	0.70	0.74	0.64	0.66	0.78	0.77	0.86	0.91	0.73	0.79	0.70
2008	0.61	0.72	0.60	0.68	0.72	0.63	0.70	0.84	0.83	0.85	0.91	0.77	0.84	0.84
2009	0.62	0.66	0.64	0.68	0.75	0.69	0.70	0.81	0.81	0.79	0.85	0.75	0.75	0.81
2010	0.67	0.68	0.67	0.71	0.84	0.76	0.74	0.82	0.80	0.78	0.89	0.78	0.84	0.85
2011	0.68	0.72	0.65	0.69	0.77	0.79	0.68	0.82	0.75	0.84	0.81	0.75	0.76	0.86
2012	0.70	0.69	0.65	0.69	0.77	0.76	0.68	0.83	0.70	0.87	0.83	0.72	0.77	0.85
2013	0.75	0.72	0.69	0.70	0.80	0.74	0.72	0.82	0.75	0.79	0.79	0.71	0.74	0.73
AVG	0.71	0.71	0.66	0.66	0.81	0.69	0.72	0.82	0.69	0.80	0.83	0.68	0.72	0.73

注:表中数据为[0,1]无量纲数据,得分越高表示生态质量越好。

四、时空演进与原因探讨

首先,从全流域总体水平来看,洞庭湖流域地区生态质量较为平稳且略有提升。2001—2013 年洞庭湖全流域区域生态质量围绕均值 0.73 的水平上下波动,标准差为 0.06,总体波动幅度不大且逐年收窄。不过在 2010—2013 年这几年,全流域总体生态质量有轻微的下降趋势。从一级指标的情况来看,其主要原因是大气得分从 2009 年的 0.74 连年下降到 2013 年的 0.69;从二级指标来看,大气得分快速下降的主要原因是空气中的可吸入悬浮物浓度快速上升,致使其标准得分从 2007 年 0.74 一直下降到 0.63;此外,二氧化硫浓度的得分也从 2009 年的 0.73 下降到 2013 年的 0.67。因此,近年生态质量下降的主要原因是全国性的雾霾天气。

其次,从不同水系来看,湘江水系区域生态质量持续低于全流域平均水平(图 2),湘江水系区域生态质量一直以来都低于全流域平均水平,但差距在不断缩小。而其余的资、沅、澧水系的区域生态质量则在波动中略有提升。从内

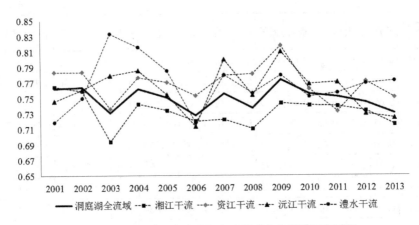

图2　洞庭湖全流域及其各水系区域生态质量演变过程

因来看,作为湘江干流主要区域的"长株潭"城市群是湖南经济发展的重心,加上娄底和岳阳等工业城市,其制造的粉尘和污染都一直成为湘江干流区域生态的直接威胁,如长沙、株洲、湘潭、岳阳和娄底的可吸入悬浮物的浓度得分均在0.60的不及格水平以下,长沙、湘潭、娄底和衡阳的淡水质量也处于勉强及格的水平;从外因来看,湘江水系区域地处丘陵地带,地平树少河流多,因此对外来的粉尘输入和相邻区域的污水输入没有很好的抵抗机制。

　　最后,从不同地区来看,湘西南的地州市生态质量较高。由生态质量的三分位图(图3)可以看到,2001—2013年湘西南片区的邵阳、永州和郴州地区稳定地占据了流域地区生态质量的前三名,其中的怀化和益阳则从2001年的前五名跌入第二梯队,取而代之的是湘西的张家界和吉首。长期靠后的地区包括湘潭和娄底,进步较快的是长沙、株洲和岳阳,下降最快的益阳和怀化。这一空间分布格局变化的主要原因包括:一是张家界和吉首依托旅游产业形成保护与发展的良性互动,使其在水质量、空气质量和气候改善方面都形成了明显的优势;二是随着湘江中上游郴州永州生态保护强度的加大和湘江中下游湘江治理工程的实施,湘江水质有较明显的提升,但受可吸入悬浮颗粒物浓度加大的影响,湘江中下游各地区仍然是生态质量"低—低集聚"(洼地)区域。

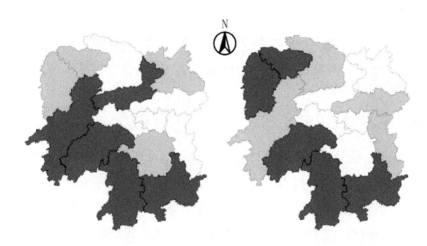

图3 2001 年和 2013 年洞庭湖流域地区生态质量得分的分位图
注:颜色越深表示得分越高。

五、主要结论与政策启示

结果显示,洞庭湖流域地区生态状况是有喜有忧。喜的是全省平均生态质量在近十多年来的波动中得到保持并有小幅提升,忧的是湘江中下游的衡阳、湘潭和娄底的生态质量长期未得到明显改善。全省生态水平稳定主要得益于湘江源头的郴州和永州生态质量得到大幅提升、湘江中游长株潭城市群"两型社会"建设以及始于 2008 年的湘江治理工程;但纵使是如此巨大的投入也很难在短期内取得根本性的成效,这也证明了生态环境"破坏容易恢复难"的发展规律。

要促进洞庭湖流域地区生态质量的稳步提升,从以下几个方面着手可能会是比较好的选择。一是深入推进湘江中游"两型社会"建设与湘江治理工程,特别是要加大对湘江中游衡阳、湘潭和娄底的小工矿和小工厂的整治,加快湘潭清水塘老工业基地的改造和迁移。二是积极控制常德、益阳和岳阳等洞庭湖周边区域的农业面源污染,加大政府在有机复合肥和有机农药推广与应用方面的财政投入。三是高度重视湘西片区的经济开发和产业发展对生态环境的破坏,控制怀化和益阳地区重金属矿藏的无序开发等。

基于修正分形维数的洞庭湖区
旅游资源格局演化研究①

一、问题的提出

党的十八大以来,党中央国务院不断将"生态文明建设"发展战略推向纵深,给大江大湖区域经济社会发展带来了新的历史机遇。实践表明,以生态和文化旅游为纽带推动三次产业融合发展,是洞庭湖区域经济可持续发展的可行路径。然而,旅游资源空间布局过于分散且交通连接不紧密成为实施该战略路径的主要障碍,如何将这些旅游资源有效整合与串联,成为当务之急。而科学识别旅游资源空间结构演化过程与趋势,是有效整合洞庭湖区旅游资源、推动旅游产业发展的重要基础条件之一。

随着非线性科学的发展,分形理论(Mandelbrot,1977)开始被提出、发展和广泛应用。其本质是运用分形维数工具,对具有无标度性、自相似性等特征事物进行测度和分析,以描述复杂事物的空间结构。当前,分形理论已经被广泛应用于经济、社会与自然生态等科学研究领域。Milne(1988)较早地在景观空间结构研究中使用了分形的方法,他认为该方法能对传统分析形成有益补充,并在很大程度上提升景观的审美价值。Bölviken(1992)在对北芬诺斯坎底亚的景观进行实证分析后发现,自然景观确实存在明显的自我相似性。Thomas,Frankhauser & Biernacki(2008)采用分形方法对比利时瓦隆地区自然景观的空间结构形成进行了实证分析。戴学军、庄大昌和丁登山(2009)基于网格维数模型,对南京市旅游景点的空间分布格局进行了测度,发现南京市旅游资源空间属于相对均匀与合理的分布格局。高元衡和王艳(2009)对桂林市旅游资源空间结构进行了分形研究,结果表明桂林市组团为点状向集聚分形演化的模式、阳朔组团为面状向集聚分形演化的模式。苏章全和明庆忠等(2011)运用集聚维数模型对云南丽江旅游景点的空间结构进行

---

① 该文发表于《武陵学刊》2019 年第 5 期。

了测度,结果发现丽江旅游景点分布相对集聚的状态。陈建设、朱翔和徐美(2012)对湖南省地级市接待旅游人口进行了分形测度,结果表明其空间结构相对分散且联系不够紧密。李江丽和杨宏伟(2013)针对丝路中道"旅长游短"问题,用分形理论测度了沿途景点的集聚维数和关联维数,发现喀什170千米范围内景点具有一定分形集聚特征,但集聚密度还不够高。段冰(2014)对河南省旅游中心地规模与空间结构进行了实证分析,表明河南省形成了以郑州市为中心的六个层级的、分布比较均匀的空间结构。刘大均和谢双玉等(2013)基于分形理论将区域旅游景点空间结构分为点状、集聚、多中心和一体化四种发展模式,对武汉的实证研究表明其处于多中心发展阶段。胡章鸿和段七零(2014)对江苏省景区时空演化模型进行了测度,结果表明苏北旅游集聚度最高、苏南在交通网络方面领先、各区都朝均匀模式演变、时间距离比空间距离更接近均匀模式。宋涛、陈雪婷和陈才(2017)对黑龙江省旅游景区、旅游酒店的分维特征进行了实证分析,结果表明旅游景点、旅游酒店和二者综合均具有分形集聚特征,但仍属于显著的单中心集聚发展模式。

当前文献运用分形理论对旅游资源空间结构作了较深入的分析,但鲜有文献在此过程中考虑旅游景区的不同等级对整体空间结构的影响。本文利用万有引力定律对分形理论的维数模型进行修正,将景区等级(A—5A)对旅游资源空间结构的影响引进分形维数模型,并借此计算了洞庭湖区旅游资源的集聚维数和关联维数,分析其在2001—2017年的动态演化轨迹,进一步提出洞庭湖区旅游资源空间格局的优化策略。

二、研究方法

旅游景区作为一个旅游与消费一体化的综合区域,一般都是通过先发展中心高层次景点再开发周边附属性、支撑性景点的形式逐步发展的,相近互补的景区逐渐形成一级、二级、三级等多层次、高度集聚的旅游集群。在实践中,旅游资源通常会由于自然、人文等各种因素交叉影响,形成一个分形结构,存在一定程度的自相似性,从而形成旅游景点向中心集聚的态势。因此,这种自相似性使我们可以用分形理论中的集聚维数来测算和衡量旅游景点的向心性

和集聚程度。集聚维数的计算方法是:将景区数目定义为 N,景区向心回转半径定义为 $R(N)$,两者存在如下关系:

$$R(N) \propto N^{\frac{1}{D}} \tag{1}$$

其中 D 为集聚维数,表示附属景区到中心景区的聚集态势。由于半径 R 的单位会影响到集聚维数的数值,故可将其转化成平均半径:

$$R(N) \equiv \sqrt{\frac{1}{N} \sum_i r_i^2}$$

依据万有引力定律:

$$G = g \frac{Mm}{r^2}$$

景区之间的吸引力不但与距离成反比,同时与吸引物质量(景区等级)成正比。因此,本文依据万有引力定律对平均回转半径进行修正:

$$R(N) \equiv \sqrt{\frac{1}{N} \sum_i \left(\frac{r_i}{A_i}\right)^2} \tag{2}$$

r_i 为景区 i 到中心景区的乌鸦距离(直线距离),A_i 为国家文化旅游部对景区 i 的等级认定,1A—5A 级景区 A 相应取值 1—5。

对公式(1)两边取对数,可求得集聚维数的双对数方程:

$$\log(R(N)) = \frac{1}{D} \log N \tag{3}$$

对公式(3)回归,即得到集聚维数 D。当 $D>2$ 时,表示旅游景点的空间结构分布向周围景区的密度递增,且呈离心态分布,不具有向心性,整体景区出现了吸引力弱化和规模报酬递减。当 $D=2$ 时,表示旅游景点向周围辐射的作用是均匀的,不存在聚集,也不是非正常的离心状况。当 $D<2$ 时,表明旅游景区的空间结构向周围景区的密度递减,呈聚集形态分布,整体景区出现了规模报酬递增。值得注意的是,修正后分形集聚无标度区间的单位不再是纯粹的欧式空间距离 km,而是考虑了景点等级后的吸引力空间距离 A·km,该单位表示假设附属景区为 1A 级景区的吸引力空间距离(与中心景区等级无关)。

三、数据来源

(一)洞庭湖区基本情况

洞庭湖区主要包括由洞庭湖周边的岳阳、常德、益阳和长沙(部分)合计 25 个区县。① 2014 年,"洞庭湖生态经济区"获国务院批准进入国家发展战略。该流域旅游资源丰富,不过其空间分布还不够优化,"孤立"景点非常多,在很大程度上影响了洞庭湖区生态旅游业和生态经济的发展质量。由此我们选取该流域作为典型案例,对其旅游资源的空间分布结构及其连接程度进行量化分析。

(二)数据采集与描述

本文旅游资源数据主要来源于国家文化与旅游部官方网站公布的各批次《国家 A 级旅游景区公示名单》(2001 — 2017)。按国家文化与旅游部的标准,旅游资源可分为自然景观与人文景观两大类。2017 年洞庭湖区共有国家 A 级(包括 1A — 5A)景区 61 个,其中自然景观类景区 33 个,人文景观类中与山水文化相关的景区 23 个,红色旅游景区 7 个。从数据来看,2001 年洞庭湖区仅有国家 A 级旅游景区 3 个(岳阳楼 4A、桃花源 4A 和柳叶湖 3A),2017 年增加到 61 个。本文选取 2001 年和 2017 年四个典型年份来分析其空间格局的演化趋势。

表 1　洞庭湖区旅游资源统计性描述

区　县	2001 年景点数	2017 年景点数	典型景点	区　县	2001 年景点数	2017 年景点数	典型景点
岳阳楼区	1	2	岳阳楼	澧　县	0	3	城头山
君山区	0	3	君山岛	临澧县	0	3	林伯渠
云溪区	0	0	—	桃源县	1	3	桃花源
岳阳县	0	3	张谷英	石门县	0	1	文庙
华容县	0	1	博物馆	津市市	0	0	—
湘阴县	0	2	左宗棠	资阳区	0	6	山乡巨变

①　洞庭湖区还包含湖北荆州部分地区,本文仅考察湖南省下辖的 25 个区县。

续表

区　县	2001 年景点数	2017 年景点数	典型景点	区　县	2001 年景点数	2017 年景点数	典型景点
平江县	0	5	石牛寨	赫山区	0	2	北峰山
汨罗市	0	1	任弼时	南　县	0	1	厂窖
临湘市	0	3	五尖山	桃江县	0	1	竹海
武陵区	1	5	柳叶湖	安化县	0	5	茶马古道
鼎城区	0	2	花岩溪	沅江市	0	3	生态水城
安乡县	0	0	—	望城区	0	4	黑麋峰
汉寿县	0	2	清水湖				

注:景点数单位为个;截至目前,云溪区、安乡县和津市市尚未有国家 A 级景区。

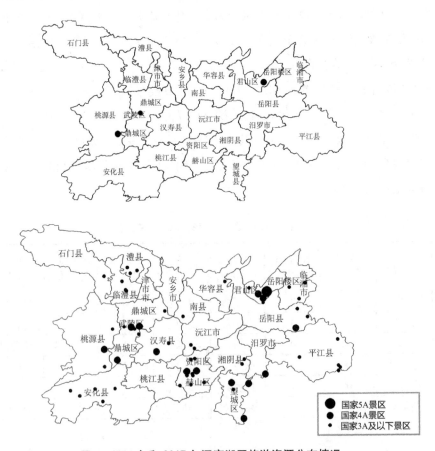

图 1　2001 年和 2017 年洞庭湖区旅游资源分布情况

　　另外,分形维数计算过程中需要用到附属景点与中心景点之间的距离数据。岳阳楼—君山岛景区是洞庭湖区唯一的国家 5A 级景区(2011),也因深厚的人文底蕴而成为洞庭湖区象征性的旅游景区,本文将其作为洞庭湖区的中心景区。在实际计算过程中,我们使用百度地图测出各附属景区距离中心景区的直线距离,将其除以景区等级(5A—1A 分别赋值 5—1),并对此进行排序处理后用于维数计算。进一步分别选择岳阳楼风景区、桃花源风景区和山乡巨变第一村作为岳阳、常德和益阳的中心景点。其中,桃花源国家 4A 风景区因陶渊明的《桃花源记》闻名,是常德市目前级别最高、开发最早的旅游景区,也是常德传统文化的代表;山乡巨变第一村国家 4A 风景区因周立波的小说《山乡巨变》而被人们熟知,是益阳市目前级别最高、最具益阳文化内涵的旅游景点。

四、结果分析

(一)总体结果

　　首先按照公式(2)计算典型年份景区向心回转平均半径 $R(N)$,然后根据公式(3)并使用最小二乘法对景区数目 N 与景区向心回转平均半径 $R(N)$ 作双对数回归分析。再根据双对数分段回归结果,将其划分无标度区间(点数在 3 个以上以及可决系数在 0.95 以上,可定义为无标度区间)。由此,可得到如下图 2 和图 3 所示的 2001 年至 2017 年洞庭湖区旅游资源集聚维数的回归结果。

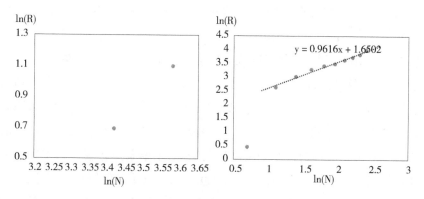

图 2　2001 年和 2005 年洞庭湖区旅游景区集聚维数

　　从图2(左)来看,2001年洞庭湖区仅有国家A级景区3个(包括岳阳楼4A、柳叶湖3A和桃花源4A),计算结果表明这些零散的旅游资源处于孤立发展状态,并未形成分形集聚的模式。从图2(右)来看,2005年洞庭湖区国家A级景区增加到了11个,除岳阳楼与君山岛外的其他9个景区在一定程度上形成了初步的分形集聚,集聚维数D2001＝0.9616<2。在分形集聚的无标度区间23.95—104.75A·km范围内,洞庭湖区旅游资源以岳阳楼景区为中心向周边景区呈密度递减的空间结构状态,旅游资源在这一区间出现了规模报酬递增。在这一时期,洞庭湖区新增开发的重点旅游资源包括沅江胭脂湖旅游区、益阳市北峰山国家森林公园和桃江桃花江竹海旅游区,等等。

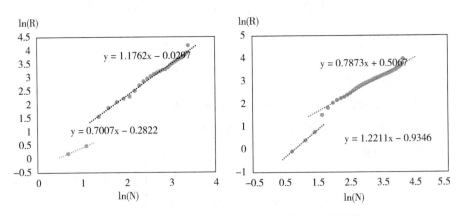

图3　2010年和2017年洞庭湖区旅游景区集聚维数

　　从2010年,洞庭湖区旅游景区集聚维数图3(左)来看,出现了两个较为显著的无标度区间。第一无标度区间是0-2.23A·km的岳阳市近郊旅游景点(共3个),其空间集聚分形维数D2010-1＝0.7007<2;在该无标度区间内,旅游资源空间结构为密度递减的集聚发展状态,该区间的主要景点包括岳阳楼、圣安寺和君山公园。第二无标度区间是9.20-240.2A·km的周边旅游景点(共27个),其空间集聚分形维数D2010-2＝1.1762<2;该无标度区间的旅游资源空间结构同样为密度递减的集聚格局,主要景点包括岳阳市团湖野生荷花世界、临湘五尖山国家森林公园和岳阳市大云山国家森林公园等,常德市桃花源旅游区、柳叶湖度假区、西洞庭国家城市公园、沱龙峡生态旅游区和益阳市沅江胭脂湖旅游区、桃花江竹海旅游区,等等。

从 2017 年洞庭湖区旅游景区集聚维数图 3(右)来看,景区的分形集聚程度持续增强,但保持了两个较为显著的无标度区间。第一无标度区间是 0—3.43A·km 的洞庭湖区生态旅游核心景区(共 4 个),其空间集聚分形维数 D2017-1=1.2211<2;在该无标度区间内,旅游资源空间结构为密度递减的集聚发展状态,景点包括岳阳楼、岳阳圣安寺、岳阳君山岛以及岳阳华夏民俗风情园。第二无标度区间是 9.20—240.2A·km 的岳阳市周边旅游景点(共 57 个),其空间集聚分形维数 D2017-2=0.7873<2;在该无标度区间内,旅游资源空间结构为密度递减的集聚状态,主要景点包括团湖野生荷花世界、五尖山国家森林公园、大云山国家森林公园、张谷英村、相思山、平江石牛寨、望城黑麋峰、沅江五湖生态水城、常德清水湖、常德柳叶湖和常德西洞庭国家城市公园,等等。

从以上修正的集聚分形维数结果来看,洞庭湖区旅游资源空间结构的演化轨迹呈现如下显著特点:一是整体景区空间分形聚集格局越来越强化,集聚程度也越来越高;二是核心景区加快朝"向心"临界点($D=0$)方向发展,而周边景区则加快朝"离心"临界点($D=2$)方向发展;三是新开发景区对集聚格局影响较大,老景区升级进程相对缓慢。

(二)分区结果

考虑到洞庭湖区内岳阳、常德和益阳本身就存在非常大的地域差异性,并且三地之间交通条件长期未得到实质性改善。到今天为止,从岳阳到益阳还是没有路程较短的高速公路,想要走全程高速路线就必须先从岳阳长沙然后从长沙绕到益阳。因此,我们进一步分别以岳阳楼风景区、桃花源风景区和山乡巨变第一村为中心景点对这三个地区的旅游资源进行分形研究,得到分区结果如下表 2 所示。

表 2　洞庭湖区旅游资源集聚分形维数的分区测度结果

	年　份	景区总数	无标度区间 1	景区数量	集聚分形维数	无标度区间 2	景区数量	集聚分形维数
岳阳	2010	11	0—2.23	3	0.7007	9.20—38.03	8	0.5360
	2017	20	0—2.43	4	1.1953	4.65—23.31	16	1.0590

续表

	年　份	景区总数	无标度区间1	景区数量	集聚分形维数	无标度区间2	景区数量	集聚分形维数
常德	2010	8	0—13.98	5	0.8326	24.57—31.32	3	1.1185
	2017	19	0—7.16	5	1.2163	7.46—30.83	14	0.8806
益阳	2011	13	0—1.38	5	0.1111	3.31—58.89	8	2.8454
	2017	18	0—1.57	6	0.5645	2.90—58.84	12	2.2426

注:本数据由修正的集聚分形维数模型测算得来。其中,益阳市中心景点山乡巨变第一村于2011年方才新建获批国家4A景点,因此益阳的测度年份为2011年和2017年。

从表2的分区维数结果来看,岳阳、常德和益阳三地的旅游资源空间分布及其演化主要呈现出以下特点:第一,岳阳、常德和益阳三地的旅游资源都分为中心景群和卫星景群两个无标度区间,表明三地的旅游资源都未围绕核心景区形成一体化的集聚整合,而出现远近景点"两层皮"的现象。这与前文对洞庭湖区旅游资源的整体测算结果基本保持一致。第二,第一无标度区间(中心景群)的集聚程度从高到低是益阳、岳阳和常德。其中,益阳的无标度空间最小(0—1.38和0—1.57)、景区数量最多(2017年有6个,分别为山乡巨变第一村、奥林匹克公园、市博物馆、白鹿寺、花山农家乐和北峰山公园)、分形系数离高度集聚的"0"最接近(0.1111和0.5645)。第三,第二标度区间(卫星景群)的集聚程度从高到低是岳阳、常德和益阳,其中岳阳和常德为向心型集聚,益阳为离心型集聚。在卫星景群中,岳阳市的无标度区间最小(2017年为23.31)、景区数量最多(2017年共有16个)、集聚分形维数也最小(2010年和2017年之和为1.595);而益阳的卫星景群则出现了显著的离心趋势,包括皇家湖生态区、桃花江竹海、林芳生态村、五湖生态水城和胭脂湖等12个景区,数量不少但它们与核心景区之间的联系却非常不足。

五、结论与建议

实证研究表明:(1)洞庭湖区旅游资源空间格局由最初的点状模式逐渐

形成"岳阳楼—桃花源"的线性模式;(2)然后由"岳阳楼—桃花源"主线向两翼特别是南翼延伸,形成以岳阳楼景群、东洞庭景群和西南洞庭景群为主的面状模式;(3)益阳的中心景群集聚程度最高、岳阳的卫星景群集聚程度最高,常德则相对均衡;(4)新景区开发比老景区升级对洞庭湖区旅游资源空间结构演化的贡献更大。随着洞庭湖区以生态旅游为纽带促进三次产业融合发展战略的不断推进,我们必须进一步对洞庭湖区旅游资源空间结构进行优化。基于前文分析,本文提出如下优化策略。

一方面,是加大东洞庭和北洞庭景区的开发力度。从修正分形维数模型的结果来看,洞庭湖区旅游资源在"岳阳楼—桃花源"主线上形成集聚,同时向南翼有较多的延伸拓展,但是在东洞庭特别是北洞庭方向的景区开发区却相对落后,拖慢了整体景区空间格局升级进度。东洞庭(如汨罗市、平江县和岳阳县等)区县的旅游资源非常丰富,且与长沙、岳阳等城市空间距离不远,应该加大这些区县的景区开发力度。另外,包括石门、澧县、安乡、南县、华容的北洞庭旅游景区开发更为滞后,虽然这些区县远离大城市,但也应该充分发挥这些区县如澧水、壶瓶山、黄山头等丰富的旅游资源。

另一方面,是加快对老景区的改造升级进程。实证结果表明,2001—2017年洞庭湖区生态旅游景区空间结构演化的主要动力来源于新景区的开发(前期主要是"岳阳楼—桃花源"主线新景区,后期主要是南翼新景区),而老景区的改造升级却相对滞后。截至目前仅有"岳阳楼—君山岛"一个国家5A景区,桃花源和柳叶湖十多年来一直还是4A景区,五尖山、大云山、野生荷花世界和西洞庭国家城市公园近十年来一直停留在3A景区,胭脂湖、竹海和安化红岩近十年来一直还是2A景区,特别是益阳安化柘溪旅游区十七年来一直停留在1A景区。要加快这些潜力老景区的改造升级,充分发挥其对旅游空间结构优化的重要作用。

附录二 洞庭湖区城镇化质量评价结果表*

（一）综合评价结果

序号	年份\县市	2001	2002	2003	2004	2005	2006	2007	2008	2009
1	长沙市	15.83	22.16	16.86	18.48	22.36	24.20	25.74	29.52	34.82
2	长沙县	9.37	16.64	13.68	13.01	15.27	15.60	28.68	21.73	26.96
3	望城县	15.66	21.90	14.03	15.04	15.68	16.53	18.04	20.99	23.16
4	宁乡县	17.63	15.70	13.22	13.43	10.42	16.91	23.75	15.55	18.14
5	浏阳市	10.11	13.24	16.12	19.08	22.05	24.54	27.88	25.88	29.35
6	株洲市	14.65	20.80	32.48	21.46	17.63	18.61	19.93	21.46	22.33
7	株洲县	21.01	19.63	17.54	18.57	21.78	18.73	18.09	20.68	23.41
8	攸 县	18.79	25.17	24.62	24.99	26.52	27.39	23.92	25.79	22.70
9	茶陵县	18.78	24.65	25.19	26.31	26.09	26.85	26.53	21.43	26.32
10	炎陵县	16.96	16.80	26.27	26.90	16.69	18.74	21.51	23.11	28.91
11	醴陵市	18.06	13.44	23.91	14.20	14.51	16.22	11.14	12.08	13.26
12	湘潭市	26.02	18.42	13.61	14.91	19.52	15.61	16.19	18.54	22.12
13	湘潭县	8.18	11.26	8.34	8.39	19.32	10.29	15.18	16.49	21.31
14	湘乡市	6.88	7.15	6.86	7.90	7.85	9.17	8.54	20.02	20.43
15	韶山市	28.47	15.48	19.12	21.35	17.65	24.13	25.52	27.42	31.17
16	衡阳市	14.14	14.60	14.63	11.53	11.34	22.49	23.35	20.39	26.04
17	衡阳县	9.50	14.78	11.63	14.13	9.24	14.77	9.53	14.13	24.63

---

* 表中地级市名称表示该地级市市区部分；表中数据是根据图3-1的指标体系和表3-5的综合权重使用多层次分析法得到的标准化无量纲数据，取值范围为0—100，数值越大表示城镇化质量越高。下同。

序号	县市	2001	2002	2003	2004	2005	2006	2007	2008	2009
18	衡南县	18.63	17.91	13.49	26.12	10.47	18.17	21.75	22.39	21.40
19	衡山县	14.36	10.85	11.92	12.55	13.91	15.81	16.39	18.05	18.76
20	衡东县	19.28	23.54	25.15	25.65	10.39	21.94	20.58	23.16	32.82
21	祁东县	18.49	19.57	17.09	17.19	21.06	24.74	24.90	24.12	24.75
22	耒阳市	20.04	22.11	13.55	26.47	23.22	21.23	21.10	17.72	19.73
23	常宁市	18.46	19.13	18.28	18.87	19.49	20.37	20.77	21.32	21.46
24	邵阳市	16.40	23.03	21.38	21.13	20.67	19.11	16.02	14.16	24.96
25	邵东县	4.93	6.01	6.19	6.49	7.35	7.06	7.44	8.02	10.93
26	新邵县	7.60	19.79	18.78	20.17	22.81	27.94	28.73	31.13	30.63
27	邵阳县	16.12	20.54	23.17	19.59	14.73	24.21	21.08	19.94	20.08
28	隆回县	18.84	20.72	24.75	34.38	33.78	34.57	32.22	33.10	33.00
29	洞口县	18.87	20.38	25.31	26.80	25.88	26.45	25.29	25.61	25.89
30	绥宁县	18.46	25.44	23.03	30.67	22.23	23.52	23.71	27.48	27.71
31	新宁县	19.17	21.47	30.85	36.37	36.70	32.70	27.97	25.35	33.13
32	城步县	17.00	17.47	17.82	19.68	30.66	30.98	31.36	31.25	31.38
33	武冈市	17.89	17.09	19.41	22.09	22.62	23.35	21.85	20.10	19.57
34	岳阳市	10.26	22.54	28.22	29.72	29.63	14.06	20.87	28.55	26.22
35	岳阳县	19.68	19.44	24.24	24.62	26.30	37.34	19.45	28.05	30.24
36	华容县	18.92	30.27	33.18	33.31	20.26	17.49	22.96	24.26	24.10
37	湘阴县	25.91	23.94	21.45	23.27	17.80	16.25	16.33	18.79	17.98
38	平江县	17.53	18.11	23.36	22.47	20.05	21.06	24.39	25.58	25.43
39	汨罗市	16.84	17.63	23.33	24.48	22.51	19.23	28.47	28.77	37.40
40	临湘市	7.36	19.08	24.26	24.99	25.06	8.87	10.41	12.45	13.72
41	常德市	26.91	11.35	22.17	14.57	14.39	15.48	19.09	18.06	19.92
42	安乡县	17.13	21.51	23.89	22.00	29.70	30.29	36.61	36.82	36.82
43	汉寿县	20.45	32.57	25.11	26.63	33.36	31.40	37.93	38.78	36.04
44	澧　县	19.52	26.65	22.47	27.36	20.89	16.25	27.17	28.11	28.72
45	临澧县	18.11	25.68	31.64	32.24	21.11	22.57	21.96	21.95	21.07
46	桃源县	28.50	39.05	33.35	28.15	22.64	28.98	24.46	27.63	23.52
47	石门县	17.73	24.28	22.31	24.25	22.76	23.28	21.28	23.07	27.34
48	津　市	17.30	23.06	18.53	20.22	21.22	23.90	25.15	25.97	26.81
49	张家界	20.46	28.63	13.31	15.08	21.38	31.53	40.30	45.29	43.43

续表

序号	县市 年份	2001	2002	2003	2004	2005	2006	2007	2008	2009
50	慈利县	20.51	29.41	28.80	24.09	24.85	25.41	29.33	35.47	30.97
51	桑植县	18.86	24.34	17.82	18.44	21.15	24.34	27.02	23.42	24.58
52	益阳市	22.56	11.03	17.74	7.58	9.48	10.43	15.77	16.11	12.87
53	南　县	16.41	19.64	19.26	19.76	18.58	16.90	22.90	22.65	21.82
54	桃江县	23.03	17.69	22.80	23.43	23.68	24.92	24.32	22.14	21.89
55	安化县	18.28	18.74	23.90	24.44	23.43	24.57	23.54	23.62	24.03
56	沅江市	24.60	27.60	27.91	28.21	27.59	25.82	30.59	30.83	34.90
57	郴州市	20.38	21.44	9.47	18.83	15.67	16.94	21.16	18.71	20.20
58	桂阳县	17.78	19.06	23.05	23.73	24.65	22.42	24.29	23.54	22.47
59	宜章县	16.74	17.62	17.03	17.70	18.77	21.37	21.45	21.22	21.51
60	永兴县	19.38	20.98	18.75	19.57	21.88	25.20	28.72	23.68	23.07
61	嘉禾县	17.30	17.88	17.70	18.25	18.86	21.20	26.58	26.44	27.01
62	临武县	21.74	22.46	22.33	23.28	24.74	27.77	37.38	31.71	29.92
63	汝城县	21.94	23.36	22.59	23.76	25.77	28.27	30.14	29.16	27.68
64	桂东县	27.00	27.56	26.81	26.90	27.31	25.05	25.20	24.53	28.97
65	安仁县	25.48	27.86	26.87	26.33	27.46	31.16	29.96	25.41	35.82
66	资兴市	29.88	29.36	29.19	29.99	32.56	37.30	32.26	35.92	41.09
67	永州市	28.07	26.24	24.15	24.93	27.87	32.11	23.22	24.85	29.45
68	祁阳县	26.87	24.68	17.77	22.05	18.43	29.59	23.50	28.28	27.93
69	东安县	23.34	19.25	18.30	20.23	21.39	21.71	21.81	27.32	26.27
70	双牌县	19.51	21.40	20.78	20.00	21.13	22.23	20.98	22.27	27.70
71	道　县	19.01	20.80	18.83	19.36	24.94	29.04	22.89	26.06	30.74
72	江永县	16.70	16.93	16.86	17.00	22.13	25.16	23.57	26.22	28.26
73	宁远县	21.67	22.25	22.47	23.92	19.21	21.89	20.70	18.02	18.07
74	蓝山县	31.54	31.83	31.83	23.40	19.88	21.59	24.09	25.91	20.95
75	新田县	18.92	19.30	24.40	21.58	32.84	33.30	33.77	34.27	35.07
76	江华县	16.68	16.78	18.28	19.41	24.39	28.95	28.86	31.93	34.97
77	怀化市	24.32	19.43	21.78	23.28	24.74	24.36	24.23	27.69	35.49
78	中方县	22.83	12.76	19.09	18.01	19.70	15.90	11.13	11.80	19.11
79	沅陵县	31.78	32.94	32.11	40.15	31.24	31.38	33.04	34.57	37.42
80	辰溪县	16.40	14.61	16.62	19.06	19.34	18.79	10.34	11.00	23.33
81	溆浦县	18.44	16.38	17.66	20.08	17.51	15.09	16.62	17.16	24.96

续表

序号	县市	2001	2002	2003	2004	2005	2006	2007	2008	2009
82	会同县	35.47	34.37	30.90	32.82	32.84	33.63	33.83	33.99	34.05
83	麻阳县	23.54	19.46	18.96	19.61	19.71	20.98	21.43	33.23	38.83
84	新晃县	17.89	18.14	21.06	21.75	23.62	26.11	27.93	35.25	31.31
85	芷江县	25.79	21.74	22.85	16.57	14.73	16.51	18.19	20.86	28.50
86	靖州县	25.03	20.96	21.42	27.61	35.31	34.46	33.22	33.87	35.42
87	通道县	22.88	22.88	32.30	22.97	32.00	32.64	32.77	32.94	34.56
88	洪江市	22.94	20.86	19.90	23.20	21.85	17.09	11.57	14.08	23.44
89	娄底市	20.96	21.23	12.38	22.73	18.58	13.96	14.35	14.97	19.08
90	双峰县	7.75	17.04	18.11	16.68	16.19	18.41	27.98	28.60	19.66
91	新化县	20.30	23.04	9.92	9.70	11.67	16.02	12.06	13.61	16.27
92	冷水江	18.34	19.32	14.72	10.61	13.22	16.51	18.19	19.80	22.32
93	涟源市	13.42	20.21	20.29	21.40	22.79	25.72	23.36	24.65	26.87
94	吉首市	17.96	13.16	9.67	17.30	19.13	18.02	22.51	27.23	31.39
95	泸溪县	19.04	16.10	10.76	10.26	16.81	23.46	26.72	23.17	30.70
96	凤凰县	18.13	14.34	10.51	16.48	12.78	21.71	30.87	39.63	41.17
97	花垣县	9.87	10.96	11.39	10.14	9.94	10.70	14.39	18.83	25.06
98	保靖县	19.33	15.94	12.85	18.24	24.27	24.46	34.72	28.50	29.89
99	古丈县	19.63	20.58	19.15	20.34	20.56	22.99	23.04	24.58	28.93
100	永顺县	21.13	24.38	31.82	35.04	34.32	33.99	39.42	42.20	37.13
101	龙山县	15.50	17.18	14.56	15.98	17.62	22.40	24.37	22.71	22.94

序号	县市	2010	2011	2012	2013	2014	2015	2001排名	2015排名	变化
1	长沙市	36.23	46.50	52.25	57.20	56.30	63.71	84	2	82
2	长沙县	30.28	41.23	44.26	47.37	51.11	57.19	95	5	90
3	望城县	28.62	39.65	45.65	49.71	54.89	58.05	85	3	82
4	宁乡县	22.85	34.00	44.85	45.56	43.57	49.19	69	16	53
5	浏阳市	34.86	42.33	44.14	45.58	52.19	56.08	92	7	85
6	株洲市	26.44	32.40	40.07	40.48	43.86	46.20	87	40	47
7	株洲县	25.88	28.16	29.60	31.14	36.06	35.02	29	85	-56
8	攸县	23.99	32.39	38.08	37.27	39.53	42.38	52	63	-11

续表

序号	年份 县市	2010	2011	2012	2013	2014	2015	2001 排名	2015 排名	变化
9	茶陵县	14.57	30.94	33.79	29.73	31.02	32.37	53	97	-44
10	炎陵县	16.91	34.80	34.38	34.17	47.84	50.61	75	12	63
11	醴陵市	18.60	30.42	23.28	40.83	42.38	42.23	63	65	-2
12	湘潭市	26.82	31.29	37.11	41.33	44.91	48.43	11	22	-11
13	湘潭县	22.08	23.14	23.20	31.26	33.67	33.76	96	90	6
14	湘乡市	22.81	23.35	16.20	32.76	30.96	34.55	100	87	13
15	韶山市	38.44	41.39	46.19	51.65	55.15	57.52	6	4	2
16	衡阳市	25.20	30.90	31.65	32.82	34.80	44.04	89	51	38
17	衡阳县	25.21	33.33	29.61	39.13	43.26	46.25	94	39	55
18	衡南县	25.00	26.66	19.51	27.51	31.75	42.16	54	66	-12
19	衡山县	22.02	23.05	24.33	28.44	41.97	42.87	88	60	28
20	衡东县	35.14	35.76	25.49	30.35	33.13	37.12	43	77	-34
21	祁东县	26.84	30.50	31.35	41.11	42.79	48.18	55	23	32
22	耒阳市	23.59	30.99	29.29	37.65	44.56	45.28	36	43	-7
23	常宁市	24.17	28.74	24.15	28.56	32.36	46.29	56	36	20
24	邵阳市	18.56	18.64	35.94	35.50	30.52	33.73	81	91	-10
25	邵东县	19.62	26.74	27.80	39.05	35.73	40.15	101	70	31
26	新邵县	32.65	36.20	42.96	43.44	44.95	43.44	98	55	43
27	邵阳县	22.85	25.83	28.85	28.68	32.10	32.79	83	95	-12
28	隆回县	35.46	41.01	42.45	42.35	45.03	44.08	51	50	1
29	洞口县	28.24	28.86	30.23	31.64	33.14	34.22	49	88	-39
30	绥宁县	30.00	31.11	32.17	32.17	29.16	31.85	57	98	-41
31	新宁县	35.51	36.12	42.87	43.39	44.57	43.98	44	52	-8
32	城步县	33.30	39.86	40.86	41.58	36.57	39.96	74	71	3
33	武冈市	20.99	27.92	28.50	38.42	41.22	42.24	65	64	1
34	岳阳市	24.63	41.60	46.67	49.20	50.91	55.21	91	10	81
35	岳阳县	33.09	31.33	32.47	33.88	36.91	36.47	37	79	-42
36	华容县	28.11	28.58	30.11	30.60	32.15	34.07	48	89	-41
37	湘阴县	22.96	34.94	41.13	45.44	47.35	48.17	12	24	-12
38	平江县	27.09	24.82	28.32	28.32	31.29	30.35	70	100	-30
39	汨罗市	42.73	38.79	38.69	42.24	44.10	49.42	76	14	62
40	临湘市	16.30	33.80	34.85	36.14	38.67	39.93	99	72	27

序号	年份 县市	2010	2011	2012	2013	2014	2015	2001 排名	2015 排名	变化
41	常德市	24.15	35.19	41.42	51.47	54.58	55.78	9	8	1
42	安乡县	40.01	41.43	42.20	43.34	43.79	43.62	73	53	20
43	汉寿县	39.08	29.77	31.75	33.09	34.92	39.40	33	73	−40
44	澧　县	30.17	33.84	36.51	38.88	40.74	41.08	39	68	−29
45	临澧县	34.73	43.48	44.78	45.59	46.33	46.55	62	33	29
46	桃源县	19.93	28.29	35.02	35.82	37.24	46.28	5	37	−32
47	石门县	25.69	32.04	33.47	34.73	48.19	46.64	68	30	38
48	津　市	18.52	26.24	27.31	28.51	29.49	31.18	72	99	−27
49	张家界	43.37	51.04	54.63	55.57	53.04	56.25	32	6	26
50	慈利县	32.46	36.51	39.80	43.02	43.84	47.55	31	26	5
51	桑植县	28.45	29.22	31.07	31.76	33.04	33.47	50	92	−42
52	益阳市	23.41	28.76	29.54	32.32	35.14	35.01	24	86	−62
53	南　县	24.73	34.31	37.37	39.66	41.22	42.53	80	61	19
54	桃江县	20.66	30.09	25.75	25.71	29.34	40.87	20	69	−49
55	安化县	20.56	27.58	23.13	23.60	25.09	27.60	60	101	−41
56	沅江市	39.68	34.75	38.23	36.99	41.33	47.25	16	28	−12
57	郴州市	22.14	27.05	23.57	43.18	44.81	46.04	34	41	−7
58	桂阳县	25.14	28.06	30.16	33.28	36.58	44.29	67	49	18
59	宜章县	23.13	21.54	25.99	40.87	42.20	46.62	77	31	46
60	永兴县	26.14	27.21	33.97	33.41	35.82	38.61	41	74	−33
61	嘉禾县	24.78	26.18	28.38	29.08	30.49	35.57	71	84	−13
62	临武县	15.78	23.43	31.57	34.64	35.42	38.58	26	75	−49
63	汝城县	28.98	28.76	42.04	42.69	43.26	46.27	25	38	−13
64	桂东县	29.64	38.85	40.85	41.42	42.41	43.27	8	57	−49
65	安仁县	38.06	37.19	40.85	41.51	44.61	49.16	14	17	−3
66	资兴市	46.43	47.39	62.74	64.57	66.69	71.63	4	1	3
67	永州市	32.70	39.39	30.27	53.74	51.30	55.56	7	9	−2
68	祁阳县	30.89	38.71	31.66	47.08	43.70	48.83	10	19	−9
69	东安县	31.58	32.14	17.63	36.93	42.33	35.98	19	82	−63
70	双牌县	30.09	30.00	27.40	32.78	32.27	35.74	40	83	−43
71	道　县	30.58	34.06	29.43	46.01	46.57	48.71	46	21	25
72	江永县	33.50	31.89	33.07	41.93	42.99	44.40	78	48	30

序号	年份 县市	2010	2011	2012	2013	2014	2015	2001 排名	2015 排名	变化
73	宁远县	26.94	34.16	21.61	37.49	39.73	43.39	27	56	−29
74	蓝山县	33.50	33.82	36.94	41.36	42.34	45.23	3	44	−41
75	新田县	36.50	37.92	39.18	40.63	41.58	42.94	47	59	−12
76	江华县	39.20	39.87	41.30	43.59	44.61	44.46	79	46	33
77	怀化市	31.88	47.11	48.87	49.98	47.18	48.86	17	18	−1
78	中方县	28.02	26.74	27.47	36.83	32.08	33.34	23	93	−70
79	沅陵县	40.96	41.69	48.63	49.61	49.15	53.08	2	11	−9
80	辰溪县	24.24	25.97	27.51	33.61	34.41	36.45	82	80	2
81	溆浦县	32.26	35.14	37.07	37.56	44.02	45.55	58	42	16
82	会同县	41.38	43.48	46.18	47.17	44.41	46.53	1	34	−33
83	麻阳县	41.16	42.17	44.28	42.97	43.49	44.40	18	47	−29
84	新晃县	38.54	38.17	42.53	41.42	43.71	46.35	66	35	31
85	芷江县	28.86	34.93	44.09	42.22	44.94	47.45	13	27	−14
86	靖州县	41.63	43.26	45.01	45.58	46.42	47.80	15	25	−10
87	通道县	36.99	35.57	38.24	38.38	41.76	46.93	22	29	−7
88	洪江市	25.86	27.63	32.46	34.57	29.96	32.90	21	94	−73
89	娄底市	23.35	27.17	22.79	34.51	33.01	36.44	30	81	−51
90	双峰县	21.50	24.07	24.83	37.70	38.67	37.31	97	76	21
91	新化县	22.61	26.65	19.88	29.60	29.16	32.68	35	96	−61
92	冷水江	27.72	35.80	24.61	31.46	38.35	43.04	59	58	1
93	涟源市	24.19	29.77	27.34	30.16	36.42	43.55	90	54	36
94	吉首市	35.91	41.10	43.84	47.31	48.34	50.37	64	13	51
95	泸溪县	32.43	32.22	35.56	36.91	38.11	41.26	45	67	−22
96	凤凰县	43.49	35.79	38.10	39.94	39.70	36.50	61	78	−17
97	花垣县	41.36	39.77	43.19	38.19	38.06	42.46	93	62	31
98	保靖县	31.48	42.39	44.91	42.68	44.72	46.57	42	32	10
99	古丈县	32.76	36.11	46.15	46.57	48.45	49.19	38	15	23
100	永顺县	43.12	43.38	46.59	45.85	48.46	48.82	28	20	8
101	龙山县	24.12	28.82	32.51	33.72	37.09	44.80	86	45	41

（二）经济绩效评价结果

序号	县市	2001	2002	2003	2004	2005	2006	2007	2008	2009
1	长沙市	13.79	15.15	15.50	17.64	22.01	25.44	29.84	36.44	44.13
2	长沙县	9.41	10.17	12.00	13.18	17.05	19.53	23.86	29.34	35.27
3	望城县	7.39	8.19	8.82	9.83	11.93	13.81	16.02	22.35	24.76
4	宁乡县	7.02	7.64	8.34	8.62	11.43	12.68	15.04	18.71	22.28
5	浏阳市	8.90	10.19	12.63	14.19	14.23	15.36	17.90	20.79	24.71
6	株洲市	10.78	11.41	24.30	13.42	14.60	15.07	18.75	21.60	24.31
7	株洲县	6.57	8.57	10.61	12.64	10.09	11.12	12.30	13.18	13.57
8	攸　县	5.76	6.64	7.07	7.72	9.24	10.06	11.70	12.47	13.71
9	茶陵县	6.74	7.26	9.27	11.23	10.00	10.59	10.77	11.40	11.55
10	炎陵县	15.02	14.47	31.21	31.75	12.65	13.03	14.67	14.84	15.91
11	醴陵市	6.44	6.81	7.19	8.48	8.81	10.02	11.40	13.36	15.35
12	湘潭市	9.07	9.69	11.47	13.45	13.14	13.34	15.56	19.75	21.19
13	湘潭县	5.54	5.72	5.90	6.47	6.32	7.03	8.21	9.72	10.51
14	湘乡市	7.12	7.62	6.38	7.59	7.89	8.84	8.99	10.46	11.44
15	韶山市	15.92	9.56	25.99	30.31	15.62	34.27	35.87	37.95	39.05
16	衡阳市	6.92	7.58	11.84	9.07	8.46	9.42	11.55	13.45	16.12
17	衡阳县	5.67	5.97	5.85	6.61	7.88	9.21	8.95	9.92	17.52
18	衡南县	6.40	7.75	8.66	9.15	9.78	10.66	11.92	13.34	12.07
19	衡山县	5.26	5.66	5.95	6.28	8.55	10.81	11.96	12.28	13.57
20	衡东县	6.06	6.44	6.78	7.28	8.49	9.02	12.83	13.78	30.23
21	祁东县	6.10	6.48	6.73	7.46	8.96	9.54	11.95	12.55	13.66
22	耒阳市	5.78	6.11	6.13	7.41	7.12	7.61	8.65	9.95	11.46
23	常宁市	4.81	5.06	5.27	5.95	7.35	7.93	9.28	10.06	11.21
24	邵阳市	4.82	5.12	4.93	5.57	8.94	9.49	10.93	11.43	13.04
25	邵东县	5.38	5.75	5.97	6.56	7.78	6.88	7.58	8.29	13.12
26	新邵县	4.58	5.49	5.74	8.54	22.09	30.48	30.95	31.41	31.65
27	邵阳县	5.57	6.15	6.55	8.25	7.43	7.55	7.99	9.23	8.73
28	隆回县	5.53	6.68	6.94	24.59	22.94	23.41	25.29	30.80	31.15
29	洞口县	6.89	7.44	9.12	12.11	10.19	10.47	10.02	10.08	10.38
30	绥宁县	8.04	20.15	16.73	30.84	15.21	17.45	18.22	25.19	25.53

续表

序号	年份 县市	2001	2002	2003	2004	2005	2006	2007	2008	2009
31	新宁县	8.71	10.97	20.14	29.62	29.75	21.83	19.16	18.94	31.41
32	城步县	5.78	6.36	7.64	10.98	30.94	31.23	31.65	31.91	31.87
33	武冈市	6.02	6.24	6.27	6.36	7.10	8.54	8.54	10.86	11.20
34	岳阳市	5.13	5.47	5.77	6.53	7.58	8.36	10.10	11.69	14.50
35	岳阳县	28.60	7.62	8.17	8.92	11.82	31.98	12.13	20.91	20.06
36	华容县	10.19	22.89	30.38	31.07	9.15	8.99	9.88	11.80	13.11
37	湘阴县	9.25	9.76	14.08	18.57	15.43	16.75	18.67	20.44	20.08
38	平江县	7.14	7.65	8.18	11.09	11.20	13.40	10.90	12.32	12.33
39	汨罗市	6.51	6.98	7.90	9.75	15.15	15.15	17.26	17.24	33.19
40	临湘市	5.84	6.42	6.54	7.78	7.24	7.92	9.53	11.77	13.02
41	常德市	7.90	6.07	14.13	11.36	11.86	13.58	17.40	17.09	18.71
42	安乡县	7.60	8.59	13.21	9.79	27.06	31.27	32.14	33.26	34.70
43	汉寿县	8.76	20.90	9.07	14.04	30.30	30.84	31.45	32.82	29.33
44	澧　县	6.02	6.26	8.58	8.93	9.12	9.11	10.14	11.03	12.41
45	临澧县	6.86	10.34	30.42	31.09	12.70	13.87	13.90	13.73	12.25
46	桃源县	13.83	30.29	30.57	31.27	14.23	22.96	18.80	21.17	13.85
47	石门县	5.72	5.91	6.22	6.87	7.23	8.90	10.13	11.02	12.98
48	津　市	4.88	5.18	6.07	6.42	7.00	7.68	8.72	10.26	12.33
49	张家界	9.23	11.78	10.72	12.09	19.60	34.18	35.63	36.51	38.20
50	慈利县	6.95	7.25	8.15	8.71	12.66	13.40	14.14	14.79	16.28
51	桑植县	9.73	8.53	8.75	7.84	8.07	8.42	9.47	10.14	11.33
52	益阳市	5.76	6.28	6.49	6.07	7.37	8.25	9.31	9.94	12.77
53	南　县	5.85	6.30	6.80	6.82	6.64	7.07	8.17	8.82	10.58
54	桃江县	5.82	5.93	5.92	6.26	7.06	8.39	8.88	10.32	10.82
55	安化县	8.26	8.58	8.60	9.36	8.22	9.43	9.30	9.81	9.63
56	沅江市	6.28	7.21	7.09	6.69	7.58	8.36	9.81	11.20	19.00
57	郴州市	7.29	7.83	8.11	9.33	13.70	13.17	14.89	16.06	18.73
58	桂阳县	5.46	5.86	5.79	6.40	7.12	8.11	9.90	10.61	11.96
59	宜章县	5.73	6.06	5.84	6.84	8.12	8.98	9.54	10.40	11.15
60	永兴县	6.80	6.98	6.33	7.39	10.47	11.08	14.45	10.85	11.83

续表

序号	县市	2001	2002	2003	2004	2005	2006	2007	2008	2009
61	嘉禾县	6.62	6.68	6.67	7.45	8.10	8.71	9.43	10.25	10.98
62	临武县	5.53	5.95	5.81	7.35	9.58	10.74	29.24	19.78	15.89
63	汝城县	6.42	8.21	6.99	8.84	12.33	12.91	17.07	16.56	13.33
64	桂东县	16.10	16.47	15.38	15.07	15.47	7.99	8.60	8.77	15.72
65	安仁县	6.17	7.32	10.11	9.03	9.72	11.19	11.58	14.12	33.05
66	资兴市	6.00	6.43	7.04	7.81	9.33	9.83	12.55	14.83	25.56
67	永州市	6.23	6.22	6.47	8.14	8.47	10.11	11.73	12.32	14.45
68	祁阳县	4.93	5.66	5.48	6.66	16.45	16.15	16.22	13.19	15.04
69	东安县	6.78	7.69	7.15	10.38	11.53	11.48	12.73	15.69	18.33
70	双牌县	4.88	5.29	8.01	6.76	7.01	7.78	8.29	9.40	10.44
71	道　县	4.77	4.97	4.94	5.81	9.49	11.12	11.85	16.42	15.97
72	江永县	6.80	7.07	7.21	7.07	10.74	11.55	13.07	13.01	16.37
73	宁远县	13.17	16.04	18.23	21.89	14.72	21.30	20.73	17.45	17.13
74	蓝山县	28.70	28.84	29.09	13.30	11.24	11.04	12.18	12.70	12.62
75	新田县	5.99	6.35	15.21	9.80	29.64	30.08	30.83	31.22	31.87
76	江华县	5.69	5.08	8.71	10.38	13.58	16.67	21.97	31.90	32.66
77	怀化市	7.28	7.62	10.29	11.95	17.27	18.48	28.70	32.47	42.98
78	中方县	8.84	8.99	17.71	12.37	12.62	14.50	15.30	16.18	19.98
79	沅陵县	14.36	19.08	15.98	21.97	16.40	16.45	19.87	22.48	26.08
80	辰溪县	5.06	5.18	5.83	6.70	6.68	7.01	8.32	8.68	10.00
81	溆浦县	6.44	6.75	6.24	10.09	6.49	7.46	9.65	9.29	17.34
82	会同县	30.10	31.24	27.30	25.07	31.99	32.43	33.68	33.58	34.22
83	麻阳县	7.18	7.88	7.64	8.18	9.58	10.76	11.90	32.39	33.27
84	新晃县	7.35	7.67	13.37	14.53	18.37	22.14	25.71	29.26	30.76
85	芷江县	10.55	11.50	14.93	12.69	9.55	11.87	12.90	15.14	15.11
86	靖州县	9.86	11.31	12.89	14.52	32.05	32.49	33.71	34.50	36.93
87	通道县	11.51	11.81	31.05	14.28	31.39	31.93	32.98	33.28	35.55
88	洪江市	5.84	8.74	6.51	11.67	10.95	10.29	10.87	12.38	12.34
89	娄底市	9.26	7.85	9.93	10.52	11.53	12.68	14.66	15.96	17.11
90	双峰县	9.42	6.96	9.13	5.24	6.02	7.48	25.90	26.17	9.92

序号	年份 县市	2001	2002	2003	2004	2005	2006	2007	2008	2009
91	新化县	4.75	5.27	5.11	6.08	7.08	11.41	8.99	9.78	9.20
92	冷水江	6.25	7.13	7.17	10.45	10.33	13.02	13.31	15.05	15.72
93	涟源市	4.91	5.55	5.89	5.66	6.93	9.39	9.21	10.11	10.74
94	吉首市	6.74	7.25	10.11	15.18	14.38	18.90	25.95	27.88	28.57
95	泸溪县	6.21	6.32	6.56	7.14	9.26	13.19	15.80	22.06	23.84
96	凤凰县	8.72	10.72	13.59	24.52	17.55	31.54	32.36	33.47	34.71
97	花垣县	4.35	5.94	7.10	6.37	6.87	9.20	16.29	19.42	20.43
98	保靖县	8.19	8.16	12.39	14.00	16.32	16.82	32.54	21.47	23.67
99	古丈县	9.77	9.80	7.25	9.80	10.96	14.90	13.33	16.05	14.19
100	永顺县	7.74	8.59	13.38	30.60	30.93	31.24	32.09	33.14	33.80
101	龙山县	6.95	7.16	5.85	12.16	13.31	19.10	20.25	15.39	15.18

序号	年份 县市	2010	2011	2012	2013	2014	2015	2001 排名	2015 排名	变化
1	长沙市	44.56	54.93	61.77	65.48	71.12	77.52	9	1	8
2	长沙县	36.85	46.74	50.00	56.28	61.27	71.19	19	2	17
3	望城县	30.52	39.19	44.10	49.08	53.16	56.85	35	7	28
4	宁乡县	29.16	36.33	40.94	45.08	51.10	54.50	42	8	34
5	浏阳市	31.35	38.47	43.81	46.81	53.97	61.60	24	4	20
6	株洲市	28.36	32.08	34.18	36.63	40.40	43.52	12	34	-22
7	株洲县	16.54	19.71	21.48	23.56	30.92	27.67	54	82	-28
8	攸县	16.56	20.66	22.83	25.23	28.96	31.04	77	72	5
9	茶陵县	13.34	16.37	17.96	19.37	21.52	23.22	51	92	-41
10	炎陵县	17.62	22.00	24.26	25.63	46.86	49.12	6	12	-6
11	醴陵市	19.15	23.38	26.17	28.71	30.41	32.56	56	69	-13
12	湘潭市	23.96	29.36	32.65	37.14	41.33	43.82	23	32	-9
13	湘潭县	13.24	16.12	17.79	19.97	22.81	25.55	84	86	-2
14	湘乡市	14.24	16.79	18.74	21.54	24.02	27.69	41	81	-40
15	韶山市	43.43	48.22	51.53	54.33	57.72	59.55	5	6	-1
16	衡阳市	18.25	21.54	24.84	27.63	30.09	44.65	45	26	19
17	衡阳县	19.05	27.43	33.25	40.91	42.33	44.22	82	29	53

续表

序号	县市	2010	2011	2012	2013	2014	2015	2001排名	2015排名	变化
18	衡南县	13.72	15.11	16.72	21.81	27.61	45.01	59	24	35
19	衡山县	16.53	18.96	20.51	21.78	43.65	45.95	89	15	74
20	衡东县	32.99	31.10	24.58	24.23	26.58	29.47	66	76	-10
21	祁东县	14.84	19.80	20.27	40.65	42.13	43.92	65	31	34
22	耒阳市	13.96	16.28	17.53	32.92	44.33	46.23	76	14	62
23	常宁市	13.43	15.87	18.17	20.14	24.25	45.93	97	17	80
24	邵阳市	13.38	16.21	18.78	19.31	23.93	25.46	96	87	9
25	邵东县	25.64	38.28	39.15	40.24	41.68	43.15	88	35	53
26	新邵县	32.85	34.77	35.25	36.15	37.13	38.22	100	57	43
27	邵阳县	9.91	10.77	10.70	11.25	15.77	15.91	83	101	-18
28	隆回县	32.21	34.03	34.43	34.99	35.99	34.18	85	68	17
29	洞口县	11.79	14.20	14.73	15.53	16.50	17.82	46	100	-54
30	绥宁县	26.99	19.89	19.78	20.51	23.10	26.39	31	83	-52
31	新宁县	32.53	34.34	34.81	35.48	36.45	37.51	28	61	-33
32	城步县	32.86	34.77	35.15	35.64	36.54	37.59	75	60	15
33	武冈市	11.29	14.51	15.13	32.27	36.35	37.48	67	62	5
34	岳阳市	15.63	29.06	33.90	41.70	42.18	47.73	90	13	77
35	岳阳县	22.89	18.06	20.26	23.20	28.12	30.06	3	74	-71
36	华容县	16.04	17.74	19.67	21.10	23.04	23.54	14	91	-77
37	湘阴县	25.08	27.63	31.03	39.38	39.58	39.20	21	53	-32
38	平江县	13.45	17.15	23.97	22.77	23.05	22.35	40	93	-53
39	汨罗市	40.08	41.08	40.81	49.56	51.88	52.98	55	9	46
40	临湘市	15.65	18.82	21.06	22.79	25.94	34.68	72	66	6
41	常德市	21.75	43.82	52.93	55.19	59.16	61.13	32	5	27
42	安乡县	36.90	38.93	39.93	40.74	41.59	43.01	34	36	-2
43	汉寿县	30.59	15.75	16.18	17.45	20.27	28.96	26	78	-52
44	澧　县	15.10	17.65	20.03	23.07	25.51	27.88	68	80	-12
45	临澧县	25.05	39.62	41.12	42.50	43.68	44.92	47	25	22
46	桃源县	15.42	17.76	18.74	20.78	22.54	45.76	8	19	-11
47	石门县	15.76	18.18	19.73	21.68	44.36	45.78	80	18	62

序号	年份 县市	2010	2011	2012	2013	2014	2015	2001 排名	2015 排名	变化
48	津 市	14.87	17.67	19.28	21.06	22.68	24.16	94	89	5
49	张家界	40.57	43.30	44.93	46.20	48.50	50.56	22	11	11
50	慈利县	18.29	20.88	22.17	29.02	30.04	31.20	43	71	-28
51	桑植县	13.34	15.91	16.67	17.56	19.36	21.04	17	96	-79
52	益阳市	13.81	17.93	20.76	25.71	29.97	32.06	78	70	8
53	南 县	12.63	27.82	36.41	39.50	41.16	42.61	71	39	32
54	桃江县	12.68	15.09	16.07	18.38	23.47	42.16	74	40	34
55	安化县	10.91	12.78	14.13	15.96	17.51	19.63	29	98	-69
56	沅江市	21.38	15.41	16.85	18.53	21.96	29.46	60	77	-17
57	郴州市	20.19	23.85	26.21	40.04	41.81	44.51	37	27	10
58	桂阳县	15.49	18.32	20.41	29.34	35.29	45.44	87	21	66
59	宜章县	13.14	15.34	16.71	42.90	44.77	45.94	79	16	63
60	永兴县	15.99	18.95	21.24	24.00	27.34	29.58	49	75	-26
61	嘉禾县	14.52	17.63	19.23	20.83	23.02	24.82	53	88	-35
62	临武县	17.24	25.49	27.71	28.51	29.71	30.69	86	73	13
63	汝城县	15.50	17.28	37.17	38.30	39.68	40.73	58	47	11
64	桂东县	16.99	35.74	36.84	37.85	39.20	40.24	4	49	-45
65	安仁县	34.98	36.75	38.05	39.71	41.66	42.86	64	37	27
66	资兴市	31.16	37.13	53.66	56.58	60.11	62.63	69	3	66
67	永州市	16.58	22.98	25.18	42.12	43.76	45.04	62	23	39
68	祁阳县	18.47	26.70	36.21	38.91	40.51	41.87	92	42	50
69	东安县	16.31	16.31	17.18	22.83	30.71	21.12	50	94	-44
70	双牌县	12.10	14.09	14.90	15.15	16.75	18.07	95	99	-4
71	道 县	17.69	20.81	37.18	38.25	39.69	40.97	98	45	53
72	江永县	25.13	21.22	22.68	37.61	38.62	39.78	48	51	-3
73	宁远县	22.65	23.79	29.10	36.31	37.28	38.27	10	56	-46
74	蓝山县	34.29	32.75	37.41	38.48	39.73	40.88	2	46	-44
75	新田县	33.17	34.83	35.87	36.74	37.78	38.78	70	54	16
76	江华县	34.13	35.73	36.87	37.82	39.28	40.44	81	48	33
77	怀化市	41.27	44.25	47.26	48.26	49.11	50.74	38	10	28

续表

序号	年份\县市	2010	2011	2012	2013	2014	2015	2001排名	2015排名	变化
78	中方县	24.64	18.30	20.72	26.76	27.24	28.36	25	79	-54
79	沅陵县	30.43	33.79	35.30	35.50	39.79	45.45	7	20	-13
80	辰溪县	11.41	13.16	14.79	17.55	24.51	24.13	91	90	1
81	溆浦县	20.54	26.27	26.52	25.58	40.25	41.59	57	44	13
82	会同县	35.66	37.39	38.81	40.60	41.32	42.69	1	38	-37
83	麻阳县	34.65	36.48	37.85	35.50	34.90	35.83	39	63	-24
84	新晃县	31.21	29.58	38.70	36.88	40.81	42.05	36	41	-5
85	芷江县	17.57	23.07	33.28	33.07	40.81	43.63	13	33	-20
86	靖州县	36.77	38.83	40.35	41.93	43.04	44.46	15	28	-13
87	通道县	35.24	26.20	29.15	29.99	40.52	41.71	11	43	-32
88	洪江市	14.33	17.07	18.97	19.97	19.42	20.22	73	97	-24
89	娄底市	19.32	23.93	26.55	30.87	34.81	35.38	20	65	-45
90	双峰县	11.56	16.30	17.36	31.15	32.33	34.43	18	67	-49
91	新化县	10.84	13.17	14.50	16.25	17.96	21.09	99	95	4
92	冷水江	20.32	25.22	28.22	31.13	32.91	35.71	61	64	-3
93	涟源市	13.09	15.62	17.11	20.27	24.92	43.93	93	30	63
94	吉首市	32.29	39.89	41.39	42.55	43.61	45.29	52	22	30
95	泸溪县	22.10	22.92	24.51	24.29	25.29	25.77	63	85	-22
96	凤凰县	35.11	20.98	22.99	24.30	25.20	26.23	27	84	-57
97	花垣县	36.03	36.83	37.87	38.26	38.92	39.30	101	52	49
98	保靖县	23.88	35.98	36.93	36.77	37.68	38.56	30	55	-25
99	古丈县	15.20	21.33	36.70	37.74	38.78	39.82	16	50	-34
100	永顺县	34.09	34.54	35.37	36.10	36.86	37.65	33	59	-26
101	龙山县	13.86	18.33	19.19	19.73	25.14	37.89	44	58	-14

（三）社会绩效评价结果

序号	年份 县市	2001	2002	2003	2004	2005	2006	2007	2008	2009
1	长沙市	50.74	49.56	49.52	49.55	49.55	48.48	48.33	46.97	48.34
2	长沙县	26.70	24.63	20.57	18.24	19.46	21.08	22.53	23.25	24.11
3	望城县	16.74	17.18	18.62	18.99	18.77	20.47	21.57	22.01	25.65
4	宁乡县	24.54	24.23	23.15	22.04	16.75	22.90	22.76	23.04	24.70
5	浏阳市	17.80	18.10	20.67	21.88	21.14	22.26	23.61	25.66	25.90
6	株洲市	40.22	40.00	41.20	42.49	41.92	39.94	41.28	39.38	39.65
7	株洲县	29.37	28.22	28.33	27.50	21.11	20.34	18.87	18.36	17.97
8	攸　县	21.91	21.32	22.97	22.04	21.29	22.46	22.38	22.45	20.19
9	茶陵县	20.48	17.83	19.68	18.82	16.38	18.82	20.56	19.34	17.09
10	炎陵县	22.82	21.83	26.14	26.69	26.26	24.69	24.95	24.45	23.62
11	醴陵市	20.06	19.67	23.15	21.78	23.20	24.74	23.41	23.30	24.33
12	湘潭市	55.27	54.38	50.86	50.32	53.35	50.33	48.28	49.48	49.40
13	湘潭县	17.86	18.59	17.99	17.33	17.07	17.26	16.86	16.81	16.07
14	湘乡市	20.58	18.30	24.63	26.10	21.99	22.12	21.83	21.82	16.97
15	韶山市	20.73	17.73	18.89	20.05	20.46	23.86	23.60	24.02	23.62
16	衡阳市	47.27	46.37	46.93	49.85	47.94	47.10	46.90	46.37	46.12
17	衡阳县	55.77	45.45	41.51	36.00	34.19	30.22	27.78	27.09	24.87
18	衡南县	27.62	27.00	26.32	26.50	24.96	22.82	21.23	18.84	18.15
19	衡山县	25.02	23.41	22.20	21.60	22.18	21.69	21.84	21.49	21.62
20	衡东县	19.18	18.54	21.46	20.37	19.41	19.34	20.17	20.58	20.43
21	祁东县	22.03	22.09	21.79	21.62	22.95	22.73	23.03	22.92	19.57
22	耒阳市	26.51	25.75	24.50	25.15	24.29	23.96	25.65	26.56	26.60
23	常宁市	21.78	21.00	23.88	23.43	23.79	24.10	25.10	24.54	22.94
24	邵阳市	52.15	49.51	49.08	42.23	41.16	41.54	39.19	38.46	41.01
25	邵东县	17.14	23.58	25.21	24.28	24.77	25.64	24.92	24.76	24.79
26	新邵县	23.34	21.30	22.53	20.39	20.63	20.28	18.34	18.39	17.54
27	邵阳县	17.55	16.90	16.28	17.80	15.80	14.55	15.08	14.80	14.50
28	隆回县	26.24	23.86	23.13	21.61	21.18	21.16	22.09	21.34	18.12
29	洞口县	23.35	22.93	20.83	19.11	17.68	18.01	17.56	17.17	17.17
30	绥宁县	29.71	25.37	23.51	21.73	20.66	19.18	18.95	17.29	16.19

续表

序号	县市年份	2001	2002	2003	2004	2005	2006	2007	2008	2009
31	新宁县	18.92	18.39	18.09	20.66	21.25	20.81	20.92	19.24	23.75
32	城步县	31.77	27.06	25.25	24.22	21.75	21.43	23.39	19.05	20.25
33	武冈市	42.86	24.71	24.15	23.28	22.67	20.68	29.49	24.32	16.72
34	岳阳市	31.81	32.97	35.59	44.87	41.32	41.33	41.85	41.66	41.38
35	岳阳县	25.30	24.00	22.17	21.44	20.66	21.86	21.68	21.57	20.42
36	华容县	28.56	28.21	27.78	26.53	26.07	26.39	25.08	23.55	21.62
37	湘阴县	42.21	38.12	34.27	32.20	30.30	29.13	29.97	29.20	26.38
38	平江县	22.16	19.90	19.24	18.92	17.93	18.05	18.38	18.00	19.24
39	汨罗市	17.81	18.70	20.95	20.94	21.70	22.23	24.15	23.00	23.94
40	临湘市	25.25	26.04	28.96	29.11	28.86	28.69	29.93	29.97	27.34
41	常德市	30.56	29.90	28.74	33.40	32.65	32.23	34.68	34.62	33.68
42	安乡县	23.82	24.47	27.00	28.00	24.96	26.50	25.61	24.67	22.91
43	汉寿县	26.84	20.65	21.75	21.52	19.89	20.39	19.87	20.59	20.71
44	澧县	30.25	30.02	32.81	29.58	22.92	23.07	23.58	24.32	24.01
45	临澧县	25.40	23.27	25.23	24.49	19.33	19.86	19.12	20.53	20.11
46	桃源县	26.91	24.18	21.34	21.15	22.84	22.69	21.77	20.48	21.58
47	石门县	19.77	19.53	17.91	17.66	17.19	17.54	17.46	17.84	18.16
48	津市	31.25	30.52	33.36	32.47	30.54	32.94	32.40	32.02	29.02
49	张家界	31.44	29.78	33.85	34.27	37.74	36.93	36.50	35.10	35.76
50	慈利县	19.38	20.04	23.32	25.18	24.77	24.56	24.63	24.66	23.07
51	桑植县	19.36	19.19	19.01	19.12	19.23	19.80	21.54	21.86	17.54
52	益阳市	28.81	28.36	31.31	29.18	29.73	30.24	29.79	29.49	30.20
53	南县	32.98	31.83	31.36	30.83	30.42	31.35	32.56	32.11	20.79
54	桃江县	28.92	22.11	21.96	24.01	22.98	23.18	23.06	23.83	20.71
55	安化县	19.55	18.92	18.58	17.25	14.52	15.93	15.56	16.29	17.77
56	沅江市	29.85	29.54	31.76	31.47	30.33	28.66	28.13	28.50	27.50
57	郴州市	35.55	34.12	29.71	36.13	38.73	38.27	38.75	39.09	36.46
58	桂阳县	22.09	21.32	22.76	22.79	23.85	23.16	23.38	23.58	22.04
59	宜章县	18.34	17.92	20.49	18.05	19.61	19.23	20.59	20.61	20.39
60	永兴县	21.09	20.51	21.41	20.66	21.02	21.95	24.32	25.01	21.27

续表

序号	年份 县市	2001	2002	2003	2004	2005	2006	2007	2008	2009
61	嘉禾县	23.12	22.68	25.93	23.73	23.97	23.37	23.49	23.40	24.50
62	临武县	21.85	20.78	23.81	22.35	22.82	24.89	20.27	22.60	23.58
63	汝城县	19.09	18.11	19.93	19.72	18.81	20.05	18.42	17.93	19.33
64	桂东县	19.46	19.35	19.75	19.32	19.92	20.20	19.07	18.44	21.31
65	安仁县	27.67	25.96	25.71	22.01	22.44	20.09	21.07	20.31	21.93
66	资兴市	26.95	27.86	31.39	31.18	31.48	29.79	30.28	30.43	31.55
67	永州市	24.96	24.66	28.41	28.89	28.41	33.25	33.42	33.41	34.89
68	祁阳县	19.31	20.59	21.04	23.01	24.48	23.56	23.84	24.59	24.37
69	东安县	20.77	19.93	21.51	21.01	19.57	20.59	20.99	26.84	26.59
70	双牌县	18.94	18.47	17.88	17.78	17.98	18.28	18.81	19.03	18.67
71	道　县	19.96	22.41	21.14	21.48	21.67	21.98	22.48	22.82	22.92
72	江永县	19.42	18.92	17.76	18.04	17.93	17.98	19.70	20.09	19.90
73	宁远县	16.45	13.97	14.74	16.95	14.06	14.49	17.11	18.09	18.39
74	蓝山县	19.96	20.63	20.18	20.85	18.19	18.25	19.79	19.60	20.41
75	新田县	18.38	18.07	22.30	20.95	18.43	19.94	21.02	22.02	22.70
76	江华县	16.51	16.21	16.11	17.04	17.15	18.57	18.71	19.33	19.16
77	怀化市	43.58	42.48	50.69	49.78	49.35	46.94	49.03	50.49	49.67
78	中方县	14.13	13.69	13.33	13.31	13.13	11.79	13.51	13.69	14.19
79	沅陵县	30.02	25.51	28.70	25.67	22.91	22.67	22.49	21.88	20.37
80	辰溪县	24.88	23.62	20.62	24.28	23.38	25.93	25.69	25.28	24.70
81	溆浦县	16.89	16.93	21.24	20.60	18.57	19.04	19.15	19.21	21.98
82	会同县	45.88	43.36	36.86	31.68	28.30	28.31	24.88	23.38	20.63
83	麻阳县	24.71	23.86	27.17	26.18	22.48	23.72	22.96	23.23	22.27
84	新晃县	29.59	26.74	26.22	24.20	22.41	21.11	20.56	20.02	21.66
85	芷江县	28.91	26.63	24.45	22.71	25.11	24.59	24.22	23.05	24.64
86	靖州县	31.88	30.33	29.28	27.86	27.15	28.40	27.46	26.87	28.13
87	通道县	52.95	40.63	32.46	28.31	26.93	25.11	21.64	19.25	20.52
88	洪江市	22.78	22.76	27.27	25.10	24.16	21.74	23.34	23.96	25.44
89	娄底市	40.44	39.59	44.25	44.06	43.43	44.06	45.30	42.60	43.02

续表

序号	年份\县市	2001	2002	2003	2004	2005	2006	2007	2008	2009
90	双峰县	17.81	18.27	18.88	28.11	15.13	15.26	15.39	15.26	14.74
91	新化县	22.06	27.15	24.43	21.57	21.64	22.67	17.65	20.11	19.52
92	冷水江	25.42	24.94	37.93	30.16	37.28	38.42	39.09	38.84	40.23
93	涟源市	23.87	20.04	21.08	23.56	24.63	25.63	22.71	22.99	25.31
94	吉首市	34.95	34.12	35.65	45.37	37.15	36.14	36.45	39.42	37.95
95	泸溪县	25.36	24.83	25.18	23.88	24.97	24.30	23.91	21.98	22.78
96	凤凰县	25.59	25.52	24.46	20.83	23.19	29.08	30.40	32.06	31.99
97	花垣县	17.73	16.05	21.95	19.70	21.33	19.51	19.87	20.01	19.91
98	保靖县	19.95	19.39	19.81	18.91	18.86	19.39	19.68	20.10	21.70
99	古丈县	26.14	24.59	25.33	26.31	22.62	23.15	22.43	22.38	22.54
100	永顺县	31.96	28.84	30.51	28.14	26.31	25.16	25.45	23.99	25.02
101	龙山县	21.39	20.81	21.64	20.26	20.03	21.70	20.70	20.65	20.72
序号	年份\县市	2010	2011	2012	2013	2014	2015	2001排名	2015排名	变化
1	长沙市	47.17	45.25	44.86	44.09	44.06	42.35	5	4	1
2	长沙县	24.52	24.78	24.79	25.84	26.67	27.59	38	26	12
3	望城县	26.54	24.92	25.52	26.19	26.41	26.96	98	29	69
4	宁乡县	25.91	26.28	27.29	26.14	24.88	27.12	52	28	24
5	浏阳市	25.67	23.02	23.52	24.76	25.74	26.74	93	32	61
6	株洲市	39.62	37.04	36.34	36.20	37.17	36.30	12	11	1
7	株洲县	17.84	20.89	19.14	16.20	18.27	21.01	28	73	−45
8	攸县	25.54	27.43	27.72	29.82	29.90	25.46	64	36	28
9	茶陵县	21.39	23.36	25.16	26.06	23.63	24.34	72	41	31
10	炎陵县	25.42	21.86	26.63	28.51	31.42	30.17	58	16	42
11	醴陵市	26.91	27.08	27.62	29.18	29.30	28.72	73	22	51
12	湘潭市	46.29	44.24	45.27	47.09	46.64	48.11	2	1	1
13	湘潭县	15.63	16.78	16.83	17.19	17.73	18.59	90	96	−6
14	湘乡市	21.73	21.57	20.75	21.85	20.00	20.22	71	84	−13
15	韶山市	21.49	24.19	22.18	25.36	25.82	27.56	70	27	43
16	衡阳市	45.50	45.04	44.85	40.72	41.49	42.12	6	6	0

序号	年份 县市	2010	2011	2012	2013	2014	2015	2001 排名	2015 排名	变化
17	衡阳县	23.38	25.81	25.39	24.73	24.93	24.95	1	39	−38
18	衡南县	18.26	18.63	18.99	19.92	19.84	19.55	34	89	−55
19	衡山县	21.88	22.35	22.76	22.46	22.58	20.06	48	87	−39
20	衡东县	20.20	19.25	20.23	20.66	20.81	21.22	84	71	13
21	祁东县	19.16	19.67	20.00	20.34	20.44	24.18	63	44	19
22	耒阳市	27.71	28.30	27.83	28.07	27.90	23.73	39	49	−10
23	常宁市	22.52	24.62	24.58	27.04	27.25	26.24	66	33	33
24	邵阳市	39.10	37.49	38.05	38.18	38.91	37.28	4	9	−5
25	邵东县	25.77	22.97	26.00	25.70	26.92	27.84	96	23	73
26	新邵县	19.54	18.95	18.69	19.50	19.42	19.25	56	93	−37
27	邵阳县	15.74	15.70	16.25	16.99	17.62	18.22	95	99	−4
28	隆回县	18.71	19.44	18.48	18.19	21.20	19.43	40	91	−51
29	洞口县	16.41	16.64	17.25	20.66	21.23	21.00	55	74	−19
30	绥宁县	15.83	15.61	17.61	16.84	17.42	18.56	26	97	−71
31	新宁县	23.33	22.34	23.60	22.79	22.68	19.34	87	92	−5
32	城步县	19.24	20.28	20.86	21.46	18.27	18.48	19	98	−79
33	武冈市	18.42	18.24	18.39	19.78	20.23	20.94	9	76	−67
34	岳阳市	39.58	39.97	37.57	38.15	38.32	37.76	18	8	10
35	岳阳县	18.37	19.66	19.19	21.05	21.42	23.11	46	54	−8
36	华容县	21.32	20.28	22.26	22.99	23.23	24.18	32	45	−13
37	湘阴县	23.30	25.15	31.31	33.19	33.46	31.78	10	13	−3
38	平江县	17.39	17.63	17.78	20.59	20.88	21.57	60	68	−8
39	汨罗市	24.78	24.12	24.29	26.70	28.47	29.80	91	18	73
40	临湘市	29.25	30.81	27.60	28.17	28.53	24.90	47	40	7
41	常德市	33.03	30.53	32.29	30.97	31.26	31.36	22	15	7
42	安乡县	23.41	23.04	23.48	24.17	23.29	20.69	54	80	−26
43	汉寿县	20.29	20.19	21.97	22.26	22.06	22.58	37	60	−23
44	澧县	24.01	25.48	26.14	27.33	27.77	27.68	23	25	−2
45	临澧县	22.12	21.11	21.70	22.09	21.85	21.93	44	65	−21
46	桃源县	21.53	24.22	23.53	21.39	21.47	18.94	36	94	−58

序号	县市	2010	2011	2012	2013	2014	2015	2001排名	2015排名	变化
47	石门县	18.58	18.97	18.66	20.25	21.71	20.13	77	86	−9
48	津　市	28.00	28.33	28.73	29.24	29.19	29.75	21	19	2
49	张家界	36.08	36.42	36.92	37.18	37.90	34.60	20	12	8
50	慈利县	22.63	21.55	21.81	22.56	22.49	24.96	81	38	43
51	桑植县	16.19	17.93	18.71	20.87	20.90	20.56	82	82	0
52	益阳市	31.29	30.63	31.76	32.25	33.80	29.19	31	20	11
53	南　县	20.86	22.38	19.65	22.54	22.32	22.03	15	64	−49
54	桃江县	20.23	21.99	21.77	20.98	21.69	23.16	29	53	−24
55	安化县	17.67	16.50	16.05	18.13	17.94	19.47	78	90	−12
56	沅江市	28.58	35.36	30.05	28.31	27.63	29.16	25	21	4
57	郴州市	34.99	34.76	37.42	37.97	39.22	36.92	13	10	3
58	桂阳县	20.10	20.14	21.21	21.88	22.57	22.85	61	56	5
59	宜章县	19.49	19.63	20.65	21.52	22.13	22.78	89	57	32
60	永兴县	24.36	24.49	22.60	26.09	27.22	24.02	68	47	21
61	嘉禾县	26.57	28.18	26.77	26.54	25.99	26.76	57	31	26
62	临武县	22.89	19.57	19.84	20.15	20.44	22.14	65	62	3
63	汝城县	16.75	16.94	18.54	19.06	18.54	20.76	85	79	6
64	桂东县	18.03	18.58	19.39	20.51	20.69	21.47	79	70	9
65	安仁县	22.03	21.75	21.92	22.73	26.90	26.05	33	34	−1
66	资兴市	29.68	30.17	34.25	34.74	34.60	29.89	35	17	18
67	永州市	35.36	32.37	36.98	34.61	34.63	31.75	49	14	35
68	祁阳县	21.12	21.52	22.24	22.37	22.31	19.94	83	88	−5
69	东安县	26.85	28.49	26.99	27.24	29.07	20.21	69	85	−16
70	双牌县	18.74	18.64	18.00	18.93	19.09	21.12	86	72	14
71	道　县	21.72	21.74	22.62	22.93	23.73	23.54	75	50	25
72	江永县	17.93	18.97	19.32	21.14	21.77	22.04	80	63	17
73	宁远县	18.49	21.58	20.86	24.86	27.10	26.78	100	30	70
74	蓝山县	20.64	23.66	23.92	25.00	24.97	25.95	74	35	39
75	新田县	22.42	22.21	22.10	24.19	24.02	22.55	88	61	27
76	江华县	16.81	15.68	17.64	22.36	22.40	20.86	99	78	21

序号	年份 县市	2010	2011	2012	2013	2014	2015	2001 排名	2015 排名	变化
77	怀化市	44.97	44.85	46.48	47.46	47.20	47.31	8	2	6
78	中方县	14.04	14.80	17.87	20.08	19.91	16.92	101	101	0
79	沅陵县	17.21	19.47	18.93	19.68	21.66	18.84	24	95	−71
80	辰溪县	23.44	22.95	22.59	21.68	20.19	20.99	50	75	−25
81	溆浦县	28.13	24.74	24.32	25.45	21.74	20.87	97	77	20
82	会同县	19.28	23.80	24.57	25.69	22.62	21.58	7	66	−59
83	麻阳县	22.27	21.54	21.66	22.56	22.97	22.86	51	55	−4
84	新晃县	23.85	23.48	17.90	18.75	18.41	24.04	27	46	−19
85	芷江县	25.67	24.66	28.64	25.24	23.31	21.57	30	67	−37
86	靖州县	25.66	26.15	25.96	25.18	24.82	23.38	17	51	−34
87	通道县	21.02	17.88	17.18	17.25	22.12	24.20	3	43	−40
88	洪江市	23.66	22.64	21.76	22.10	21.29	21.55	59	69	−10
89	娄底市	41.78	42.72	42.61	42.76	42.81	43.10	11	3	8
90	双峰县	14.34	15.22	15.27	17.41	17.55	17.69	92	100	−8
91	新化县	22.12	21.70	23.72	21.85	21.98	20.61	62	81	−19
92	冷水江	40.35	39.85	38.68	39.73	39.67	42.12	43	5	38
93	涟源市	25.27	24.96	25.36	27.03	27.00	22.59	53	59	−6
94	吉首市	38.53	40.24	39.76	38.27	38.22	38.54	14	7	7
95	泸溪县	22.72	24.87	26.16	26.71	24.68	27.71	45	24	21
96	凤凰县	30.14	30.30	29.73	30.25	29.92	20.34	42	83	−41
97	花垣县	22.60	23.19	19.76	21.85	20.36	22.72	94	58	36
98	保靖县	21.77	22.00	19.87	22.43	22.82	23.76	76	48	28
99	古丈县	27.17	26.70	26.41	26.42	25.95	25.22	41	37	4
100	永顺县	26.16	22.15	19.46	19.13	19.33	24.34	16	42	−26
101	龙山县	21.47	19.27	20.08	22.48	22.57	23.25	67	52	15

（四）生态绩效评价结果

序号	年份 县市	2001	2002	2003	2004	2005	2006	2007	2008	2009
1	长沙市	11.62	26.93	12.10	13.27	17.25	17.30	14.94	15.56	18.15
2	长沙县	5.72	24.65	14.75	11.69	11.74	8.61	37.15	10.07	15.16
3	望城县	27.75	43.34	20.84	21.98	20.62	19.78	20.33	18.76	20.26
4	宁乡县	32.02	25.96	18.43	18.81	7.60	21.97	36.96	9.28	10.60
5	浏阳市	10.30	16.80	20.39	25.79	33.89	38.70	43.64	33.53	36.99
6	株洲市	15.11	30.81	42.87	29.08	17.10	19.46	17.24	17.54	15.77
7	株洲县	40.81	34.34	25.62	25.57	39.35	29.76	26.55	32.33	39.19
8	攸　县	37.57	53.59	51.13	51.35	53.37	54.27	42.45	46.36	36.63
9	茶陵县	36.38	52.00	50.07	50.37	52.09	52.75	51.27	36.83	50.25
10	炎陵县	18.64	19.23	18.94	19.70	20.73	26.01	31.00	35.17	49.39
11	醴陵市	34.95	22.05	48.99	21.15	21.20	23.69	8.21	7.83	7.84
12	湘潭市	45.22	23.97	9.05	9.73	22.01	11.80	10.47	10.32	17.83
13	湘潭县	10.09	18.00	9.96	9.41	39.17	13.71	25.23	26.51	38.51
14	湘乡市	3.69	4.14	3.90	4.59	4.87	6.97	5.11	33.89	34.53
15	韶山市	48.79	23.85	8.91	8.27	20.09	9.07	10.50	12.42	20.99
16	衡阳市	18.03	18.47	12.09	7.24	8.03	36.86	36.06	25.34	36.68
17	衡阳县	5.59	21.55	14.03	20.80	6.11	19.86	6.61	17.72	35.18
18	衡南县	35.00	31.16	18.03	51.35	8.50	28.39	36.51	36.63	35.97
19	衡山县	25.71	15.98	18.68	20.03	20.19	22.05	21.86	25.96	25.89
20	衡东县	39.01	50.08	53.30	54.13	11.36	41.73	32.21	37.68	39.27
21	祁东县	36.24	38.56	31.56	30.77	38.70	47.82	44.59	41.61	42.35
22	耒阳市	39.97	45.20	22.34	55.16	47.00	40.98	38.71	27.48	30.65
23	常宁市	38.13	39.72	36.52	37.18	36.70	38.14	37.01	37.43	36.43
24	邵阳市	26.23	44.25	40.16	39.96	33.91	28.79	18.80	13.19	39.41
25	邵东县	1.72	2.75	2.56	2.70	3.10	3.47	3.60	4.14	4.78
26	新邵县	8.84	40.80	37.45	37.46	24.33	25.73	27.59	33.37	31.82
27	邵阳县	31.55	42.76	49.37	36.88	25.39	51.06	41.85	36.99	38.17
28	隆回县	37.14	41.00	51.64	51.62	52.57	54.00	44.65	38.96	38.85
29	洞口县	35.80	39.15	50.39	50.28	50.98	52.01	49.67	50.52	50.83
30	绥宁县	31.66	33.36	32.33	32.28	33.02	33.48	32.89	33.03	33.36

续表

序号	年份 县市	2001	2002	2003	2004	2005	2006	2007	2008	2009
31	新宁县	34.82	37.77	49.48	49.69	50.28	51.36	42.58	36.17	37.64
32	城步县	30.66	32.04	31.46	31.71	32.10	32.59	32.59	32.80	32.97
33	武冈市	30.39	31.68	38.01	45.30	45.74	45.99	40.10	33.00	32.64
34	岳阳市	13.44	45.84	60.17	61.15	60.09	16.91	32.58	50.98	40.55
35	岳阳县	5.21	36.13	48.62	48.67	49.07	48.55	29.91	40.05	47.45
36	华容县	29.93	41.69	38.48	38.05	35.63	28.32	42.02	42.99	41.00
37	湘阴县	47.36	42.14	29.79	28.41	18.73	12.83	10.01	14.17	13.09
38	平江县	32.06	33.34	46.86	40.17	33.69	33.10	45.76	46.93	46.24
39	汨罗市	32.04	33.28	46.83	47.18	33.65	24.70	46.08	47.16	46.49
40	临湘市	5.91	36.50	49.71	49.79	50.84	6.18	7.68	9.84	11.94
41	常德市	54.49	15.36	32.78	15.46	14.36	14.83	18.38	16.05	18.86
42	安乡县	29.96	40.16	39.16	38.97	34.63	29.61	45.56	44.65	42.86
43	汉寿县	36.56	52.45	49.73	46.46	40.73	34.53	51.33	51.45	49.23
44	澧　县	37.42	56.36	41.03	54.39	38.01	25.48	53.31	54.35	54.00
45	临澧县	33.38	49.06	34.79	35.58	34.01	36.09	34.56	34.49	34.43
46	桃源县	50.71	55.20	39.98	24.96	35.15	39.26	33.46	38.75	38.34
47	石门县	35.21	52.65	47.22	51.52	47.07	45.91	38.70	42.12	50.65
48	津　市	32.91	48.16	34.02	38.26	40.49	46.21	48.14	48.12	47.94
49	张家界	34.91	53.52	12.90	15.56	20.65	26.44	48.04	60.50	52.82
50	慈利县	40.95	64.39	60.71	46.79	43.03	43.48	52.97	68.54	54.50
51	桑植县	32.38	48.99	31.08	34.10	41.05	49.01	54.34	43.56	45.79
52	益阳市	46.30	14.50	31.70	5.34	8.41	9.57	22.48	22.54	9.42
53	南　县	28.72	36.99	35.33	36.75	33.94	28.56	42.86	41.31	38.80
54	桃江县	47.46	34.31	48.14	48.91	48.60	49.93	47.61	39.42	38.64
55	安化县	32.97	33.84	47.81	48.43	47.97	48.94	46.43	45.73	46.80
56	沅江市	50.83	57.59	58.15	59.60	56.86	51.28	62.08	60.59	60.14
57	郴州市	36.76	39.10	7.29	29.41	13.81	18.14	26.87	18.44	19.01
58	桂阳县	35.25	38.26	48.85	49.76	50.96	43.62	45.94	42.80	38.21
59	宜章县	32.82	34.80	32.99	33.80	34.48	40.30	39.40	37.47	37.21
60	永兴县	37.79	41.97	36.71	37.50	39.09	46.94	50.90	42.54	40.21

续表

序号	县市	2001	2002	2003	2004	2005	2006	2007	2008	2009
61	嘉禾县	32.03	33.59	32.43	33.23	33.85	39.36	52.79	51.22	51.44
62	临武县	45.90	47.43	46.65	47.22	47.76	53.76	53.06	51.38	52.16
63	汝城县	45.66	47.05	46.39	46.83	47.24	52.86	52.06	50.27	50.82
64	桂东县	44.81	45.79	45.33	46.10	46.49	51.49	51.23	49.30	50.32
65	安仁县	53.82	58.89	52.11	53.03	54.96	63.22	59.20	43.30	42.84
66	资兴市	66.08	63.87	61.77	62.82	67.41	79.81	62.05	68.51	66.21
67	永州市	61.26	56.41	49.64	49.14	56.68	64.68	38.24	41.77	50.69
68	祁阳县	61.14	53.88	35.42	44.80	20.12	50.88	34.27	51.53	47.90
69	东安县	48.57	36.34	34.26	34.75	36.48	37.19	35.52	44.76	38.04
70	双牌县	41.44	46.01	40.42	40.22	42.83	44.59	40.35	42.12	55.30
71	道 县	40.04	44.06	39.08	39.12	48.65	57.22	39.44	41.11	54.37
72	江永县	30.88	31.23	31.05	31.60	39.98	46.96	40.03	47.20	47.72
73	宁远县	35.44	33.23	30.39	28.39	26.98	24.30	21.39	18.86	19.40
74	蓝山县	38.18	38.63	38.32	38.98	33.11	38.02	42.74	46.91	33.49
75	新田县	38.31	38.88	38.52	39.28	40.59	40.86	40.80	41.36	42.42
76	江华县	33.10	34.33	33.02	33.37	42.00	49.43	41.24	34.60	41.70
77	怀化市	45.72	32.25	32.90	34.65	30.75	28.44	12.40	15.82	21.37
78	中方县	45.50	18.19	22.33	27.38	31.63	18.84	4.41	4.88	18.83
79	沅陵县	58.13	55.16	56.88	70.28	55.10	55.45	54.86	55.22	57.88
80	辰溪县	31.53	26.81	31.88	36.40	37.37	34.88	10.16	11.49	42.93
81	溆浦县	36.64	30.63	33.95	34.86	33.73	25.63	26.49	28.47	36.94
82	会同县	41.32	37.18	35.02	44.60	35.04	36.53	35.93	36.80	36.59
83	麻阳县	47.69	35.83	34.15	35.30	34.25	35.65	35.34	36.56	50.55
84	新晃县	31.17	31.97	31.46	31.99	31.69	33.07	32.78	47.34	34.15
85	芷江县	47.87	36.00	34.33	21.08	20.31	21.75	24.83	28.93	49.27
86	靖州县	46.21	33.38	32.50	47.07	41.86	38.66	33.68	34.39	34.70
87	通道县	33.60	35.71	34.12	34.81	33.95	35.27	34.75	35.26	36.00
88	洪江市	48.46	38.53	38.34	39.99	37.62	26.27	10.17	14.56	39.56
89	娄底市	34.37	37.38	10.58	36.51	23.92	9.61	7.46	7.77	17.04
90	双峰县	3.17	31.82	31.32	31.37	31.58	35.37	33.69	35.00	35.22

序号	年份 县市	2001	2002	2003	2004	2005	2006	2007	2008	2009
91	新化县	43.13	48.68	14.06	12.63	16.45	21.50	15.49	17.97	26.13
92	冷水江	34.90	36.33	21.15	6.80	12.54	17.17	21.12	22.94	28.43
93	涟源市	23.94	42.12	41.59	44.41	46.06	50.10	44.61	46.69	51.23
94	吉首市	31.16	17.61	3.63	14.64	22.47	12.95	14.47	23.72	34.23
95	泸溪县	36.85	28.87	14.03	12.09	26.38	38.58	43.58	25.08	42.58
96	凤凰县	30.62	17.41	3.03	3.58	3.50	5.53	28.75	50.40	52.71
97	花垣县	16.48	17.38	15.60	13.78	12.15	11.10	10.43	17.70	33.04
98	保靖县	35.81	26.84	12.11	24.42	37.24	36.91	41.08	40.73	40.86
99	古丈县	32.97	35.83	35.60	34.82	34.44	35.01	37.63	37.77	52.23
100	永顺县	38.85	46.99	59.59	43.10	41.04	39.92	53.25	59.50	44.61
101	龙山县	27.03	31.36	26.07	20.78	23.54	27.47	31.28	34.06	34.97

序号	年份 县市	2010	2011	2012	2013	2014	2015	2001 排名	2015 排名	变化
1	长沙市	21.55	34.19	39.60	47.56	36.75	47.54	91	81	10
2	长沙县	21.68	36.43	39.73	38.56	41.04	42.48	96	96	0
3	望城县	26.23	43.38	52.14	55.53	63.39	66.29	81	11	70
4	宁乡县	12.81	32.14	54.34	50.30	36.21	45.84	68	86	-18
5	浏阳市	42.00	52.08	48.91	48.06	55.03	53.94	92	53	39
6	株洲市	20.85	31.92	49.62	47.09	50.40	52.25	89	65	24
7	株洲县	41.46	42.26	43.86	45.54	47.42	48.90	28	74	-46
8	攸县	34.74	50.91	62.98	56.77	57.29	62.79	37	20	17
9	茶陵县	15.00	54.23	59.18	45.94	46.72	47.68	44	80	-36
10	炎陵县	14.09	56.58	51.07	48.08	52.71	57.07	86	39	47
11	醴陵市	16.06	41.62	18.07	61.33	62.94	59.44	52	30	22
12	湘潭市	27.06	31.46	42.05	46.38	49.90	55.36	22	44	-22
13	湘潭县	36.60	34.93	32.58	51.01	53.17	49.14	93	73	20
14	湘乡市	35.82	33.51	11.48	51.77	43.58	47.75	99	79	20
15	韶山市	34.52	34.78	43.23	53.11	57.41	60.72	9	25	-16
16	衡阳市	31.34	41.93	39.06	38.92	40.44	43.53	87	91	-4
17	衡阳县	34.78	43.69	25.07	39.46	48.46	53.71	97	56	41

序号	年份 县市	2010	2011	2012	2013	2014	2015	2001 排名	2015 排名	变化
18	衡南县	43.21	45.54	23.78	37.58	40.41	42.60	51	95	−44
19	衡山县	30.24	29.27	30.35	39.60	43.48	43.02	84	92	−8
20	衡东县	41.45	46.14	27.92	41.48	45.46	51.83	31	66	−35
21	祁东县	46.32	48.71	50.22	46.12	48.40	59.52	45	29	16
22	耒阳市	37.10	53.48	47.13	46.69	48.36	48.33	30	76	−46
23	常宁市	40.52	48.78	32.98	41.43	45.52	51.00	35	69	−34
24	邵阳市	22.02	18.34	61.09	59.09	38.59	45.33	83	88	−5
25	邵东县	9.36	10.33	11.26	40.05	28.70	38.24	101	100	1
26	新邵县	35.08	41.93	59.49	59.27	61.90	56.24	94	41	53
27	邵阳县	43.62	50.39	58.52	57.10	59.46	60.99	70	24	46
28	隆回县	43.79	55.90	59.39	58.35	63.45	63.97	39	16	23
29	洞口县	55.24	53.26	56.03	57.93	60.42	61.41	47	22	25
30	绥宁县	37.42	51.04	53.66	52.74	40.64	42.75	69	93	−24
31	新宁县	42.47	41.63	58.88	59.45	61.21	58.72	55	32	23
32	城步县	36.87	51.52	53.54	54.61	40.42	47.97	75	78	−3
33	武冈市	35.97	49.92	50.52	51.45	52.84	53.77	77	54	23
34	岳阳市	34.94	60.63	67.58	62.67	66.53	69.97	90	7	83
35	岳阳县	51.34	53.55	53.44	52.48	53.24	48.81	98	75	23
36	华容县	47.51	46.47	47.31	46.34	47.58	51.82	79	67	12
37	湘阴县	19.73	47.87	58.24	57.01	61.81	64.94	15	15	0
38	平江县	49.43	37.74	36.98	38.21	45.73	44.10	65	90	−25
39	汨罗市	50.40	38.41	38.52	34.57	35.75	48.17	66	77	−11
40	临湘市	14.58	56.75	56.93	57.70	59.74	50.88	95	70	25
41	常德市	25.90	23.29	26.16	50.18	52.58	52.88	5	60	−55
42	安乡县	48.08	48.98	49.46	51.20	51.34	49.28	78	72	6
43	汉寿县	55.62	52.65	56.99	58.67	59.43	58.47	43	34	9
44	澧县	53.91	59.72	63.23	64.85	66.12	63.54	38	17	21
45	临澧县	51.78	53.89	55.02	55.07	55.36	54.08	58	52	6
46	桃源县	26.33	44.83	61.67	61.24	62.43	52.72	8	61	−53
47	石门县	41.96	55.42	57.04	57.19	59.41	53.43	50	57	−7

续表

序号	年份 县市	2010	2011	2012	2013	2014	2015	2001 排名	2015 排名	变化
48	津　市	22.00	38.59	38.98	39.46	39.72	41.94	62	97	-35
49	张家界	49.04	65.63	72.77	73.35	62.95	69.23	53	8	45
50	慈利县	55.62	62.93	69.82	68.13	68.85	76.61	27	3	24
51	桑植县	53.51	51.42	55.12	55.18	55.97	54.68	64	48	16
52	益阳市	36.11	44.50	42.18	42.19	43.12	40.60	16	99	-83
53	南　县	43.57	46.46	42.48	43.47	45.24	46.69	80	84	-4
54	桃江县	32.65	54.13	41.01	37.64	39.66	42.61	14	94	-80
55	安化县	35.55	51.94	38.01	36.12	37.89	41.18	61	98	-37
56	沅江市	69.26	63.44	71.80	66.32	73.05	77.53	7	2	5
57	郴州市	22.39	30.21	16.75	48.94	50.44	50.22	41	71	-30
58	桂阳县	40.58	44.24	46.57	41.51	41.43	47.01	49	83	-34
59	宜章县	38.77	31.18	40.94	41.86	42.54	52.59	63	62	1
60	永兴县	41.64	40.09	55.29	48.97	50.25	55.10	36	47	-11
61	嘉禾县	39.70	38.50	42.36	41.90	42.55	53.42	67	58	9
62	临武县	12.13	21.15	39.76	46.80	47.04	53.75	18	55	-37
63	汝城县	51.62	48.34	54.18	54.13	53.74	59.81	20	27	-7
64	桂东县	50.92	47.70	51.28	51.08	51.71	52.31	23	64	-41
65	安仁县	46.00	41.05	48.95	48.09	52.70	63.36	6	18	-12
66	资兴市	72.69	66.26	82.20	82.67	83.16	93.71	1	1	0
67	永州市	56.17	65.31	36.46	75.03	66.01	76.19	2	4	-2
68	祁阳县	51.45	60.18	26.83	64.39	52.90	65.20	3	13	-10
69	东安县	55.32	56.50	16.36	59.96	62.41	61.40	10	23	-13
70	双牌县	59.27	56.08	47.98	61.96	58.15	65.11	25	14	11
71	道　县	51.63	56.38	19.28	62.37	61.56	65.48	29	12	17
72	江永县	49.23	50.48	51.42	52.68	53.90	55.92	74	42	32
73	宁远县	35.09	52.23	10.59	41.86	46.00	54.47	48	49	-1
74	蓝山县	34.98	37.53	38.93	49.04	49.82	55.73	34	43	-9
75	新田县	44.38	45.79	47.66	49.83	50.89	53.38	33	59	-26
76	江华县	51.41	51.06	52.82	56.62	57.18	55.35	59	45	14
77	怀化市	15.16	51.85	51.77	53.08	44.30	46.37	19	85	-66

序号	年份 县市	2010	2011	2012	2013	2014	2015	2001 排名	2015 排名	变化
78	中方县	35.97	41.81	39.53	55.33	41.83	44.16	21	89	−68
79	沅陵县	61.59	58.08	74.69	76.86	68.83	71.58	4	5	−1
80	辰溪县	43.52	45.70	47.49	60.03	52.11	58.03	71	35	36
81	溆浦县	50.59	50.53	55.45	57.93	54.27	56.56	42	40	2
82	会同县	54.49	56.65	61.65	61.43	53.54	57.42	26	37	−11
83	麻阳县	54.80	54.95	58.56	58.36	60.57	61.66	13	21	−8
84	新晃县	52.52	54.03	53.36	52.89	53.29	57.40	72	38	34
85	芷江县	46.35	54.74	63.41	59.38	55.59	58.52	12	33	−21
86	靖州县	52.19	53.41	55.90	55.26	55.93	57.85	17	36	−19
87	通道县	42.93	53.22	56.15	55.27	47.69	59.42	57	31	26
88	洪江市	43.52	44.42	54.80	58.92	47.46	54.16	11	50	−39
89	娄底市	25.53	28.77	13.06	38.23	28.30	36.63	56	101	−45
90	双峰县	37.81	37.51	37.95	51.67	52.52	45.68	100	87	13
91	新化县	40.28	47.77	27.11	51.12	47.36	52.47	24	63	−39
92	冷水江	36.13	50.73	16.31	30.24	46.17	54.15	54	51	3
93	涟源市	40.52	51.85	43.00	45.57	55.51	47.34	85	82	3
94	吉首市	40.77	43.08	48.36	56.27	57.49	60.41	73	26	47
95	泸溪县	49.83	47.61	53.98	57.84	60.01	67.16	40	10	30
96	凤凰县	58.77	59.02	62.37	65.26	63.36	55.16	76	46	30
97	花垣县	53.21	47.58	55.97	41.48	40.44	51.27	88	68	20
98	保靖县	44.83	56.16	62.01	55.71	59.77	63.25	46	19	27
99	古丈县	60.11	60.11	64.33	63.93	67.54	68.14	60	9	51
100	永顺县	60.10	60.97	68.96	65.93	71.80	70.55	32	6	26
101	龙山县	39.96	46.44	54.94	56.90	57.91	59.59	82	28	54

附录三　参考文献

（一）中文文献

《马克思恩格斯全集》，人民出版社1962年版。

湖南省国土资源厅：《洞庭湖历史变迁地图集》，湖南地图出版社2011年版。

湖南益阳地区地方志编辑委员会：《益阳地区志》（上、下），新华出版社1997年版。

李跃龙：《洞庭湖志》（上、下），湖南人民出版社2013年版。

万本太、张建辉、董贵华等：《中国生态环境质量评价研究》，中国环境科学出版社2004年版。

汪应洛：《系统工程理论、方法及应用》，高等教育出版社1998年版。

白莹、蒋青：《农民集中居住方式的意愿调查与分析——以成都市郫县为例》，《农村经济》2011年第7期。

曹琦、陈兴鹏、师满江：《基于DPSIR概念的城市水资源安全评价及调控》，《资源科学》2012年第8期。

曹胜亮、黄学里：《城镇化进程与我国农村生态保护》，《中南财经政法大学学报》2011年第4期。

陈广、刘广龙、朱端卫、王雨春、周怀东：《城镇化视角下三峡库区重庆段水生态安全评价》，《长江流域资源与环境》2015年第11期。

陈建设、朱翔、徐美：《基于分形理论的区域旅游中心地规模与空间结构研究——以湖南省为例》，《旅游学刊》2012年第9期。

程启月：《评测指标权重确定的结构熵权法》，《系统工程理论与实践》

2010 年第 7 期。

仇保兴:《国外模式与中国城镇化道路选择》,《人民论坛》2005 年第 6 期。

戴学军、庄大昌、丁登山:《旅游景区(点)系统空间结构网格分形维数研究》,《人文地理》2009 年第 4 期。

丁生喜、王晓鹏:《环青海湖少数民族地区城镇化开发战略研究》,《兰州大学学报》(社会科学版)2013 年第 2 期。

董明辉、朱有志、庄大昌:《洞庭湖区湿地生态与文化旅游资源保护与开发研究》,《资源科学》2001 年第 5 期。

段冰:《河南省旅游中心地规模与空间结构的分形研究》,《地域研究与开发》2014 年第 4 期。

费孝通:《我看到的中国农村工业化和城市化道路》,《浙江社会科学》1998 年第 4 期。

冯志平、丁国军:《南通地区农民集中居住问题的对策研究》,《南通职业大学学报》2006 年第 3 期。

高琳:《深入学习贯彻习近平总书记生态文明思想》,《领导之友》2017 年第 8 期。

高元衡、王艳:《基于聚集分形的旅游景区空间结构演化研究——以桂林市为例》,《旅游学刊》2009 年第 2 期。

辜胜阻、曹冬梅、韩龙艳:《"十三五"中国城镇化六大转型与健康发展》,《中国人口资源与环境》2017 年第 4 期。

何平、倪苹:《中国城镇化质量研究》,《统计研究》2013 年第 6 期。

何雯雯、李偲、杨阳:《探析农民意愿 促进集中居住》,《河北农业科学》2012 年第 6 期。

侯鹏、王侨、申文明等:《生态系统综合评估研究进展:内涵、框架与挑战》,《地理研究》2015 年第 10 期。

胡章鸿、段七零:《基于时空距离的江苏省景区系统聚集分形演化研究》,《长江流域资源与环境》2014 年第 9 期。

环境保护杂志社编辑部:《各地推行"河长制"实践探索》,《环境保护》

2009 年第 9 期。

黄渊基:《生态文明背景下洞庭湖区生态经济发展战略研究》,《经济地理》2016 年第 10 期。

贾艳红、赵军、南忠仁等:《熵权法在草原生态安全评价研究中的应用——以甘肃牧区为例》,《干旱区资源与环境》2007 年第 1 期。

贾燕、李钢、朱新华等:《农民集中居住前后福利状况变化研究——基于森的"可行能力"视角》,《农业经济问题》2009 年第 2 期。

简新华:《中国城镇化的质量问题和健康发展》,《当代财经》2013 年第 9 期。

解雪峰、吴涛、肖翠等:《基于 PSR 模型的东阳江流域生态安全评价》,《资源科学》2014 年第 8 期。

阚大学、吕连菊:《中国城镇化对水资源利用的影响研究》,《上海经济研究》2017 年第 12 期。

孔凡文、许世卫:《论城镇化速度与质量协调发展》,《城市问题》2005 年第 5 期。

雷国珍、肖万春:《生态文明与洞庭湖的治理》,《求索》2005 年第 12 期。

黎元生、胡熠:《流域生态环境整体性治理的路径探析——基于河长制改革的视角》,《中国特色社会主义研究》2017 年第 4 期。

李江丽、杨宏伟:《丝路中道旅游产业带景区系统开发的分形研究》,《资源科学》2013 年第 11 期。

李姣、张灿明、马丰丰等:《洞庭湖生态经济区湿地资源空间分布与依赖度研究》,《经济地理》2014 年第 9 期。

李景保、常疆、李杨、周亮、喻小红:《洞庭湖流域水生态系统服务功能经济价值研究》,《热带地理》2007 年第 4 期。

李静芝、朱翔、李景保、徐美:《洞庭湖区城镇化进程与水资源利用的关系》,《应用生态学报》2013 年第 6 期。

李磊、贾磊、赵晓雪等:《层次分析——熵值定权法在城市水环境承载力评价中的应用》,《长江流域资源与环境》2014 年第 4 期。

李明贤、叶慧敏:《洞庭湖区农业旅游带动现代农业发展的思路与支撑条件研究》,《农业现代化研究》2011 年第 6 期。

李鹏、瞿忠琼:《新农村建设下农民集中居住满意度的调查与研究——以常州、镇江、南京为例》,《江西农业学报》2010 年第 2 期。

李世泰、孙峰华:《农村城镇化发展动力机制的探讨》,《经济地理》2006 年第 5 期。

李宪宝:《人力资本对城市可持续发展推动作用研究综述》,《工业技术经济》2007 年第 S1 期。

李晓燕:《生态文明视野下的流域水生态补偿研究》,《农村经济》2008 年第 9 期。

李宗新:《老子的水哲学思想》,《北京水务》2006 年第 5 期。

刘兵权:《洞庭湖区城镇体系演变的历史过程》,湖南师范大学硕士学位论文,2007 年。

刘诚、叶雨晴:《企业家精神对城镇化质量的影响》,《南方经济》2013 年第 9 期。

刘大均、谢双玉等,《基于分形理论的区域旅游景区系统空间结构演化模式研究——以武汉市为例》,《经济地理》2013 年第 4 期。

刘芳、苗旺:《水生态文明建设系统要素的体系模型构建研究》,《中国人口资源与环境》2016 年第 5 期。

刘芳雄、何婷英、周玉珠:《治理现代化语境下"河长制"法治化问题探析》,《浙江学刊》2016 年第 6 期。

刘励敏、刘茂松:《大湖生态经济区多功能农业发展对策探讨——以洞庭湖生态经济区建设为例》,《湖南社会科学》2014 年第 6 期。

刘子刚、郑瑜:《基于生态足迹法的区域水生态承载力研究——以浙江省湖州市为例》,《资源科学》2011 年第 6 期。

柳思维、徐志耀、唐红涛:《基于空间计量方法的城镇化动力实证研究——以环洞庭湖区域为例》,《财经理论与实践》2012 年第 7 期。

罗放华:《环洞庭湖经济发展探析》,《长沙铁道学院学报》(社会科学版)2006 年第 3 期。

罗腾飞、邓宏兵:《长江经济带城镇化发展质量测度及时空差异分析》,

《统计与决策》2018 年第 1 期。

罗增良、左其亭、赵钟楠、宋梦林:《水生态文明建设判别标准及差距分析》,《生态经济》2015 年第 12 期。

马贤磊、孙晓中:《不同经济发展水平下农民集中居住后的福利变化研究——基于江苏省高淳县和盱眙县的比较分析》,《南京农业大学学报》(社会科学版)2012 年第 2 期。

孟伟、范俊韬、张远:《流域水生态系统健康与生态文明建设》,环境安全与生态学基准/标准国际研讨会,2015 年。

欧阳涛、蒋勇:《洞庭湖区域经济发展模式的选择》,《湖南农业大学学报》(社会科学版)2007 年第 6 期。

曲永义:《鲁苏浙粤区域技术创新能力比较与评价——基于 2008 四省面板数据的研究》,《东岳论丛》2010 年第 5 期。

任俊霖、李浩、伍新木、李雪松:《基于主成分分析法的长江经济带省会城市水生态文明评价》,《长江流域资源与环境》2016 年第 10 期。

沈满洪:《河长制的制度经济学分析》,《中国人口资源与环境》2018 年第 1 期。

沈正平:《优化产业结构与提升城镇化质量的互动机制及实现途径》,《城市发展研究》2013 年第 5 期。

宋涛、陈雪婷、陈才:《基于聚集分形维数的旅游地域系统空间优化研究》,《干旱区资源与环境》2017 年第 4 期。

苏章全、明庆忠、陈英:《基于聚集分形维数的旅游区空间结构测评与优化——以云南丽江市古城区为例》,《地域研究与开发》2011 年第 5 期。

孙久文、杨维凤:《我国城镇化发展中的区域协调问题》,《生态经济》2008 年第 10 期。

孙占东、黄群、姜加虎:《洞庭湖主要生态环境问题变化分析》,《长江流域资源与环境》2011 年第 9 期。

谭文华:《道德经中的水哲学及其对我国水生态文明建设的启示》,《理论月刊》2017 年第 6 期。

王富喜等:《基于熵值法的山东省城镇化质量测度及空间差异分析》,《地理科学》2013 年第 11 期。

王军、陈振楼、许世远:《长江口滨岸带生态环境质量评价指标体系与评价模型》,《长江流域资源与环境》2006 年第 5 期。

王书明、蔡萌萌:《基于新制度经济学视角的"河长制"评析》,《中国人口资源与环境》2011 年第 9 期。

王亚力、彭保发、熊建新、王青:《2001 年以来环洞庭湖区经济城镇化与人口城镇化进程的对比研究》,《地理科学》2014 年第 1 期。

王亚力、彭保发、熊建新、张慧:《环洞庭湖区人口城镇化的空间格局及影响因子》,《地理研究》2013 年第 10 期。

王亚力、吴云超、赵迪、熊建新:《基于流动人口特征的环洞庭湖区县域城镇化的水平和性质分析》,《长江流域资源与环境》2014 年第 11 期。

魏后凯、王业强、苏红键、郭叶波:《中国城镇化质量综合评价报告》,《经济研究参考》2013 年第 31 期。

吴开亚、李如忠、陈晓剑:《区域生态环境评价的灰色关联投影模型》,《长江流域资源与环境》2003 年第 5 期。

吴志峰、胡永红、李定强、匡耀求:《城市水生态足迹变化分析与模拟》,《资源科学》2006 年第 5 期。

武寅:《城镇化要协调推进》,《城乡建设》2010 年第 9 期。

谢正源、谢拜池、何雯雯等:《影响农民集中居住意愿因素的调查》,《浙江农业科学》2012 年第 9 期。

熊建新、陈端吕、彭保发、游雪姣:《洞庭湖区生态承载力时空动态模拟》,《经济地理》2016 年第 4 期。

熊建新、陈端吕、谢雪梅:《基于状态空间法的洞庭湖区生态承载力综合评价研究》,《经济地理》2012 年第 11 期。

熊建新、彭保发、陈端吕、王亚力、张猛:《洞庭湖区生态承载力时空演化特征》,《地理研究》2013 年第 11 期。

熊烨:《跨域环境治理:一个"纵向—横向"分析框架——以"河长制"为分析样本》,《北京社会科学》2017 年第 5 期。

徐菲菲、杨达源、黄震方等:《基于层次熵分析法的湿地生态旅游评价研究——以江苏盐城丹顶鹤湿地自然保护区为例》,《经济地理》2005 年第 5 期。

徐卫红、于福亮、龙爱华:《基于熵权的模糊物元模型在水资源可持续利用评价中的应用》,《中国人口·资源与环境》2010 年第 S2 期。

徐志耀、刘滨铨:《大湖流域地区生态质量评价及其时空演进——以洞庭湖流域为例》,《生态经济》2017 年第 8 期。

杨成:《农民集中居住的困境及其展望——以建设法治中国为视》,《农村经济》2014 年第 3 期。

杨丽、孙之淳:《基于熵值法的西部新型城镇化发展水平测评》,《经济问题》2015 年第 3 期。

姚士谋、陆大道等:《顺应我国国情条件的城镇化问题的严峻思考》,《经济地理》2012 年第 5 期。

叶继红:《城市新移民社区参与的影响因素与推进策略——城郊农民集中居住区的问卷调查》,《中州学刊》2012 年第 1 期。

叶裕民:《中国城市化质量研究》,《中国软科学》2001 年第 7 期。

于冰、徐琳瑜:《城市水生态系统可持续发展评价——以大连市为例》,《资源科学》2014 年第 12 期。

虞锡君:《构建太湖流域水生态补偿机制探讨》,《农业经济问题》2007 年第 9 期。

张晴、孙彦骊:《湿地循环经济发展模式及其生态经济价值评估研究——以洞庭湖湿地为例》,《城市发展研究》2011 年第 9 期。

张荣天、焦华富:《泛长三角城市土地利用效益测度及时空格局演化》,《地理与地理信息科学》2014 年第 6 期。

张雅琪、张普、陈菊红:《基于系统动力学的水源区城镇化质量发展研究》,《系统工程》2016 年第 10 期。

张艳会、杨桂山、万荣荣:《湖泊水生态系统健康评价指标研究》,《资源科学》2014 年第 6 期。

张疑、赵民:《论城市化与经济发展的相关性》,《城市规划汇刊》2003 年第 4 期。

张颖举:《农民集中居住建设热下的冷思考》,《江苏农业科学》2011 年第

5 期。

张远、高欣、林佳宁、贾晓波、张　楠、成剑波、孟伟:《流域水生态安全评估方法》,《环境科学研究》2016 年第 10 期。

章穗、张梅、迟国泰:《基于熵权法的科学技术评价模型及其实证研究》,《管理学报》2010 年第 1 期。

赵国锋、段禄峰:《生态环境与西部地区城镇化发展问题研究》,《生态经济》2012 年第 2 期。

郑风田、傅晋华:《农民集中居住:现状、问题与对策》,《农业经济问题》2007 年第 9 期。

郑千千、张可辉:《论新型城镇化的可持续发展:物联网技术应用的视角》,《兰州大学学报》(社会科学版)2016 年第 6 期。

中华人民共和国水利部:《关于加快推进水生态文明建设工作的意见》,《水政水资源》2013 年第 1 期。

周华荣:《新疆生态环境质量评价指标体系研究》,《中国环境科学》2000 年第 2 期。

庄林德:《常德市域城镇体系发展的历史基础》,《经济地理》2000 年第 1 期。

左其亭、罗增良、马军霞:《水生态文明建设理论体系研究》,《人民长江》2015 年第 8 期。

左其亭、罗增良、赵钟楠:《水生态文明建设的发展思路研究框架》,《人民黄河》2014 年第 9 期。

（二）英文文献

Ackerman, K. & Conard M., et al, "Sustainable Food Systems for Future Cities: The Potential of Urban Agriculture", *The Economic and Social Review*, Vol. 45, No.2 (2014).

Albouy, A., "Are Big Cities Really Bad Places to Live? Improving Quality of Life Estimates acorss Cities", *NBER Working Paper*, No.14472 (2008).

Andersson, L.& Rosberg, J., et al, "Estimating Catchment Nutrient Flow with the HBV-NP Model: Sensitivity to Input Data", *Ambio*, Vol.34, No.7 (2005).

Anselin, L., Getis, A., "Spatial Statistical Analysis and Geographic Information System", *The Annals of Regional Science*, Vol.26, No.1 (1992).

Areola, A. A., & Gwebub, T. D., et al, "A Spatio-temporal Analysis of Peri-urbanisation in Sub-Saharan Africa", *African Geographical Review*, Vol.33, No.2 (2014).

Arheimer, B., & Löwgren, M., et al, "Integrated Catchment Modeling for Nutrient Reduction: Scenarios Showing Impacts, Potential, and Cost of Measures", *Ambio*, Vol.34, No.7 (2005).

Barido, D.P., Marshall, J.D., "Relationship between Urbanization and CO2 Emissions Depends on Income Level and Policy", *Environmental Science & Technology*, Vol.48, No.7 (2014).

Baum-Snow, N., "Changes in Transportation Infrastructure and Commuting Patterns in US Metropolitan Areas, 1960-2000", *American Economic Review*. Vol.100, No.2 (2010).

Blanco, C., Kobayashi, H., "Urban Transformation in Slum Districts Through Public Space Generation and Cable Transportation at Northeastern Area - Medellin, Colombia", *The Journal of International Social Research*, Vol. 2, No. 8 (2009).

Bölviken, B., & Stokke, P.R., et al, "The Fractal Nature of Geochemical Landscapes", *Journal of Geochemical Exploration*, Vol.43, No.2 (1992).

Bottero, M., & Mondini, G., et al, "The Use of the Analytic Network Process for the Sustainability Assessment of An Urban Transformation Project", *International Conference on Whole Life Urban Sustainability and its Assessment*, Glasgow (2007).

Boustan, L.P., "Escape from the City? The Role of Race, Income, and Local Public Goods in Post-war Suburbanization", *NBER Working Paper*, No. 13311 (2010).

Bowen, J.L., Valiela I., "The Ecological Effects of Urbanization of Coastal Watersheds", *Canadian Journal of Fisheries and Aquatic Sciences*, Vol. 58, No. 8

(2001).

Broersma, L., Dijk, J. V., "The Effect of Congestion and Agglomeration on Multifactor Productivity Growth in Dutch Regions", *Journal of Economic Geography*, Vol.8, No.2 (2007).

Brueckner, J.K., "Urban Growth Boundaries: An Effective Second-best Remedy for Unpriced Traffic Congestion?", *Journal of Housing Economics*, Vol.16, No.3-4 (2007).

Brunner, P.H., "Urban Mining A Contribution to Reindustrializing the City", *Journal of Industrial Ecology*, Vol.15, No.3 (2011).

Burnell, J.D., Galster, G., "Quality-of-life Measurements and Urban Size: An Empirical Note", *Urban Studies*. Vol.29, No.5 (1992).

Carino, L., "Social Dimensions of Philippine Industrialization, Regional Development", *Dialogue*, Vol.12, No.1 (1991).

Chalmers, A. T., Metre, P. C. V., Callender E., "The Chemical Response of Particle-associated Contaminants in Aquatic Sediments to Urbanization in New England, USA", *Journal of Contaminant Hydrology*, Vol.91, No.1-2 (2007).

Cheshire, P., & Carbonaro, et al, "Problems of Urban Decline and Growth in EEC Countries: or Measuring Degrees of Elephantness", *Urban Studies*, Vol.23, No.2 (1998).

Christiaensen, L., Todo, Y., "Poverty Reduction During the Rural-Urban Transformation: The Role of the Missing Middle", *Social Science Electronic Publishing* (2014).

Christiaensen, L., Weerdt, D.J., et al, "Urbanization and Poverty Reduction: The Role of Rural Diversification and Secondary Towns", *Agricultural Economics*, Vol.44, No.4-5 (2013).

Chung, U., & Choi, J., et al, "Urbanization Effect on the Observed Change in Mean Monthly Temperatures between 1951-1980 and 1971-2000 in Korea", *Climate Change*, Vol.66, No.1-2 (2004).

Clapham, W.B., "Quantitative Classification as A Tool to Show Change in An

Urbaning Watershed", *International Journal of Remote Sensing*, Vol. 26, No. 22 (2005).

Collentine, D., "Phase – in of Nonpoint Source in a Transferable Discharge Permit System for Water Quanlity Management: Setting Permit Prices", *Ambio*, Vol.34, No.7 (2005).

Collentine, D., & Galaz, V., et al, "CATCH: A Method for Structured Discussions and a Toool for Decision Support", *Ambio*, Vol.34, No.7 (2005).

Cone, C., Myhre, A., "Community Supported Agriculture: A Sustainable Alternative to Industrial Agriculture?", *Human Organization*, Vol.59, No.2 (2000).

Cooley, J.P., Lass, D.A., "Consumer Benefits from Community Supported Agriculture Membership", *Review of Agricultural Economics*, Vol.20, No.1 (1998).

Davies, A. R., Mullin, S. J., "Greening the Economy: Interrogating Sustainability Innovations beyond the Mainstream", *Journal of Economic Geography*, Vol.11, No.5 (2011).

Deas, I., Giordano, B., *Locating the Competitive City in England*, *Urban Competitiveness: Policies for Dynamic Cities*, Bristol: The Policy Press (2002).

Démurger, S., Gurgand, M., et al, "Migrants as Second – class Workers in Urban China? A Decomposition Analysis", *PSE Working Paper*, No.20 (2008).

Dercon, S., "Rural Poverty: Old Challenges in New Contexts", *The World Bank Research Observer*, Vol.24, No.1 (2009).

Webster, D., Muller, L., *Urban Competitiveness Assessment in Developing Country Urban Regions: The Road for –ward. Paper Prepared for Urban Group*, IN-FUD of World Bank (2000).

Drakakis–Smith, D., "Third World Cities: Sustainable Development I", *Urban Studies*, Vol.32, No.4–5 (1995).

Drakakis–Smith, D., "Third World Cities Sustainable Development II–Population, Labour and Poverty", *Urban Studies*, Vol.33, No.4–5 (1996).

Drakakis–Smith, D., "Third World Cities: Sustainable Development III", *Urban Studies*, Vol.34, No.5–6 (1997).

Duranton, G., Puga, D., "Diversity and Specialization in Cities: Why, where and when does it matter?", *Centre for Economic Performance Discussion Paper*, No. 433 (1999).

uričin, D., Vuksanović, I., "Risks of Delayed Reindustrialization", *Serbian Association of Economists Journal*, Vol.1, No.2 (2013).

Eastwood, R., Lipton, M., "Rural–Urban Dimensions of Inequality Change", *UNU Working Papers*, No.200 (2000).

Ellis, C., "The New Urbanism: Critiques and Rebuttals", *Journal of Urban Design*, Vol.7, No.3 (2002).

Elmore, A. J., Kaushal, S. S., "Disappearing Headwaters–patterns of Stream Burial Due to Urbanization", *Front Ecology Environment*, Vol.6, No.1-5 (2008).

Fleischer, A., Tchetchik, A., "Does Rural Tourism Benefit From Agriculture?" *Tourism Management*, Vol.26, No.4 (2005).

Fleisher, B. M., Yang, D. T., "China's Labor Market", *Rba Bulletin*, Vol.91, No.4 (2004).

Florida, R., & Mellander, C., et al, "Inside the Black Box of Regional Development—Human Capital, the Creative Class and Tolerance", *Journal of Economic Geography*, Vol.8, No.5 (2008).

Forbes, D.K., Linge, G.J.R., "China's Spatial Development: Issues and Prospects", *Bulletin of Indonesian Economic Studies*, Vol.28, No.2 (1990).

Galaz, V., "Social–ecological Resilience and Social Conflict: Institutions and Strategic Adaptation in Swedish Water Management", *Ambio*, Vol. 34, No. 7 (2005).

Getter, K.L., Rowe, D.B., "The Role of Extensive Green Roofs in Sustainable Development", *Hort Science*, Vol.41, No.5 (2006).

Gill, I.S., Goh, C.C., "Scale Economies and Cities", *The World Bank Research Observer*, Vol.25, No.2 (2010).

Goddard, H. C., "Using Tradeable Permits to Achieve Sustainability in the World's Large Cities", *Environmental and Resource Economics*, Vol. 10, No. 1

（1997）.

Gregg, J. W. , & Jones, C. G. , et al , "Urbanization Effects on Tree Growth in the Vicinity of New York City", *Nature*, Vol.424, No.10（2003）.

Gyourko, J. , Joseph, T. , "The Structure of Local Public Finance and the Quality of Life", *Journal of Political Economy*, Vol.99, No.4（1991）.

Haase, D. , Nuissl, H. , "Does Urban Sprawl Drive Changes in the Water Balance and Policy: The Case of Leipzig（Germany）1870–2003", *Landscape and Urban Planning*, Vol.80, No.1–2（2007）.

Harris, J. R. , Todaro, M. P. , "Migration, Unemployment and Development: A Two-sector Analysis", *The American Economic Review*, Vol.60, No.1（1970）.

Hasse, J. E. , Lathrop, R. G. , "Land Resource Impact Indicators of Urban Sprawl", *Applied Geography*, Vol.23, 2–3（2003）.

Headey, D. , & Bezemer, D. , et al , "Agricultural Employment Trends in Asia and Africa: Too Fast or Too Slow?", *The World Bank Research Observer*, Vol.25, No.1（2010）.

Hester, D. , "We Shouldn't Have to Move Out to Move Up", *Sociation Today*, Vol.4, No.2（2006）.

Hoekstra, A. Y. , "Virtual water trade: Proceedings of the International Expert Meeting on Virtual Water Trade, Delft, The Netherlands", *Value of Water Research Report Series*, No.12（2003）.

Hoekstra, A. Y. , "Human Appropriation of Natural Capital: A Comparison of Ecological Footprint and Water Footprint Analysis", *Ecological Economics*, Vol.68, No.7（2009）.

Hossain, A. M. M. , Rahman S. , "Impact of Land Use and Urbanization Activities on Water Quality of the Mega City, Dhaka", *Asian Journal of Water, Environment and Pollution*, Vol.9, No.2（2012）.

Hughson, J. , Inglis, D. , "Creative Industries and the Arts in Britain: Towards A Third Way in Cultural Policy?", *Cultural Policy*, Vol.7, No.3（2001）.

Jöbron, A. , & Danielsson, I. , et al , "Intergrated Water Management for Eutrophication Control: Public Participation, Pricing Plicy, and Catchment Modeling", Ambio, Vol.34, No.7 (2005).

Jonsson, A., "Public Participation in Water Resources Management: Stakeholder Voices on Degree, Scale, Potential, and Methods in Future Water Management", *Ambio*, Vol.34, No.7 (2005).

Jonsson, A., & Danielsson, I., et al, "Designing a Multipurpose Mthodology for Strategic Environmental Research: The Rönnea Catchment Dialogues", *Ambio*, Vol. 34, No.7 (2005).

Jorgenson, D.W., Timmer, M.P., "Structural Change in Advanced Nations: A New Set of Stylised Facts", *The Scandinavian Journal of Economics*, Vol.113, No.1 (2011).

Klein, R.D., "Urbanization and Stream Quality Impairiment", *Water Resources Bulltetin*, Vol.15, No.4 (1979).

Knox, P.L., McCarthy, L., *Urbanization: An introduction to urban geography*, New Jercey: Pearson Prentice Hall(2005).

Lamb, G., "Community Supported Agriculture: Can it Become the Basis for a New Associative Economy?", *The Three fold Review*, No.11 (1994).

Larsson, M.H., & Kyllmar K., et al, "Estimating Reduction of Nitrogen Leaching from Arable Land and the Related Costs", *Ambio*, Vol.34, No.7 (2005).

Levinson, M., "Manufacturing the Future: Why Rcindustrialization Is the Road to Recovery", *New Labor Forum*, Vol.21, No.3 (2012).

Lindstrom, G., & Rosberg J., et al, "Parameter Precision in the HBV – NP Model and Impacts on Nitrogen Scenario Simulations in the Ronnea River, Southern Sweden", *Ambio*, Vol.34, No.7 (2005).

Lipton, M., *Why Poor People Stay Poor: Urban Bias in World Development*, Cambridge: Harvard University Press(1977).

Lipton, M., "Urban Bias Revisited", *The Journal of Development Studies*, Vol. 20, No.3 (1984).

Löwgren, M., "The Water Framework Directive: Stakeholder Prefrences and

Catchment Management Strategies – Are They Reconcilable?" *Ambio*, Vol.34, No.7 (2005).

Mandelbrot, B. B., *Form, Chance, and Dimension*, San Francisco: Freeman (1977).

Sotarauta, M. R., Linnama, A., "Urban Competitiveness and Management of Urban Policy Networks: Some Reflections from Tampere and Oulu", *Conference on Cities at the Millennium* (1998).

Mellor, J. W., "Agriculture on the Road to Industralization", in *Development Strategies Reconsidered* by Lewis J. P., Kallab V., Washington D. C.: Transaction Books for the Overseas Development Council (1995).

Mićić, V., "Reindustrialization and Structural Change in Function of the Economic Development of the Republic of Serbia", *Ekonomski Horizonti*, Vol.17, No.1 (2015).

Milne, B. T., "Measuring the Fractal Geometry of Landscapes", *Applied Mathematics and Computation*, Vol.27, No.1 (1988).

Mohan, M., Pathan, S. K., Narendrareddy K., Kandya A., Pandey S., "Dynamics of Urbanization and Its Impact on Land Use: A Case Study of Megacity Delhi", *Journal of Environmental Protection*, Vol.2, No.9 (2011).

Molina, L. T., Molina, M. J., *Air Quality in the Mexico Megacity: An Integrated Assessment*, Londres, UK: Dordrecht, Kluwer (2002).

Mooney, G., "Cultural Policy as Urban Transformation", *Local Economy*, Vol. 19, No.4 (2004).

Olsson, J. A., Berg K., "Local Stakeholder's Acceptance of Molel – generated Data Used as a Communication Tool in Water Management: The Rönnea Study", *Ambio*, Vol.34, No.7 (2005).

Osakwe, R., "An Analysis of the Driving Restriction Implemented in San José Costa Rica", *Environment for Development Initiative*, No.1 (2010).

Ouyang, T., Fu S., et al, "A New Assessment Method for Urbanization Environmental Impact: Urban Environment Entropy Model and Its Application", *Envi-*

ronmental Monitoring and Assessment, Vol.146, No.1-3 (2008).

Pallagst, K. & Aber, J., et al, "The Future of Shrinking Cities: Problems, Patterns and Strategies of Urban Transformation in a Global Context", *IURD Monograph Series*, No.2015 (2009).

Partridge, D. & Rickman, D.S., et al, "Lost in Space: Population Growth in the American Hinterlands and Small Cities", *Journal of Economic Geography*, Vol. 8, No.6 (2008).

Partridge, M.D., Rickman, D.S., "Distance from Urban Agglomeration Economies and Rural Poverty", *Journal of Regional Science*, Vol.48, No.2 (2008).

Patel, R.B., Buckle, F.M., "Rapid Urbanization and the Growing Threat of Violence and Conflict: A 21st Century Crisis", *Prehospital and Disaster Medicine*, Vol.27, No.2 (2012).

Pers, B.C., "Modeling the Response of Eutrophication Control Measure in a Swedish Lake", *Ambio*, Vol.34, No.7 (2005).

Kresl, P. K., Singh, B., "Competitiveness and the Urban Economy: Twenty - four Large US Metropolitan Areas", *Urban Studies*, Vol. 36, No. 5 - 6 (1999).

Peters, N.E., "Effects of Urbanization on Stream Water Quality in the City of Atlanta, Georgia, USA", *Hydrol Process*, Vol.23, No.20 (2009).

Pollin, R., Baker, D., "Reindustrializing America- A Proposal for Reviving U. S. Manufacturing and Creating Millions of Good Jobs", *New Labor Forum*, Vol.19, No.2 (2010).

Pouyat, R.V., "Response of Forest Soil Properties to Urbanization Gradients in Three Metropolitan Areas", *Landscape Ecology*, Vol.23, No.10 (2008).

Puga, D., "Urbanisation Patterns European vs Less Developed Countries", *CEP Discussion Paper* No.305 (1996).

Ramasamy, B., Chakrabarty A., Cheah M., "Malaysia's Leap Into the Future: An Evaluation of the Multimedia Super Corridor", *Technovation*, Vol. 24, No. 11 (2004).

Rapport, J.D., Friend, A.M., *Towards A Comprehensive Framework for Environment Statistics: A Stress-response Approach*, Ottawa: Statistics Canada, (1979).

Rhee, H.J., & Yu, S., et al, "Zoning in Cities with Traffic Congestion and Agglomeration Economies", *Regional Science and Urban Economics*, Vol.44, No.1 (2014).

Rothwell, R., "Reindustrialization and Technology: Towards a National Policy Framework", *Science and Public Policy*, Vol.12, No.3 (1985).

Roy, M., "Planning for Sustainable Urbanisation in Fast Growing Cities Mitigation and Adaptation Issues Addressed in Dhaka, Bangladesh", *Habitat International*, Vol.33, No.3 (2009).

Sah, K.R., Stiglitz, J.E., "The Economics of Price Scissors", *The American Economic*, Vol.74, No.1 (1984).

Satterthwaite, D., Tacoli, C., "The Role of Small and Intermediate Urban Centres in Rural and Regional Development", *IIED Human Settlements Publications* (2003).

Scott, A.J., "Beyond the Creative City Cognitive: Cultural Capitalism and the New Urbanism", *Regional Studies*, Vol.48, No.4 (2014).

Sharp, J., & Imerman, E., et al, "Community Supported Agriculture: Building Community among Farmers and Non-farmers", *Journal of Extension*, Vol.40, No.3 (2002).

Storper, M., Scott, A.J., "Rethinking Human Capital, Creativity and Urban Growth", *Journal of Economic Geography*, Vol.9, No.2 (2009).

Svirejeva-Hopkins, A., Schellnhuber H.J., "Modelling Carbon Dynamics from Urban Land Conversion: Fundamental Model of City in Relation to A Local Carbon Cycle", *Carbon Balance and Management*, Vol.1, No.1 (2006).

Thomas, I., & Frankhauser, P., et al, "The Morphology of Built-up Landscapes in Wallonia(Belgium): A Classification Using Fractal Indices", *Landscape and Urban Planning*, Vol.84, No.2 (2008).

Throsby, D., "Cultural Capital", *Journal of Cultural Economics*, Vol.23, No.

1-2 （1999）.

Tonderski,K.S.,Arheimer,B.,et al,"Modeling the Impact of Potential Wetlands on Phosporus Retention in a Swedish Catchment", *Ambio*, Vol. 34, No. 7 （2005）.

Tregenna,F.,"Manufacturing Productivity, Deindustrialization, and Reindustrialization", *WIDER Working Paper*, No.2011-57 （2011）.

Trimh,D.H.,Chui,T.F.M.,"Assessing the Hydrologic Restoration of An Urbanized Area via An Integrated Distributed Hydrological Model", *Hydrology and Earth System Sciences*, Vol.17, No.12 （2013）.

Trusilova,K.,Churkina,G.,"The Response of The Terrestrial Biosphere to Urbanization: Land Cover Conversion, Climate, and Urban Pollution", *Biogeosciences*, Vol.5, No.6 （2008）.

Turok, I., McGranahan, G., "Urbanization and Economic Growth the Arguments and Evidence for Africa and Asia", *Environment and Urbanization*, Vol. 25,2 （2013）.

Tveitdal,S.,"Urban-Rural Interrelationship: Condition for Sustainable Development", *UNEP Working Paper*, No.1076751 （2004）.

UNCSD,"Indicators of Sustainable Development: Guidelines and Methodologies", *United Nations*（1996）.

Viard,B.,Fu,S.H.,"The Effect of Beijing's Driving Restrictions on Pollution and Economic Activity", *MPRA Woking Paper*, No.33009 （2011）.

Vijay, R., & Ramya, S. S., et al, Mohapatra P. K., "Spatio - temporal Assessment of Groundwater Level and Quality in Urban Coastal City Puri, India", *Water Science & Technology: Water Supply*, Vol.11, No.1 （2011）.

Visaria,P.,"Poverty and Unemployment in India", *World Development*, Vol. 9, No.3 （1981）.

Webster,D.,*On the Edge: Shaping the Future of Peri-urban East Asia*, Stanford: Stanford University Press（2002）.

Wu,J.,Jenerette G.D.,Buyantuyev A.,Redman C.L.,"Quantifying Spatio-temporal Patterns of Urbanization: The Case of the Two Fastest Growing Metropolitan Regions in the United States", *Ecological Complexity*, Vol.8, No.1 (2011).

Zheng, S.Q., & Long F.J., et al, "Urban villages in China: A 2008 Survey of Migrant Settlements in Beijing", *Eurasian Geography and Economics*, Vol.50, No.4 (2009).

后　记

　　2013年6月,我从中南大学商学院博士毕业,进入湖南农业大学经济学院工作。在多位学术前辈的指引下,我的研究方向逐渐从区域经济学向生态与环境经济学调整,当然始终没有离开农村城镇化和区域可持续发展领域。其间,我以生态文明、水环境治理、新型城镇化等为关键词发表了多篇学术论文,并成功申报湖南省教育厅开放基金、湖南省自然科学基金和国家社科基金等多项研究课题。本书的主要内容,就是对这些课题研究和学术论文的一个小结,由衷感谢这几个基金项目对我研究工作的大力支持。同时这些研究成果的取得,与我的老师、前辈、同事和亲人们的帮助是分不开的。

　　感谢我的博导、恩师柳思维教授。洞庭湖的汨罗是恩师的故乡,在我心目中,柳老师和爱国诗人屈原一样有着心忧天下的高尚品质。柳老师带着我踏遍了洞庭湖畔以及上游湘资沅澧四水的几乎每一个区县,我们调查发现上游工业污染一直未能妥善解决,湖区地下100多米深的井水都已经不能饮用。柳老师告诉我,在洞庭湖,水既是人们乐道的福之所倚,也是大家担心的患之根源。从前人们担心的是洪水之患,现在大家害怕的是黑水祸害。如何将洞庭湖水与人们的生产生活深度融合、化害为利,是柳老师一直关心的问题。本书对柳老师提出的问题做了初步探讨,也可以看作学生对老师爱国爱家情怀的一个响应。感谢博士同门向佐谊副主委、李陈华教授、王兆峰教授、唐红涛教授、杜焱教授、王娟教授、尹元元教授、吴忠才教授、刘凤根教授、赵峰教授、钟家雨博士、沈浩博士、朱艳春博士、熊曦博士,感谢你们为我提供了许多帮助。感谢广东同乡罗国宇同志,他给予我的研究非常多的关心与支持。

　　感谢我的硕导、恩师庄晋财教授。从广西大学到江苏大学,庄老师一直坚持从事欠发达地区产业发展、返乡农民工创业和乡村振兴等国家关心和社会关注的重大问题。庄老师和柳老师一样，十分注重社会调查。我跟随庄老师进行过的社会调查，包括广西天等的辣椒产业，广西玉林的机械产业，江苏镇江的丁庄葡萄小镇，贵州遵义的辣椒产业、旅游产业和白酒产业，等等。另外，庄老师常将学术期刊审稿任务中难啃的数学模型和计量技术内容交给我，成为我努力学习经济计量的直接动力。这些经历，为我的相关研究提供了非常好的学习机会。同时，要感谢庄老师的好朋友、农经界学术泰斗、上海交通大学安泰管理学院的史清华教授。史老师用渊博的知识和谦虚的态度与我们讨论如何做人、做事、做研究，他对我的几篇工作论文都提出了非常好的修改建议，让我获益良多。

感谢湖南农业大学经济学院李明贤书记、匡远配院长、刘辉院长、罗光强副院长等学院领导的关怀和帮助，你们给了我很好的研究条件、很多的关怀帮助，让我在经济学院的学习和工作非常开心和高效。感谢经济学院欧阳涛教授、黎红梅教授、李立清教授、古川副教授、唐浩副教授、李世美副教授、杨林副教授、谢小芸副教授、李扬博士、喻言博士、陈容博士、周路军博士、焦娜博士、罗荷花博士，还有水利学院的王辉院长和公共管理学院的李燕凌院长，你们在我研究工作期间给予了我诸多的帮助。感谢我在经济学院带领的科研小分队成员刘滨铨、贾婷、张容、欧阳锋、吴磾、赖丽珠、刘佳怡等同学。

感谢南京审计大学晏维龙书记、王会金副书记，政府审计学院周维培院长、陈祖华书记、祝遵宏书记、陈骏院长、戚振东副院长、王士红副院长和李兆东副院长，你们给予了我很多的关怀、鼓励和帮助。感谢政府审计学院郑石桥教授、池国华教授、王素梅教授、陈丹萍教授、许莉教授、庞艳红教授、和秀星教授、陈希晖副教授、张竹林副教授、孙姣老师、周樱樱老师、刘梦星老师、宋晓霞老师、徐小亚老师和李志亮老师，感谢资环审计研究院的刘伟教授、王丽教授、邵晓玲副教授、郭毅博士、陆燕燕博士、姚远博士、高升博士、马淼森博士、戴莹博士、赵琛博士和葛蓉博士，感谢经济学院徐振宇教授、易先忠教授、王宏教授、杨利宏教授、庄尚文副教授、韩峰副教授、郭浩博士，统计学院孔新兵教授、公共管理学院袁建军副教授、张振波博士，信息工程学院徐超教授、沈凡凡博士。感谢我的硕士研究生顾艺雪、王晓茜、乔青仪、金絮和王茜，感谢我在政府审计学院带领的科研小分队成员丁紫娟、施捷茹、李清骋、陈磊蕊、陈妍伶、王馨悦、周宇、赵欢、朱婉清、顾志明、刘佳怡、叶珏、华笑烨、高子莘等同学。

感谢我的妻子杨曦女士,她为我的研究工作做出巨大牺牲,感谢我的岳母黄士兵女士,她为这个小家庭付出这么多,感谢我的父亲徐中朝、母亲徐仕梅、哥哥徐志成,感谢姐姐徐美娟、徐美嫦、徐春苇和妹妹徐丽曼,感谢我的两位小公主徐沐亲和徐沐莘,你们让我的工作动力常满。

2021 年 4 月
南京审计大学敏行楼

责任编辑：杨美艳

图书在版编目（CIP）数据

论水生态文明与城镇化高质量发展：来自洞庭湖、太湖和伦讷河的证据/
　徐志耀 著. —北京：人民出版社，2021.4
　ISBN 978－7－01－022053－6

Ⅰ.①论…　Ⅱ.①徐…　Ⅲ.①水环境-关系-城市化-研究-中国
　Ⅳ.①X143②F299.21

中国版本图书馆 CIP 数据核字（2020）第 066256 号

论水生态文明与城镇化高质量发展
LUN SHUISHENGTAI WENMING YU CHENGZHENHUA GAOZHILIANG FAZHAN
——来自洞庭湖、太湖和伦讷河的证据

徐志耀　著

人民出版社 出版发行
（100706　北京市东城区隆福寺街 99 号）

北京虎彩文化传播有限公司印刷　新华书店经销

2021 年 4 月第 1 版　2021 年 4 月北京第 1 次印刷
开本：710 毫米×1000 毫米 1/16　印张：17.25
字数：262 千字

ISBN 978－7－01－022053－6　定价：68.00 元

邮购地址 100706　北京市东城区隆福寺街 99 号
人民东方图书销售中心　电话（010）65250042　65289539